Using **Python**
for Scientometrics Data
Visualization

Ⓚ 科学计量与知识图谱系列丛书

Python
科学计量数据可视化

李 显 李 杰 宋东桓◎主 编

首都经济贸易大学出版社

Capital University of Economics and Business Press

·北 京·

图书在版编目（CIP）数据

Python科学计量数据可视化 / 李显, 李杰, 宋东桓
编著. -- 北京 : 首都经济贸易大学出版社, 2023.11
ISBN 978-7-5638-3535-5

Ⅰ.①P⋯ Ⅱ.①李⋯ ②李⋯ ③宋⋯ Ⅲ.①软件工
具—程序设计②科学计量学—可视化软件 Ⅳ.①TP311.561
②G301

中国国家版本馆CIP数据核字（2023）第124723号

Python科学计量数据可视化
Python Kexue Jiliang Shuju Keshihua
李 显 李 杰 宋东桓 编著

责任编辑	薛晓红
封面设计	砚祥志远·激光照排 TEL: 010-65976003
出版发行	首都经济贸易大学出版社
地　　址	北京市朝阳区红庙（邮编100026）
电　　话	（010）65976483　65065761　65071505（传真）
网　　址	http://www.sjmcb.com
E - mail	publish@cueb.edu.cn
经　　销	全国新华书店
照　　排	北京砚祥志远激光照排技术有限公司
印　　刷	唐山玺诚印务有限公司
成品尺寸	170毫米×240毫米　1/16
字　　数	384千字
印　　张	20.75
版　　次	2023年11月第1版　2023年11月第1次印刷
书　　号	ISBN 978-7-5638-3535-5
定　　价	75.00元

科学计量与知识图谱系列丛书

丛书顾问

邱均平　蒋国华　Nees Jan van Eck　Ludo Waltman

丛书编委会

主　编　李　杰

编　委（按姓氏首字母排序）

白如江　步　一　陈凯华　陈　悦　陈云伟　陈祖刚　杜　建
付慧真　侯剑华　胡志刚　黄海瑛　黄　颖　贾　韬　李际超
李　睿　梁国强　刘桂锋　刘俊婉　刘维树　刘晓娟　毛　进
欧阳昭连　冉从敬　任　珩　舒　非　宋艳辉　唐　莉　魏瑞斌
吴登生　许海云　杨冠灿　杨立英　杨思洛　余德建　余厚强
余云龙　俞立平　袁军鹏　曾　利　张　琳　张　薇　章成志
赵丹群　赵　星　赵　勇　周春雷

科学计量与知识图谱系列丛书

◎ BibExcel 科学计量与知识网络分析（第三版）

◎ CiteSpace 科技文本挖掘及可视化（第三版）

◎ Gephi 网络可视化导论

◎ MuxViz 多层网络分析与可视化（译）

◎ Python 科学计量数据可视化

◎ R 科学计量数据可视化（第二版）

◎ VOSviewer 科学知识图谱原理及应用

◎ 专利计量与数据可视化（译）

◎ 引文网络分析与可视化（译）

◎ 现代文献综述指南（译）

◎ 科学学的历程

◎ 科学知识图谱导论

◎ 科学计量学手册

前　言

当前，我们已经进入科研大数据时代。面对海量科研数据，如何高效识别重要研究成果，梳理研究发展的脉络和研究趋势，是科研人员关注的重要问题。在此背景下，科学知识图谱的技术和方法成为解决此类问题的重要途径之一。

Python 在数据处理和可视化方面拥有非常成熟的模块，使用这些模块，可以轻松处理科研数据以及绘制丰富的图表。但目前，鲜有介绍如何利用 Python 处理科技文献数据的书籍。在此背景下，自 2018 年以来，本书课题组经过全面调研以及近百次的讨论，确定了全书的框架、内容，并以打造实战型 Python 科学计量与知识图谱工具书为目标，力求使读者可以通过书中案例提供的解决思路，快速完成与科学计量相关的科研实践。

本书分为三部分，共 8 章内容。第一部分包含第 1、第 2 章，重点介绍 Python 软件的下载、安装、使用以及 Python 基础语法讲解；第二部分包含第 3、4 章，主要介绍 5 类科学文献数据的检索与下载方式，并结合 MySQL 和 Navicat 软件对 5 类文献数据进行综合管理案例的详解；第三部分基于科学文献数据的分析，包含了第 5、6、7、8 章，主要讲解科学文献数据的描述性统计、文本挖掘与可视化以及知识网络分析。

本书内容丰富，图文并茂，可操作性强且便于查阅，能够有效地帮助读者提升分析科学文献数据的水平。

本书的优点可概括如下：

（1）对程序、软件或工具版本进行了详细的标注。书中使用的软件均提供与案例操作时相同版本的软件安装包，减少读者因为下载软件或者因软件版本不匹配而导致的时间上的浪费。

（2）代码、数据及附加材料可追溯。书中所有源代码均按照章节进行整理，并辅以 PPT 演示文件；另外，书中的数据、代码和图片等材料均可在 Github 网站 ❶ 上下载。

（3）代码与输出结果同步展示。本书中，凡是涉及代码的部分，均给出此部分代码和其对应输出的结果，且案例中严格采用逐步执行的方式，方便读者快速理解代码功能，并能在运行案例时复现结果。

由于编者水平有限，书中难免会出现一些错误或者不准确的地方，恳请读者批评指正。如果读者有更多宝贵意见，或者对书中案例有更好的解决方案，欢迎发邮件（xianl828@163.com）给我们。期待能够得到读者的反馈。

作者

2023 年 5 月

---

❶ 项目地址：https://github.com/Muzi828/Using–Python–for–Scientometrics–data–Visualization。

目　录

1　Python 安装与配置 ··· 1

  1.1　Anaconda 软件的下载、安装与配置 ·············· 2

  1.2　Jupyter Notebook 的配置与使用 ···················· 6

  1.3　自带模块的使用 ·· 10

  1.4　第三方模块的安装与检验 ····························· 11

2　Python 基础 ··· 13

  2.1　从数字开始 ··· 14

  2.2　变量、语句和表达式 ·································· 17

  2.3　常用数据类型 ·· 19

  2.4　条件判断 ··· 27

  2.5　循环 ·· 29

  2.6　异常处理 ··· 33

  2.7　函数 ·· 34

  2.8　文件操作 ··· 35

3　科学计量数据采集 ····························· 37

  3.1　Web of Science 数据的采集 ························· 38

  3.2　Scopus 数据的采集 ··································· 42

  3.3　PubMed 数据的采集 ·································· 44

  3.4　CSSCI 数据的采集 ···································· 47

  3.5　CNKI 数据的采集 ····································· 50

4 MySQL+ Navicat 基础 ·········· 55

4.1 资源文件及说明 ·········· 56
4.2 MySQL 的安装与配置 ·········· 56
4.3 Navicat 的安装与配置 ·········· 60
4.4 Python+MySQL+Navicat 数据管理 ·········· 71

5 metaknowledge 文献数据分析基础 ·········· 95

5.1 数据分析流程 ·········· 96
5.2 功能模块导入 ·········· 97
5.3 文献数据导入 ·········· 97
5.4 数据异常处理 ·········· 98
5.5 文献数据去重 ·········· 99
5.6 单记录、引文及记录集合分析 ·········· 99

6 科学文献数据的描述性统计 ·········· 109

6.1 知识单元的频次统计与分布 ·········· 110
6.2 数据时间序列分析 ·········· 118
6.3 地理数据可视化 ·········· 121
6.4 标准参考文献出版年谱（Standard RPYS） ·········· 128
6.5 多维参考文献出版年谱（Multi RPYS） ·········· 132

7 科技文献数据内容挖掘与可视化 ·········· 135

7.1 关键词的挖掘与可视化 ·········· 136
7.2 标题及摘要文本术语挖掘与可视化 ·········· 145
7.3 文本主题挖掘与可视化 ·········· 198

8 科学文献知识网络分析 ……………………………………… 211

8.1 网络分析基础 ……………………………………… 212

8.2 创建和处理知识网络的方法 ……………………… 223

8.3 知识网络分析 …………………………………… 224

附 录………………………………………………………… 317

Python 中的科学计量程序包 …………………………… 317

Python 安装与配置

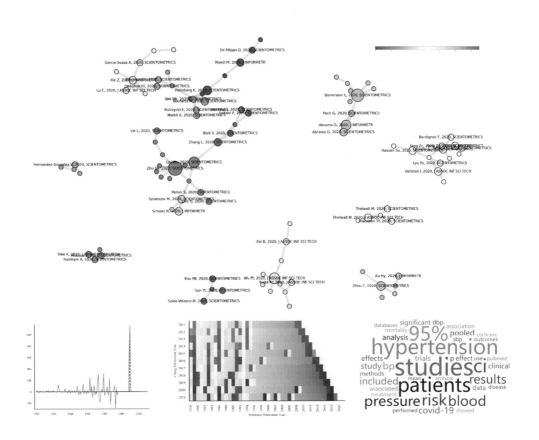

1.1 Anaconda 软件的下载、安装与配置

1.1.1 Anaconda 软件下载

Anaconda 是一个开源 Python 发行版本的软件，其中包含了 Python 环境，安装后自带诸如 numpy、pandas、matplotlib、scipy 等 180 多个科学计算模块，既可以在同一台计算机上安装不同版本的第三方模块和依赖项，也可以在不同 Python 环境之间进行切换，非常适合初学者使用。下面以在 Windows 64 位操作系统中安装 Anaconda 软件为例进行演示，具体步骤如下：

（1）打开 Anaconda 官网❶，根据操作的电脑系统选择对应的版本进行下载，如图 1.1 所示。

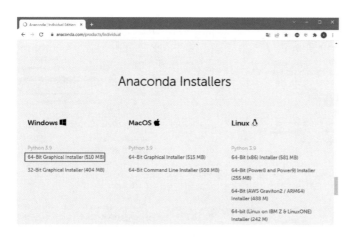

图 1.1 Anaconda 软件下载界面

（2）点击上方红色框线中的链接后，弹出文件"另存为"的窗口，此时指定一个存放位置，点击【保存】按钮后，网页会自动下载软件到本地，如图 1.2 所示。

---

❶ Anaconda 软件下载官方网址：https://www.anaconda.com/products/individual#Downloads。

图 1.2　指定 Anaconda 安装模块下载存放的路径

（3）待网页显示下载完毕后，指定位置处会多出一个 Anaconda 安装包，显示出如图 1.3 所示的绿色图标，代表着软件下载完毕❶。

图 1.3　Anaconda 安装包下载完毕

1.1.2　Anaconda 软件安装

（1）双击 Anaconda 安装包的绿色图标，出现安装向导界面，如图 1.4 所示。

（2）点击【Next】按钮，进入用户接受许可协议界面，如图 1.5 所示。

---

❶　本书使用 Anaconda 软件安装包的网盘链接：https://pan.baidu.com/s/1S8UGEriQrg4EoqJL-J4Cnw。提取码：6666。

 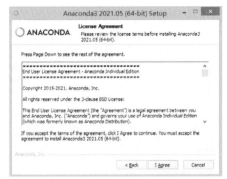

图 1.4　Anaconda 软件安装向导界面　图 1.5　用户接受许可协议

（3）单击图 1.5 中的【I Agree】按钮，进入用户安装类型界面，如图 1.6 所示。

（4）此界面保持默认设置，即勾选"Just Me（recommended）"选项，单击【Next】按钮进入指定软件安装位置界面（图 1.7），可以点击【Browse】按钮，选择一个文件夹进行安装，比如，这里选择安装在 D 盘下新建的 Anaconda 文件夹下，如图 1.7 所示。

图 1.6　选择软件安装类型　　　　图 1.7　指定软件安装路径

（5）路径配置完毕后，点击图 1.7 所示【Next】按钮，进入高级安装选项界面，如图 1.8 所示，该界面保持默认设置即可，然后点击【Install】按钮。

（6）接着，窗口进入开始安装界面，可以点击【Show Details】按钮，显示安装细节，等待少许时间后，软件安装完成，最后一行会提示"Completed"，如图 1.9 所示。

（7）单击图 1.9 中的【Next】按钮，进入推荐安装 Pycharm 软件界面，如图 1.10

所示。此界面不做网址点击，接着点击【Next】按钮，进入"谢谢安装"的界面，此时可以取消勾选默认的两个选项，如图 1.11 所示。

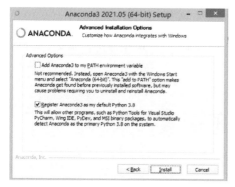

图 1.8 高级安装选项

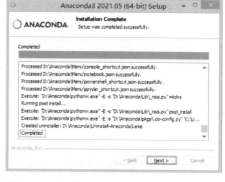

图 1.9 安装完成提醒

图 1.10 推荐安装 Pycharm 软件

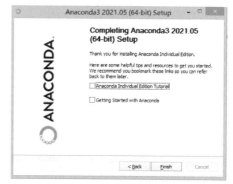

图 1.11 "谢谢安装"界面

（8）最后一步点击【Finish】按钮，此时 Anaconda 软件已成功安装到电脑上。打开电脑的开始菜单，可以发现新增了一些 Anaconda 相关的组件，如图 1.12 所示。

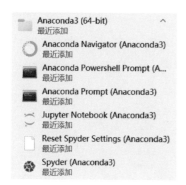

图 1.12 Anaconda 安装目录组件

Anaconda 目录中后续会使用到的组件如下：

√ Jupyter Notebook (Anaconda3)：基于网页 Web 端的交互式 Python 编辑器，支持实时代码输出及内嵌可视化图形。

√ Anaconda Prompt (Anaconda3)：Anaconda 发行版中自带的命令行工具，允许用户使用 conda/pip 命令管理模块。

1.2　Jupyter Notebook 的配置与使用

1.2.1　新建文件 / 文件夹

后续的代码编写都是在 Jupyter Notebook 中完成的。该应用的具体启动方式如下：

（1）点击 Anaconda 目录下的 Jupyter Notebook (Anaconda3) 橙色的图标，弹出命令行窗口，窗口中包含了打开应用时的文件夹地址，如图 1.13 红框中的内容所示。然后，在默认浏览器下打开 Jupyter Notebook，如图 1.14 所示。（注：此窗口在编程期间不能关闭。如果不能自动跳出浏览器，可以把图 1.13 中最下面的网址链接复制粘贴至电脑浏览器中打开）

图 1.13　开启命令行窗口

图 1.14　Jupyter Notebook 启动完成后的界面

（2）单击图 1.15 中红框标出的【New】→【Python 3】菜单，即可创建并打开一个由系统自动命名的 "Untitled.ipynb" 文件，如图 1.15 所示。

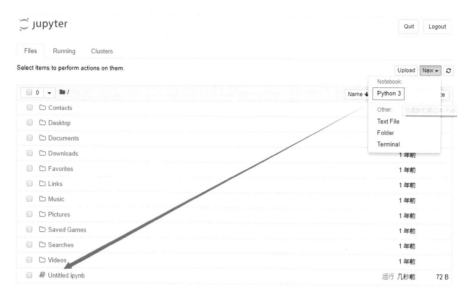

图 1.15　创建 Python 3 文件

（3）文件打开后，在网页窗口中的 "In [ ]:" 后的区域中输入 'Python'＋'科学计量'（引号 ' ' 需要在英文半角下输入），点击上方菜单栏的【运行】按钮，会直接输出 'Python 科学计量'，见图 1.16。

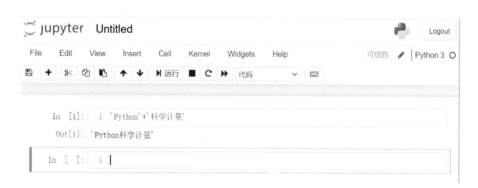

图 1.16　执行代码程序测试

运行代码除了点击菜单栏的【运行】按钮外，也可借助快捷键运行代码：

- Shift + Enter: 运行当前单元，并选中下一单元；

- Ctrl +Enter: 运行当前单元；

- Alt +Enter: 运行当前单元，并向下插入新单元。

如需了解更多 Jupyter Notebook 的快捷操作指令，可以点击菜单栏上的【Help】后选择 "Keyboard Shortcuts" 选项进入快捷指令帮助界面，如图 1.17 所示。

图 1.17　查看快捷键使用手册

新建文件夹的方式和新建 Python3 文件类似，点击图 1.15 中【New】→【Folder】菜单，即可创建一个名为 "Untitled Folder" 的空文件夹。也可以直接在 Jupyter Notebook 启动路径下（即图 1.13 红色框内的路径）通过点击鼠标右键新建一个空文件夹。

1.2.2 加载已有文件 / 文件夹

有时，需要加载已有的程序文件或数据文件夹到 Jupyter Notebook 中，如果仅仅是单个文件或者文件数量较少，点击【Upload】按钮，在弹出的窗口中，选择要上传文件所在路径，根据需要点选某个文件或者框选多个文件后，点击右下角的【打开】按钮即可，如图 1.18 所示。

图 1.18　文件上传至 Jupyter Notebook

使用【Upload】功能仅能上传文件，如果需要上传文件夹，有两种方式可以实现：第一种是把文件夹复制粘贴到 Jupyter Notebook 启动的路径下（即图 1.13 红色框内的路径）；第二种是让 Jupyter Notebook 直接在目标文件夹所在地址启动，比如书中提供的材料文件夹。

当前材料包放置在 D:\python 科学计量可视化 \ 核验书稿。打开开始菜单中 Anaconda 文件目录下的 Anaconda Prompt (Anaconda3) 选项，在弹出的界面中输入 d: 并回车，然后再将执行路径转换到目标路径，输入 cd D:\python 科学计量可视化 \ 核验书稿并回车（cd 空格后输入的位置应当是文件夹在用户电脑中的路径），最后输入 jupyter notebook，回车，即可打开应用，此时启动的路径也会发生变化，如图 1.19 红框内容所示。网址在浏览器中打开后，界面如图 1.20 所示，该材料包中的所有文件夹和文件均加载至 Jupyter Notebook 应用。

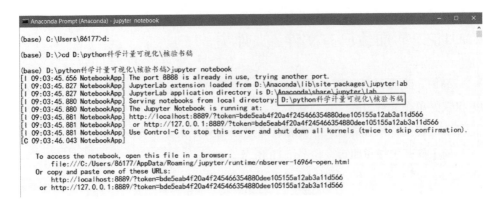

图 1.19　指定路径下启动 Jupyter Notebook

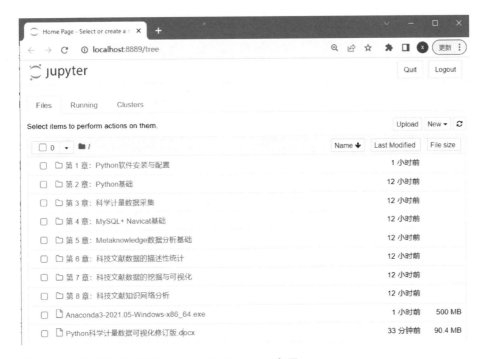

图 1.20　材料包加载至 Jupyter Notebook 应用

1.3　自带模块的使用

Anaconda 在下载完毕后已经预装很多可以使用的模块，比如 matplotlib 绘图模块，绘制简单图像示例代码，运行程序，输出结果见图 1.21。代码中的第一行是进行模块的导入，使用的语句是 import 模块名称 as 别名，起别名是为了后续使用时候调用方便。其中 matplotlib.pyplot 代表着使用 matplotlib 模块中的 pyplot 子模块。

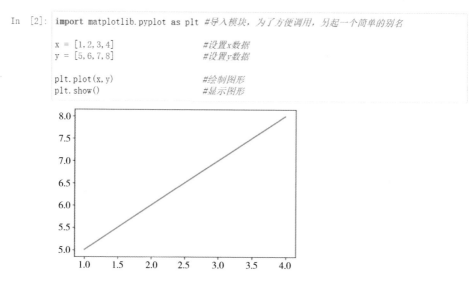

```
In [2]: import matplotlib.pyplot as plt  #导入模块，为了方便调用，另起一个简单的别名

        x = [1, 2, 3, 4]                  #设置x数据
        y = [5, 6, 7, 8]                  #设置y数据

        plt.plot(x, y)                    #绘制图形
        plt.show()                        #显示图形
```

图 1.21　使用 matplotlib 绘制简单图像

此外，也可以直接调用 matplotlib 模块，输出当前模块对应的版本号和具体安装的位置，示例代码及输出结果见图 1.22。代码中的 print() 方法用来输出系统执行代码后的结果。

```
In [3]: import matplotlib
        print('matplotlib的版本号：', matplotlib.__version__)
        print('matplotlib的路径位于', matplotlib.__path__)

        matplotlib的版本号： 3.1.3
        matplotlib的路径位于 ['D:\\Anaconda\\lib\\site-packages\\matplotlib']
```

图 1.22　查询模块对应的版本号和具体安装的位置

1.4　第三方模块的安装与检验

第三方模块是指在下载 Anaconda 软件时没有下载，需要用户自己进行安装的模块。

- 安装指令：pip install <model_name>

- 检验指令：import <model_name>

比如，安装 metaknowledge 模块。打开开始菜单中 Anaconda 文件目录下的 Anaconda Prompt (Anaconda3) 选项，弹出的界面中输入 pip install metaknowledge，然后回车确认，在网络良好的情况下，会自动下载最新版本的第三方模块，最后一行提示 Successfully installed <model_name>- 版本号代表模块安装成功，安装结果如图 1.23 所示。

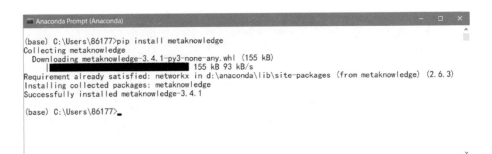

```
■ Anaconda Prompt (Anaconda)                                              —  □  ×

(base) C:\Users\86177>pip install metaknowledge
Collecting metaknowledge
  Downloading metaknowledge-3.4.1-py3-none-any.whl (155 kB)
                                         155 kB 93 kB/s
Requirement already satisfied: networkx in d:\anaconda\lib\site-packages (from metaknowledge) (2.6.3)
Installing collected packages: metaknowledge
Successfully installed metaknowledge-3.4.1

(base) C:\Users\86177>
```

图 1.23　metaknowledge 模块安装

如果网络不稳定，或者第三方模块的体积较大，可以使用镜像安装，比如使用清华大学的镜像网址：pip install <model_name> –i https://pypi.tuna.tsinghua.edu.cn/simple/。第三方模块安装完毕后，接着在上面界面的光标处输入 python 回车，然后键入 import metaknowledge 回车，程序不报错，进入下一行，则表示安装的第三方的模块可以在 Python 环境中正常使用，见图 1.24。

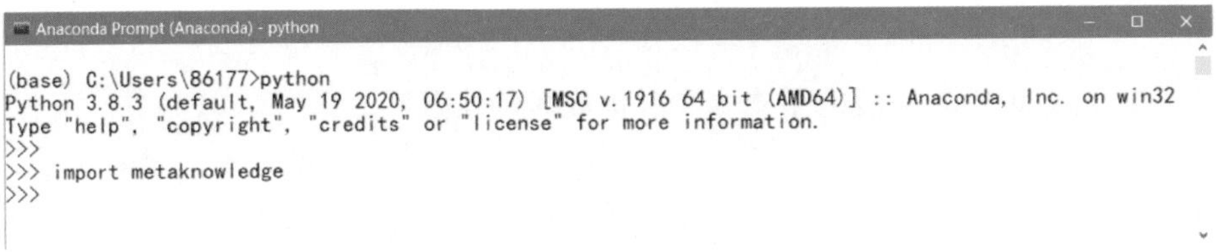

```
■ Anaconda Prompt (Anaconda) - python                                    —  □  ×

(base) C:\Users\86177>python
Python 3.8.3 (default, May 19 2020, 06:50:17) [MSC v.1916 64 bit (AMD64)] :: Anaconda, Inc. on win32
Type "help", "copyright", "credits" or "license" for more information.
>>>
>>> import metaknowledge
>>>
```

图 1.24　第三方模块在 python 中正常使用检验

Python 基础

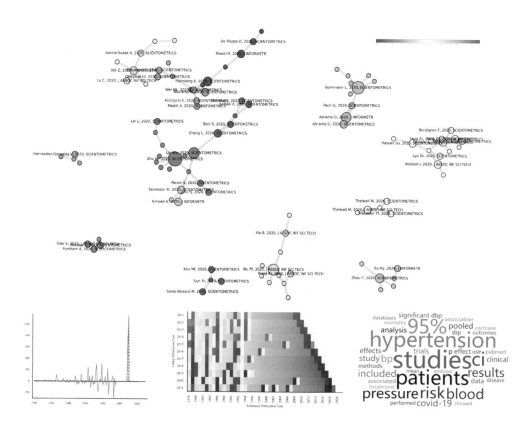

2.1　从数字开始

2.1.1　整数、浮点数、复数

Python 中有三种数值类型，分别是 int(整型)、float(浮点型) 和 complex(复数)，示例代码及输出结果如下。代码中 type() 方法可以查看数值对应的数据类型，当要输出多个内容时候可以用英文逗号进行分隔。当数字较大时，也有对应的科学计数法的表示，后续会进行介绍。

```
In  [1]:  #int整数类型
          print(5, type(5))
          #float浮点数类型
          print(5.0, type(5.0))
          #complex复数类型
          print(complex(1+3j), type(complex(1+3j)))

          5 <class 'int'>
          5.0 <class 'float'>
          (1+3j) <class 'complex'>
```

2.1.2　数值运算及其相关的常用方法

数值的加减乘除 (+、−、*、/) 是最常用的计算功能，示例代码及输出结果如下。除法运算的结果是 float 浮点数类型。

```
In  [2]:  #加法操作
          print(6+2)
          #减法操作
          print(6-2)
          #乘法操作
          print(6*2)
          #除法操作
          print(6/2)

          8
          4
          12
          3.0
```

　　有时候，需要对单次运算结果进行保存，此时，可找一个变量代表数值，然后再进行操作，示例代码及输出结果如下。float 与 int 数值相加减，最终的结果是 float 浮点数类型。

```
In [3]:  #数值+变量
         a = 6 * 2
         print(3 + a)

         #变量+变量
         b = 6/2
         print(a+b)

         15
         15.0
```

　　此外，还有一些常用的计算符号，比如，取余 (%)、取整 (//)、自增 (+=)、自减 (−=)、次方 (**) 等，示例代码及输出结果如下：

```
In [4]:  #取余操作
         print(10%3)

         #取整操作
         print(10//3)

         #自增操作
         a = 10
         a += 5
         print(a)

         #自减操作
         a = 10
         a −= 5
         print(a)

         #3次方计算
         a = 2
         b = 3
         print(2**3)
         print(a**b)

         1
         3
         15
         5
         8
         8
```

当参与计算的数值较多时会考虑数值运算优先级问题，示例代码及输出结果如下（括号中的数值计算的优先级最高，其次是乘除，最后是加减）：

```
In [5]: #运行优先级
        print((-4)*2 + (5/(-2)) - 4)

        -14.5
```

对于一些复杂的数值计算符号，比如 sin()，log() 等，可以通过导入 Python 中内置的 math 模块来完成。比如输出 π 的值，计算正弦、余弦和以 10 为底 10 000 的对数。示例代码及输出结果如下：

```
In [6]: #复杂数值运算符号

        import math
        #计算π值
        print(math.pi)

        #计算正弦90度
        print(math.sin(math.pi/2))

        #计算余弦60度
        print(math.cos(math.pi/3))

        #计算log函数
        print(math.log10(10000))

        3.141592653589793
        1.0
        0.5000000000000001
        4.0
```

Python 的强大之处在于其开源的环境，自带模块/第三方模块中已经有封装好的现成方法，不需要我们再重新编写底层代码，在实际应用中只需要我们知道什么方法对应什么样的问题，即最后学会调用方法解决问题。调用的方式也很简单，import <model_name> 后，使用 model_name.xxx 的方式调用相关的方法。

如果还想知道 math 模块下面有哪些可以直接使用的计算方法，第一种是直接查看官方文档❶，但是官网中都是英文信息且罗列的内容较为繁杂，第一次接触可能存在阅读理解困难。还有一种方式，即借助 dir() 方法，可查看一个模块中有哪些具体的方法，比如，应用在 math 模块上输出的结果如下。

---

❶ math 模块官方网址：https://docs.python.org/3/library/math.html。

```
In [7]: #查看模块中的内置方法
        import math
        print(dir(math))
        ['__doc__', '__loader__', '__name__', '__package__', '__spec__', 'acos', 'acosh', 'asin', 'asinh', 'atan', 'atan2', 'atanh', 'ceil', 'comb',
        'copysign', 'cos', 'cosh', 'degrees', 'dist', 'e', 'erf', 'erfc', 'exp', 'expm1', 'fabs', 'factorial', 'floor', 'fmod', 'frexp', 'fsum', 'ga
        mma', 'gcd', 'hypot', 'inf', 'isclose', 'isfinite', 'isinf', 'isnan', 'isqrt', 'ldexp', 'lgamma', 'log', 'log10', 'log1p', 'log2', 'modf',
        'nan', 'perm', 'pi', 'pow', 'prod', 'radians', 'remainder', 'sin', 'sinh', 'sqrt', 'tan', 'tanh', 'tau', 'trunc']
```

在输出的结果中可以看到 e，它代表着自然对数的底，需要和 Python 中的科学计数法进行区分，两者都是用 e 表示，示例代码及输出结果如下：

```
In [8]: #自然对数与科学计数法
        import math
        print(math.e)
        print(3e5)

        2.718281828459045
        300000.0
```

2.2 变量、语句和表达式

2.2.1 变量的作用及定义的方法

Python 不是强类型语言，不需要声明变量类型。定义变量的原则是"随用随定义"。示例代码及输出结果如下：

```
In [9]: a = 5
        b = 10.0
        c = 'hello world'
        print(a, b, c)
        print(type(a), type(b), type(c))

        5 10.0 hello world
        <class 'int'> <class 'float'> <class 'str'>
```

变量对应的类型可随着重新赋值的内容发生变化，赋值后代表变量的数据类型被定义。比如，将上述的 b 和 c 重新进行赋值，示例代码及输出结果如下：

```
In [10]: b = 20
         c = 'li lei'
         print(b, c)
         print(type(b), type(c))

         20 li lei
         <class 'int'> <class 'str'>
```

2.2.2 变量命名规则和习惯

变量的起名应当满足一定的规则，注意以下五点：

- 非数字开头；

- 使用小写字母，用下划线连接不同单词；

- 大小写敏感，apple 和 Apple 不是同一个变量；

- 望文生义；

- 避免与内置方法、类型、关键词等重名。

最后一点需要特别注意。Python 环境安装后，会有一些内置的功能和一些特殊含义的单词，因此变量命名时候要避免使用这类名称，比如使用较多的 print() 方法，如果以 print 命名变量，最后 print() 将无法正常使用，示例代码及输出结果如下：

```
In  [11]: print = 'hello'
          print(print)

          ---------------------------------------------------------------
          ---------------
          TypeError                                Traceback (most recent
          call last)
          <ipython-input-11-2ec4db22e2b8> in <module>
                1 print = 'hello'
          ----> 2 print(print)

          TypeError: 'str' object is not callable
```

2.2.3 语句与表达式

表达式英文单词为 Expression，它是由数字、算术符号等构成的使求得的数值有意义的组合。

语句的英文单词为 Statement，表示要执行的动作。比如赋值语句：a=a+4，输出语句：print(123)。

2.3 常用数据类型

2.3.1 字符串

字符串是由引号构成的数据，引号可以是单引号、双引号和三引号。

```
In [1]:  name = 'li lei'
         print(name, type(name))

         name = "li lei"
         print(name, type(name))

         name = '''li lei'''
         print(name, type(name))

         li lei <class 'str'>
         li lei <class 'str'>
         li lei <class 'str'>
```

借助 dir() 方法可以查询字符串数据类型全部的操作方法。以下讲解常用的一些方法。

（1）字符串的切片与索引。

字符串是由一个个元素（字母数字）组成的，元素排列的方式不同，对应的字符串信息也不同，故字符串是一个有序的序列（序列在数学上的解释是被排成一列的对象或事件，这里是指被排成一列的元素）。每个元素所在的位置被称作索引，根据索引的顺序可进行字符串中对应元素的提取。由于字符串是有序的序列，那么对应的索引有两个方向，即正向和负向。以字符串 hello world 为例，正向索引是从 0 开始，负向索引是从 −1 开始，如图 2.1 所示。

从左往右开始编号 ▶

0	1	2	3	4	5	6	7	8	9	10
h	e	l	l	o		w	o	r	l	d
−11	−10	−9	−8	−7	−6	−5	−4	−3	−2	−1

◀ 从右往左开始编号

图 2.1　字符串 hello world 的索引

单个元素提取时，索引是字符所在的位置。如果是多个元素的提取，中间以 : （英文冒号）进行分隔，冒号后的数值要比最终提取的元素位置多 1 （简单的记忆方式：含头不含尾）。需要注意的是，无论是正向还是反向，索引的值都是左边小右边大，即方向是→。

➡ 数据索引。获取单个或者多个元素。

```
In [2]: s = 'hello world'
```

```
In [3]: #单取一个元素o
        print(s[4])
        print(s[-7])

        o
        o
```

```
In [4]: #取中间多个元素llo wo
        print(s[2:8])
        print(s[-9:-3])

        llo wo
        llo wo
```

➡ 数据切片。多元素索引是数据切片跨度为 1 时的特例，默认切片是逐个元素进行获取；如果获取指定跨度下的切片数据，需要指定第二个冒号及数值。

```
In [5]: #数据切片, 最后一个冒号后的数值指定切片的跨度
        print(s[2:8:1])
        print(s[-9:-3:1])

        print(s[2:8:2])
        print(s[-9:-3:2])

        print(s[2:8:3])
        print(s[-9:-3:3])

        llo wo
        llo wo
        low
        low
        l
        l
```

➡ 切片顺序。最后一个冒号后的数值大小代表跨度，正负代表方向。

```
In [6]: #从头开始切和一直切到尾
        print(s[::])        #获取全部
        print(s[::-1])      #获取全部, 但是按照反向
        print(s[::2])       #获取全部, 但是每两个元素

        hello world
        dlrow olleh
        hlowrd
```

➡️ 元素的位置查找。字符串的 find() 和 index() 方法都可以对目标内容进行查找，并返回目标内容所在的位置，两者的区别在于没有找到目标内容时的返回信息，前者返回 −1，后者提示程序运行报错。

```
In [7]: #元素位置查找
        print(s.find('hello'))
        print(s.index('hello'))

        0
        0
```

```
In [8]: #两种方法的区别
        print(s.find('Hello'))
        print(s.index('Hello'))

        -1

        ---------------------------------------------------------------
        ValueError                          Traceback (most recent call last)
        <ipython-input-8-de9115d58efb> in <module>
              1 #两种方法的区别
              2 print(s.find('Hello'))
        ----> 3 print(s.index('Hello'))

        ValueError: substring not found
```

（2）字符串的格式化。

借助 format()/f 方法，可对字符串进行格式化输出。实现格式化的方式是借用花括号 {}，这里的花括号也称占位符，和 format 小括号中的变量一一对应，如果不在花括号中指定数字顺序，按照默认从前往后填充占位符。f 方法是对 format 方法使用的简化。

```
In [9]: a,b = "hello","world"
        print("{} + {}".format(a,b))

        import math
        pi = math.pi
        print("π 保留两位小数：{:.2f}".format(pi))

        hello + world
        π 保留两位小数：3.14
```

```
In [10]: a,b = "hello","world"
         print(f"{a} + {b}")

         import math
         pi = math.pi
         print(f"π 保留两位小数：{pi:.2f}")

         hello + world
         π 保留两位小数：3.14
```

（3）字符串的分割与合并。

```
In  [11]:  str1='hello world !!!'
           print (str1.split())    #字符串默认按照空格分割，也可指定其他分割符号
           print (",".join(str1.split()))    #将拆分后的内容重新合并为字符串

           ['hello', 'world', '!!!']
           hello,world,!!!
```

（4）字符串的替换。

```
In  [12]:  #第一个参数是替换前的内容，第二个参数是替换后的内容，第三个参数是替换的次数
           s = 'hello'
           print(s.replace('l','x'))
           print(s.replace('l','x',1))

           hexxo
           hexlo
```

（5）字符串的大小写。

```
In  [13]:  s = 'Shanghai Maritime University'
           print(s.upper())        #全大小
           print(s.lower())        #全小写
           print(s.capitalize())   #首字母大写

           SHANGHAI MARITIME UNIVERSITY
           shanghai maritime university
           Shanghai maritime university
```

（6）字符串的判断。

存在判断是使用最多的判断方式，涉及 Python 中的 if 选择结构，会在本章 2.4 节进行讲解。

```
In  [14]:  s = 'Shanghai Maritime University'
           if 'uni' in s.lower():              #存在判断in
               print('该字符串中包含大学')

           print(s.startswith('Shanghai'))     #开头存在匹配
           print(s.endswith('sity'))           #结尾存在匹配
           print(s.isdigit())                  #是否全为数值
           print(s.isalpha())                  #是否全为字母

           该字符串中包含大学
           True
           True
           False
           False
```

（7）用户输入。

input() 方法实现用户与程序的交互，返回的内容始终是字符串数据类型。比如示例代码中分别输入 int、float、list 数据类型，最终打印输出的结果均是 str 数据类型。

```
In [15]: content = input('请输入要输出的内容：')
         print(content, type(content))

         请输入要输出的内容：1
         1 <class 'str'>
```

```
In [16]: content = input('请输入要输出的内容：')
         print(content, type(content))

         请输入要输出的内容：2.5
         2.5 <class 'str'>
```

```
In [17]: content = input('请输入要输出的内容：')
         print(content, type(content))

         请输入要输出的内容：[1, 2, 3, 4]
         [1, 2, 3, 4] <class 'str'>
```

2.3.2　列表

列表在功能上相当于一个容器，里面可以放置多种数据类型，比如，前面介绍的数值型和字符串都可以放在列表中，即列表中的元素可以是任何类型的对象。（通俗理解："列表是个筐，什么都能装。"列表的创建有两种方式，一种使用中括号 []，将要存放的元素添加到中括号中，多个元素使用英文的逗号隔开，另一种方式是使用内置方法 list()，示例代码及输出结果如下：

```
In [18]: ls_1 = []
         ls_2 = [1, 2.4, 'a']
         print(ls_1, type(ls_1))
         print(ls_2, type(ls_2))

         ls_3 = list()
         ls_4 = list((1, 2.4, 'a'))
         print(ls_3, type(ls_3))
         print(ls_4, type(ls_4))

         [] <class 'list'>
         [1, 2.4, 'a'] <class 'list'>
         [] <class 'list'>
         [1, 2.4, 'a'] <class 'list'>
```

列表也属于序列，也可进行索引与切片，以及存在判断。

```
In [19]:  #列表也属于序列, 即可进行索引与切片
          print(ls_2[0])
          print(ls_2[:2])
          print(ls_2[::2])

          1
          [1, 2.4]
          [1, 'a']
```

```
In [20]:  #也可以进行存在判断
          if 'a' in ls_2:
              print('目标元素存在')

          目标元素存在
```

（1）列表计数。

一种是对列表中元素进行统计，还有一种是对列表中的某一元素出现的次数进行统计。

```
In [21]:  print(len(ls_2))          #计算列表中所有的元素数量

          print(ls_2.count('a'))   #计算列表中某一内容的出现次数

          3
          1
```

（2）列表数据的添加与删除。

数据的添加，根据添加元素的多少选用不同的方法，添加一个元素时使用 append() 方法，添加多个元素时使用 extend() 方法。进行某一元素的删除使用 remove() 方法。

```
In [22]:  ls_2.append('b')          #添加一个元素
          print(ls_2)

          ls_2.extend(['c','d'])   #添加多个元素
          print(ls_2)

          ls_2.remove('a')
          print(ls_2)

          [1, 2.4, 'a', 'b']
          [1, 2.4, 'a', 'b', 'c', 'd']
          [1, 2.4, 'b', 'c', 'd']
```

（3）列表排序。

进行排序前，列表中的元素尽量确认为同一数据类型，否则执行排序会报错。比如对 ls_2 进行排序，sort() 方法排序时默认进行升序排列，如果指定该方法中的参数 reverse=True，排序的方式变成降序排列。

```
In [23]: ls_5 = [2, 3, 4, 1, 2, 3]
         ls_6 = ['a', 'b', 'c', 'c', 'b', 'a']

         ls_5. sort()
         ls_6. sort()
         print(ls_5, ls_6)

         ls_5. sort(reverse=True)
         ls_6. sort(reverse=True)
         print(ls_5, ls_6)

         [1, 2, 2, 3, 3, 4] ['a', 'a', 'b', 'b', 'c', 'c']
         [4, 3, 3, 2, 2, 1] ['c', 'c', 'b', 'b', 'a', 'a']
```

2.3.3　元组

元组也是一种容器，中间也可以放置各种数据类型的对象，但是元组和列表是有区别的，其中主要区分点在于列表是可变的容器，而元组是不可变的容器。换句话说，元组被赋值定义后便无法被更改，可以起到保护数据的作用。

和列表定义的方式一样，元组定义也有两种方式，第一种是 () 小括号方式，另一种是使用内置的 tuple() 方法，示例代码及输出结果如下：

```
In [24]: t_1 = (1, 2. 4, 'a')
         t_2 = tuple([1, 2. 4, 'a'])
         print(t_1 == t_2)
         print(type(t_1), type(t_2))

         True
         <class 'tuple'> <class 'tuple'>
```

2.3.4　布尔

布尔数据类型是我们熟悉的真假，对应的数据只有两个，即 True 和 False。在使用上为了简便，也用 1 和 0 来表示真假判断的结果。Python 中双等于号 ==

表示判断，单等于号 = 表示赋值，示例代码及输出结果如下。

```
In [25]: print(type(True),type(False))
         print(1 == True, 0 == False)

         <class 'bool'> <class 'bool'>
         True True
```

除双等于号 == 表示真假判断之外，还有不等于 !=，大于等于 >=，小于等于 <= 以及是否存在判断 in/not in 等操作都返回布尔类型数据。

2.3.5 字典

字符串、列表和元组这三种数据类型都是有序的序列，应用中也需要无序的序列类型。在 Python 的基础数据类型中，无序序列具体有两类，第一类是字典数据类型，还有一类是集合数据类型。验证字典数据类型的无序性，示例代码及输出结果如下：

```
In [26]: str_1 = 'abc'
         str_2 = 'cba'
         print(str_1 == str_2)

         ls_1 = ['a','b','c']
         ls_2 = ['c','b','a']
         print(ls_1 == ls_2)

         tup_1 = ('a','b','c')
         tup_2 = ('c','b','a')
         print(tup_1 == tup_2)

         dict_1 = {'a':1,'b':2,'c':3}
         dict_2 = {'c':3,'b':2,'a':1}
         print(dict_1 == dict_2)

         False
         False
         False
         True
```

字典数据类型的结构样式是存在一个花括号 {}，里面的元素构成是通过键值对一一对应，冒号前面为字典的键，后面为字典的值，当多个元素存在的时候，中间使用英文逗号隔开。

字典中的键往往不需变动，变化的是对应的值，对应方式为 d[k] = v，其中 d 为字典变量，k 为字典的键，v 为字典的值。获取字典中详细的信息，使用 d.items()

方法；获取所有的键，使用 d.keys() 方法；获取所有的值，使用 d.values() 方法。
示例代码及输出结果如下：

```
In [27]: #字典中的项以及键值对
         dict_1 = {'key1':30,'key2':20}
         print(dict_1.items())
         print(dict_1.keys())
         print(dict_1.values())

         dict_items([('key1', 30), ('key2', 20)])
         dict_keys(['key1', 'key2'])
         dict_values([30, 20])
```

```
In [28]: #字典取值
         print(dict_1['key1'])
         print(dict_1['key2'])

         30
         20
```

2.3.6　集合

无序的数据类型除字典之外，还有一个类型是集合。集合存在的必要是可以存放较多的不同类型数据，不考虑数据间的顺序，而且不像字典那样有键值对的构成规则，不同数据类型直接扔进花括号 {} 中即可，而且还有自动去重功能。最常用的方式是对序列中重复的数据去重后转化为列表数据，示例代码及输出结果如下：

```
In [29]: s = {1, 2.4, 'a', 1, 2.4, (1, 2)}
         print(s)

         {'a', 1, 2.4, (1, 2)}
```

```
In [30]: s = list(set({1, 2.4, 'a', 1, 2.4, (1, 2)}))
         print(s)

         ['a', 1, 2.4, (1, 2)]
```

2.4　条件判断

条件判断语句，一共可以分为三种：单分支 if 语句；二分支 if-else 语句；多分支 if-elif-...-elif-else 语句。

2.4.1 单分支判断

单分支 if 语句是最基本的条件判断结构。结构中核心的是判断条件和冒号后的语句块，注意英文冒号，冒号后需换行且有缩进，示例代码及输出结果如下：

```
In [31]: if 1:
             print('right')
         print('finish!')

         right
         finish!
```

2.4.2 二分支判断

除直接使用 True/1 和 False/0 表示判断条件外，if 后也可以使用语句。二分支结构，对于 if 判断不满足的情况，会转到 else 后的语句执行，示例代码及输出结果如下：

```
In [32]: a = 9
         r = a % 2
         if r == 0:
             print('a是偶数')
         else:
             print('a是奇数')
         print('finish! ')

         a是奇数
         finish!
```

2.4.3 多分支判断

多分支语句的使用适用于在一种情况无法满足，需要进行多次判断，而且往后的判断都是基于上一次判断条件的情境。以学习成绩的划分为例，比如，将分数低于 60 分标记为不及格，60~80 分标记为合格，90 分以上标记为优秀，示例代码及输出结果如下：

```
In [33]: score_num = 90
         if score_num < 60:
             print('成绩不及格！')
         elif score_num < 80:
             print('成绩合格')
         else:
             print('优秀')
         print('finish!')

         优秀
         finish!
```

2.4.4 三元判断

对于条件判断，可以通过三元判断的方式进行代码的简化。具体的结构是，if 左边是满足第一个条件判断的输出结果，if 后面 else 前面的是判断条件，else 后是判断条件不满足时的输出。逻辑顺序上，以下方实例进行讲解：先看 if 判断，如果判断后的条件为真（True 或者 1），输出 'python'；否则，输出 else 后的结果 'rust'。示例代码及输出结果如下。

```
In [34]: x = 3.14
         y = 'python' if x > 3 else 'rust'
         print(y)

         python
```

2.5 循环

2.5.1 for 循环与推导式

for 循环也称遍历循环，是将变量中的元素一个个都查找一遍。比如，把列表中的元素一一输出，示例代码及输出结果如下：

```
In [35]: ls = [1, 2.4, 'a']
         for i in ls:
             print(i)

         1
         2.4
         a
```

range() 中是不包含指定的数值，遍历输出会输出到给定数值的前一个数值。for 循环也常与 range() 方法搭配用来输出数值。比如，依次输出 0 至 5 之间的数值，示例代码及输出结果如下：

```
In [36]:  for i in range(6):
              print(i)

          0
          1
          2
          3
          4
          5
```

如果要把数据结果收集起来，可以使用列表容器或者集合容器。

```
In [37]:  ls = list(range(5, 10, 2))
          s = set(range(5, 10, 2))
          print(ls, s)

          [5, 7, 9] {9, 5, 7}
```

类似前面条件判断的三元判断，for 循环也可以进行简化，具体过程被称作列表推导。比如，遍历列表中的数值，将偶数添加到一个新的列表中，可使用基本的 for 循环语句进行代码操作如下：

```
In [38]:  ls = [2, 1, 3, 4, 6, 5, 7, 4, 5, 2, 9, 8]

          ls_none = []
          for i in ls:
              if i % 2 == 0:
                  ls_none.append(i)
          print(ls_none)

          [2, 4, 6, 4, 2, 8]
```

如果使用列表推导式的方式，上述的 for 循环直接用一行代码即可完成。

```
In [39]:  ls = [2, 1, 3, 4, 6, 5, 7, 4, 5, 2, 9, 8]

          ls_none = [i for i in ls if i % 2 == 0]
          print(ls_none)

          [2, 4, 6, 4, 2, 8]
```

除可以和列表进行结合外，推导式还可以与集合和字典搭配。

```
In [40]: ls = [2, 1, 3, 4, 6, 5, 7, 4, 5, 2, 9, 8]

         s = {i for i in ls if i % 2 == 0}
         print(s)

         {8, 2, 4, 6}
```

```
In [41]: d = {'a':1,'b':2,'c':3}
         d_new = {v:k for k,v in d.items()}
         print(d_new)

         {1: 'a', 2: 'b', 3: 'c'}
```

2.5.2 while 循环

while 循环也称作判断循环，当 while 后面的内容是真（True 或者 1）或者判断语句结果是真（True 或者 1）时，进入循环体，直至判断条件不满足时才会跳出循环。

比如，输出五次 hello world，实例操作如下（对比 for 循环）。for 循环属于遍历循环，前提是要遍历的对象是已知长度的类型。比如，这里要遍历 5 次，或者遍历一个已经赋值的列表，对象的长度都是已知的。如果要遍历的次数无法确定，需要满足一定的条件才能触发，for 循环是没有办法使用的。比如，流量达到一定值进行报警、定时发送邮件等，此时需要使用 while 循环。

```
In [42]: for i in range(5):
             print('hello world')

         hello world
         hello world
         hello world
         hello world
         hello world
```

```
In [43]: c = 0
         while c < 5:
             print('hello world')
             c += 1

         hello world
         hello world
         hello world
         hello world
         hello world
```

简单测试一个猜数字游戏，每次开局系统会自动生成一个随机数，用户进行数值输入，输入后会有提示，如果猜对退出程序，没有提示输入错误则继续输入，直至正确。关于随机数的生成，可以调用 random 模块，比如，随机生成 1 至 100 之间的数值，代码实操如下。（random.randint() 生成的数值范围默认从 0 开始，也是含头不含尾。由于产生的是随机数，每次程序运行后，输出结果基本不会相同）

```
In [44]: #生成随机数
         import random
         random_num = random.randint(1, 101)
         print(random_num)

         89
```

由于不确定猜字游戏什么时候程序会停止，可以直接设定一个死循环，即：while 后面直接跟着 True，程序会一直执行下去。后面的程序代码语句会根据用户的输入结果进行判断，在满足条件需要结束程序时加上一行 break，即实现用户猜对则程序自动退出的功能，示例代码及输出结果如下。

```
In [45]: #完整的猜字游戏程序
         import random
         random_num = random.randint(1, 101)

         while True:
             y = int(input('请输入1-100之间的数值：'))
             if y == random_num:
                 print('猜对了')
                 break
             elif y > random_num:
                 print('猜错了，猜的数字偏大')
             else:
                 print('猜错了，猜的数字偏小')
         print('恭喜你 ------ 程序结束')

         请输入1-100之间的数值：50
         猜错了，猜的数字偏大
         请输入1-100之间的数值：25
         猜错了，猜的数字偏小
         请输入1-100之间的数值：35
         猜错了，猜的数字偏小
         请输入1-100之间的数值：45
         猜错了，猜的数字偏大
         请输入1-100之间的数值：40
         猜错了，猜的数字偏大
         请输入1-100之间的数值：38
         猜错了，猜的数字偏大
         请输入1-100之间的数值：36
         猜对了
         恭喜你 ------ 程序结束
```

需要注意的是，使用 while 循环需要小心谨慎一些，如果没有理清逻辑关系，程序很容易进入死循环，导致运行文件崩溃。

2.6　异常处理

在学习 Python 时，难免会遇到各种出错，但是程序执行遇到错误会抛出异常提醒，并提示错误所在行数以及报错详细信息；利用报错提醒，可以快速定位和知悉程序报错的问题。比如，变量未定义进行调用，异常结果提示是 NameError 错误类型。

```
In [46]: m = m + 5
         print(m)

         ---------------------------------------------------------------
         NameError                          Traceback (most recent call last)
         <ipython-input-46-008ad893eb7a> in <module>
         ----> 1 m = m + 5
               2 print(m)

         NameError: name 'm' is not defined
```

这里将常见的异常错误类型汇总如下：

- NameError：变量未赋值；

- SyntaxError：语法拼写错误，一般检查标点符号和大小写；

- ZeroDivisionError：除数（分母）为 0；

- IndexError：索引超出序列范围；

- KeyError：请求一个不存在的字典的键；

- IOError：输入 / 输出错误；

- AttributeError：尝试访问未知的对象属性。

Python 中处理和捕获异常错误的语句为 try-except 组合。如果 try 中的代码出现异常报错，except 会进行捕获，并不会造成程序异常退出，代码操作如下：

```
In [47]: try:
             m = m + 5
         except:
             print('程序出现错误')

         程序出现错误
```

结合 else，程序如果没有报错，除会正常执行 try 中的语句外，else 后的代码也会正常执行。

```
In [48]: try:
             m = 5
             print('程序正常执行')
         except:
             print('程序出现错误')
         else:
             print('未报错继续执行')

         程序正常执行
         未报错继续执行
```

如果希望程序无论是否异常总要输出一定的内容或者执行某部分代码，可以再结合最后的 finally 使用。

```
In [49]: try:
             m = m + 5
             print('程序正常执行')
         except:
             print('程序出现错误')
         else:
             print('未报错继续执行')
         finally:
             print('一定会执行')

         程序正常执行
         未报错继续执行
         一定会执行
```

2.7 函数

函数在书中也称为方法。之前使用到的很多内置函数 / 方法，都是 Python 软件下载完成后直接可以调用的，在编辑器中输入 print(dir(__builtins__)) 可以了解内置了哪些函数 / 方法。

```
In [50]: print(dir(__builtins__))
```

除了使用内置的函数外，也可以在编辑器中自定义函数并进行调用，代码操作如下：

```
In [51]: def add_func(x, y):
             '''
             这是一个加法函数
             '''
             s = x + y
             return s
```

其中，第一行代码 add_func 是自定义的函数名，括号内的两个参数是函数调用时候需要传递的变量，第一行代码下面可以通过三引号添加自定义函数的功能说明，调用函数说明的方式是 print(函数名 .__doc__)，三引号下面是正常的程序代码，最后根据有无需求指定是否存在返回值。函数调用及输出结果如下：

```
In [52]: print(add_func.__doc__)
         num = add_func(10, 5)
         print(num, type(num))

             这是一个加法函数

         15 <class 'int'>
```

2.8 文件操作

利用 with open 语句，可快速实现对文件的读写操作。比如将字典或者列表数据写入 txt 文本文件中，然后再读取到 Python 环境中，代码操作如下：

```
In [53]: ls = [1, 2, 3]
         dic = {'a':1, 'b':2}
         with open('demo.txt', 'w') as f:
             f.write(str(ls) + '\n' + str(dic))
```

open() 方法中第一个参数对应文件的名称，第二个参数指定 w 表示数据写入，使用 f.write() 将数据写入本地文件中。写入文件时需要将数据转化为字符串数据类型，其中的 \n 表示换行。

第二个参数指定为 r 表示数据读入，使用 f.read() 将本地文件的数据读入 Python 环境中。

```
In  [54]:  with open('demo.txt','r') as f:
               content = f.read()
               print(content)

[1, 2, 3]
{'a': 1, 'b': 2}
```

科学计量数据采集

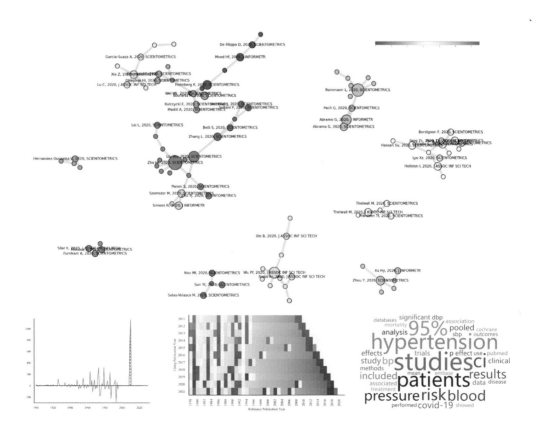

3.1 Web of Science 数据的采集

Web of Science 是科睿唯安集团出版的在线科学数据平台，其中包含 Web of Science 核心数据集、中国科学引文数据库，以及 Derwent 专利数据等子数据库。如果要采集来自 Web of Science 的数据，需要用户所在的机构付费订阅。付费订阅该平台的用户可以通过校园网直接访问，或者使用单位提供的 VPN 在校外访问。采集数据具体步骤如下：

（1）登录 Web of Science 数据平台。界面中默认选择"Web of Science 核心合集"，子集数据显示为"引文索引：All"，如图 3.1 所示。也可以点击选择"所有数据库"，子集数据跟随显示为"合集：All"，如图 3.2 所示。

图 3.1　Web of Science 默认搜索界面

图 3.2　更改搜索数据库为所有数据库

（2）数据库的选择与设置。为保证采集的数据准确性和透明性，建议用户使用 Web of Science 核心合集来采集数据。选择数据库的位置，再选择 Web of Science 核心合集，即可切换到核心合集数据。进一步在引文索引的子集中勾选 SCI 和 SSCI 数据库，主要因为科学计量学领域的三大期刊 *Journal of Informetrics*、*Scientometrics* 以 及 *Journal of the Association for Information Science and Technology* 都在这两个数据库中，如图 3.3 所示。

图 3.3　数据库的选择与设置

（3）数据检索。点击图 3.3 下方的"高级检索"链接，切换到高级检索界面进行数据检索。根据数据的采集目的，构建的检索式如下：

```
(((SO=(Journal of Informetrics)) OR SO=(Scientometrics)) OR SO=(Journal
of the Association for Information Science and Technology)) OR SO=
(Journal Of The American Society For Information Science And Technology)
```

"Publication date"设置为 2011−01−01 到 2020−12−31，具体操作界面如图 3.4 所示。

图 3.4　利用检索式进行数据检索

　　（4）检索结果与数据导出。点击图 3.4 下方的【检索】按钮后，跳转至检索结果界面，如图 3.5 所示。检索共得到 2011—2020 年发表在三大期刊上的 6 358 篇论文。在检索结果界面中，点击【导出】按钮进入数据导出界面，如图 3.6 所示。

Web of Science™　检索　标记结果列表　历史　跟踪服务

高级检索 > 检索结果

6,358 条来自 Science Citation Index Expanded (SCI-Expanded), Social Sciences Citation Index (SSCI)

🔍 (((SO=(Journal of Informetrics)) OR SO=(Scientometrics)) OR SO=(Journal of the Association for Information and Technology))

∞ 复制检索式链接 ｜ 入库时间 2011-01-01 to 2020-12-31 (出版日期)

出版物　　您可能也想要...

精炼检索结果

在结果中检索... 🔍

快速过滤

☐ 🏆 高被引论文　　64
☐ 📄 综述论文　　129
☐ 🔓 开放获取　　2,318

出版年　　∨

☐ 2020　　721
☐ 2019　　570
☐ 2018　　637
☐ 2017　　735
☐ 2016　　712

☐ 0/6,358　　添加到标记结果列表　　导出 ∨

☐ 1　Understanding information: Adding a non-individualistic lens
　　Ma, YY
　　Oct 2021 | Dec 2020 (在线发表) | JOURNAL OF THE ASSOCIATION FOR INFORMA
　　1305
　　🔗 被引参考文献深度分析
　　The individualistic lens refers to the understanding of problematic information
　　measurement. This article argues for adding a non-individualistic lens for unde
　　grows from that the existing individualistic lens appears inadequate to make se
　　get 全文BIT　出版商处的全文　***

☐ 2　How do multilingual users search? An investigation of query a
　　Steichen, B and Lowe, R
　　Jun 2021 | Dec 2020 (在线发表) | JOURNAL OF THE ASSOCIATION FOR INFORMA
　　776

图 3.5　文献检索结果

图 3.6　文献导出

　　在导出界面中，选择"纯文本文件"。在 Web of Science 中，每一次可以导出 500 条记录，当检索的结果大于 500 条时，需要多次导出。首次导出时，在记录选项中输入的记录编号为 1 和 500。为能导出比较全面的文献记录以进行文献计量分析，这里的记录内容导出选项为"全记录与引用的参考文献"，如图 3.7 所示。设置好导出参数后，点击【导出】按钮，即可获得纯文本的科学计量数据。按照相同操作把剩余文献依次保存到本地，直至所有的文献数据均下载完毕。打开其中一个文本文件，内容示例如图 3.8 所示。

图 3.7　纯文本数据导出设置

图 3.8　下载文件内容示例

3.2　Scopus 数据的采集

Scopus 隶属于爱思唯尔出版集团，是新兴的商业索引型数据库，也需要购买后才能使用。以下详细介绍该平台文献数据的下载过程。

（1）打开 Scopus 数据库的主页，搜索界面见图 3.9。

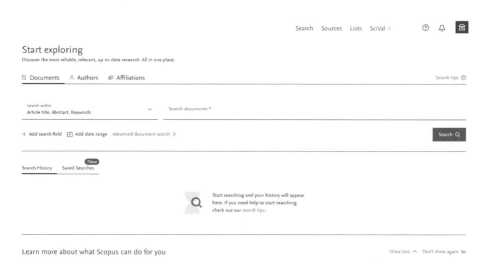

图 3.9　Scopus 数据库搜索界面

（2）检索条件设置。假定以检索"Altmetrics"的论文为例，在检索框中输入"Altmetric*"，点击【Search】按钮进行数据检索，如图 3.10 所示。

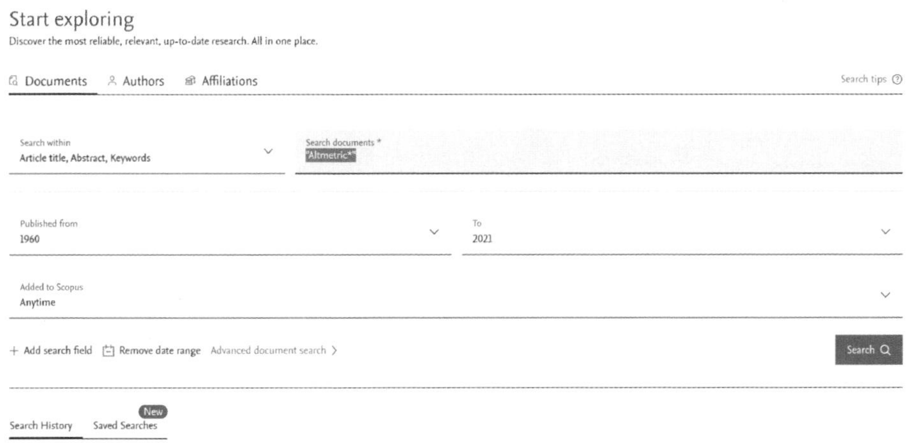

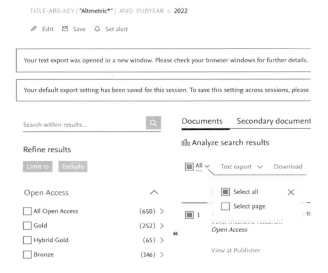

图 3.10　以 Altmetric* 为条件进行搜索

（3）数据检索结果。搜索截止时，共检索到 1 349 篇文献。在结果界面左上方中点选 Select all，用以选中所检索到的所有结果，见图 3.11。

图 3.11　文献检索结果

（4）数据导出。在选择 Select all 之后，点击旁边的 Export 进行数据输出，会弹出一个界面，供我们进行导出文件数据格式的选择。这里选择导出的格式为 CSV，以及勾选所有可以导出的字段，然后点击【Export】按钮，见图 3.12。

图 3.12　选择文献格式及字段数据导出

3.3　PubMed 数据的采集

PubMed 为免费的数据库，主要收录的是医学领域的文献数据。用户可以通过官网❶登录数据库。以下详细介绍数据库中的文献数据的下载过程。

（1）打开 PubMed 数据库官方网址界面，如图 3.13 所示。

（2）设置检索条件。在检索主页中，点击 Advanced，以高级检索方法获取数据，如图 3.14 所示。

---

❶　PubMed 数据库官网：https://pubmed.ncbi.nlm.nih.gov。

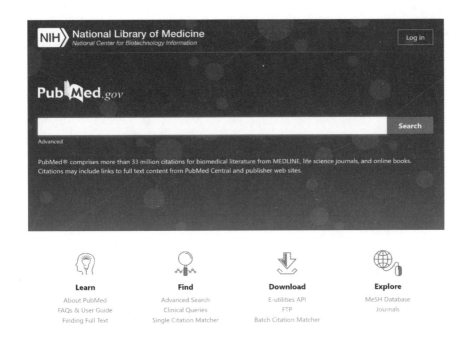

图 3.13 PubMed 数据库界面

图 3.14 高级检索

（3）后续案例分析的目的是了解高血压研究的 Meta-Analysis 分析概况。在 MeSH Terms 检索框中输入 Hypertension 后，点击【ADD】按钮，之后点击【Search】按钮进行数据检索，见图 3.15。

（4）数据检索结果。得到检索结果后，在左上方将数据的时间设置为 2011—2020 年，用以获取这十年的高血压研究文献，将文献类型 Article type 设置为 Meta-Analysis，见图 3.16。

图 3.15　高级检索中条件设置与提交搜索

图 3.16　检索结果时间与文献类型筛选

（5）数据导出。点击检索结果页面的【Save】按钮，在 Save citations to file 的 selection 选项栏中选择 All results，格式选择 PubMed。 操作完毕后，点击【Create file】按钮即可下载数据，如图 3.17 所示。

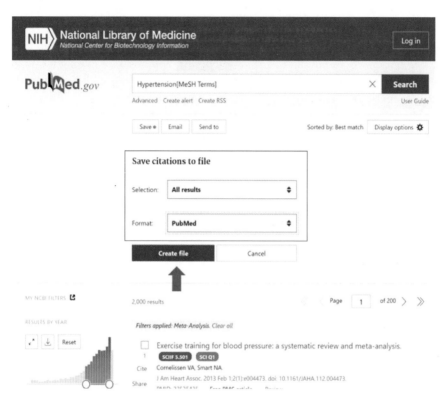

图 3.17　选择文献数据格式与类型并导出

3.4　CSSCI 数据的采集

CSSCI 中文社会科学引文索引数据库是由南京大学出版的，对我国中文社会科学期刊（包括辑刊）文献进行整理和索引的数据库❶。该数据库为收费数据库，只有订阅的单位或者机构才有权限访问该数据库。订阅用户可以在 IP 范围内直接访问，也可以通过单位的 VPN 在单位 IP 范围之外进行访问。以下详细介绍该数据库中文献数据的下载过程。

---

❶　CSSCI 数据库官网：http://cssci.nju.edu.cn/。

（1）打开 CSSCI 数据库官方网址界面，如图 3.18 所示。

图 3.18　CSSCI 数据库搜索界面

（2）设置检索条件。在 CSSCI 的首页，点击"高级检索"，进入高级检索的页面。在高级检索页面中，将"每页显示"设置为 50，并输入检索词为"国家安全"，如图 3.19 所示。

图 3.19　检索条件以及显示页面设置

（3）数据检索结果与导出。在检索结果页面的左侧，我们可以获得数据基础统计分布指标。在页面的上方可以看到检索的关键词和范围以及最终检索到的数据量，一共是791条数据，如图3.20所示。在每一页的底端，可以点击"全部选择"，即选择本页的50条记录，然后点击下载，以获得当前的50条文献数据，最后再翻页，下载下一页数据，依次类推，直至下载完毕所有的检索结果数据，见图3.21。

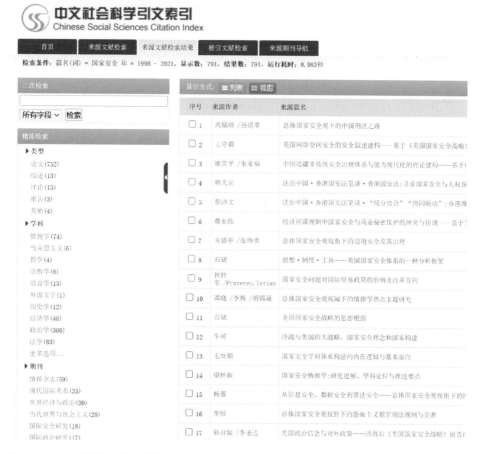

图3.20　文献检索结果界面

☑ 38	谢晓专 /周晓英	国家安全情报理论的本土探索（1999-2019）：功能范式主导的情报学
☑ 39	王明程 /张冬冬 /丁寒	国家安全视阈下生物监测情报体系建设研究
☑ 40	赵雪洁	香港国家安全立法的法理阐释
☑ 41	刘志刚	《香港特别行政区维护国家安全法》的法理逻辑及其展开
☑ 42	董慧	总体国家安全观的哲学内涵与时代价值
☑ 43	白云真	中国国家安全基础研究路径、进展与未来
☑ 44	陈进华 /单杰	"国家安全观"视阈下的社会公德建设
☑ 45	郑彬睿	福利体制的国家安全保障功能研究
☑ 46	李文良	国家安全学:研究对象、学科定位及其未来发展
☑ 47	王林	国家安全学学科建设中的若干争议问题研究
☑ 48	张海波	总体国家安全观下的安全生产转型：从"兜底结构"到"牵引结构"
☑ 49	王景云 /齐枭博	总体国家安全观视域下的生物安全法治体系构建
☑ 50	王雪诚 /马海群	总体国家安全观下我国数据安全制度构建探究

☑ 全部选择 显示 下载 收藏

图 3.21　文献选择下载

3.5　CNKI 数据的采集

中国知识基础设施工程（China National Knowledge Infrastructure，CNKI）的信息内容是经过深度加工、编辑、整合过的，内容有明确来源、出处，可信可靠，有极高的文献收藏价值和使用价值，可以作为学术研究、科学决策的依据。以下详细介绍数据库中文献数据的下载过程。

（1）登录 CNKI 数据库后，点击"高级检索"进入高级检索页面进行检索参数的设置，见图 3.22。

（2）设置检索条件。本次检索的目标文献为论文主题涉及 CiteSpace 的论文。将检索字段设置为"主题"，在检索框中输入 CiteSpace。为防止文献数据中同时包含中文数据和英文数据，本次检索时取消"中英文扩展"。在来源类别中仅仅选择"北大核心"、"CSSCI"以及"CSCD"来源期刊。点击【检索】按钮进行数据检索，最终搜索到的文献数据量为 2 037 条，如图 3.23 所示。

图 3.22　中国知网界面进入高级搜索

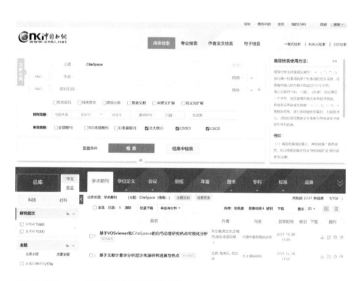

图 3.23　文献检索条件设置

（3）数据导出。为方便下载数据，在将每一页显示的文献数量设置为 50，如图 3.24 所示。在 CNKI 中，需要逐页选择要下载的文献，一次最多可以选择500 条记录（共 10 页），若下载的文献大于 500 篇文献，要先点击页面中的"清除"选项，然后再选择其余的文献数据。选择 500 条数据后，选择页面的"导出与分析"功能，然后选择"导出文献"中的 Endnote 格式，如图 3.25 所示。

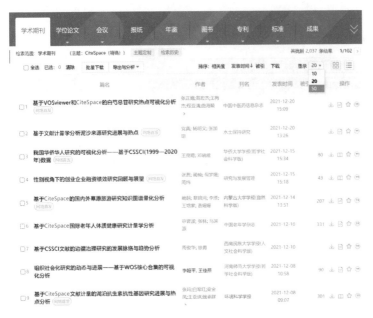

图 3.24 检索数据结果显示页数设置

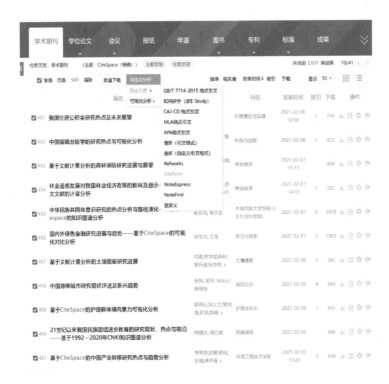

图 3.25 检索数据导出

选择完毕后，跳转界面，进行文献的操作选择，若需要核实数据可以点击【预览】；进行文献的导出，点击【导出】按钮即可，如图 3.26 所示。

图 3.26　文献数据操作界面

4

MySQL+ Navicat 基础

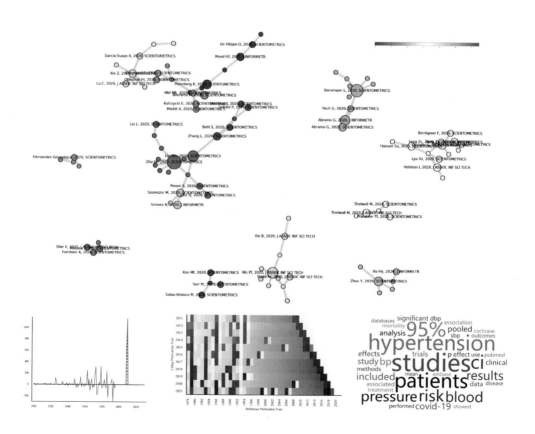

4.1　资源文件及说明

MySQL 软件安装的是 5.5.40 版本 ❶，Navicat 软件可在官网中获取最新版，也可使用提供的版本。

4.2　MySQL 的安装与配置

4.2.1　文件解压缩

MySQL 压缩包下载至本地电脑后，选择一个路径进行文件的解压，一般为避免额外的麻烦，可以直接解压到 C 盘的根目录下，也可以选择其他网盘分区 ❷。建议放在一个分区的根目录下，这样方便后续启动时核实文件。解压完毕后，把文件的名称改为mysql，这样有利于后续在命令行窗口中输入操作路径，如图4.1所示。

图 4.1　MySQL 软件包解压缩

修改完名称后，进入 mysql 文件夹，如图4.2所示。最后几个 my 开头的文件，分别对应的不同处理性能的需求，一般个人使用时关注 my–medium.ini 文件即可（如果你的文件名中没有 .ini 后缀，需要手动打开查看后缀名设置）。

---

❶　MySQL 软件包网盘链接: https://pan.baidu.com/s/15IdHvPc–6S6cCVsTJ0ZCCA。提取密码: 6666。

❷　MySQL5.x 版本安装在非 C 盘的操作手册: https://blog.csdn.net/lys_828/article/details/109715028。

图 4.2 mysql 文件夹中的项目文件

4.2.2 文件配置

点击 my-medium.ini 文件，然后复制一份，命名为 my.ini，并使用记事本打开这个文件，如图 4.3 所示。

图 4.3 打开配置文件

文件打开后，进行相应位置的配置内容填写，添加的内容如图 4.4 所示（路径为单斜杠）。添加的第一行语句是指定 mysql 的文件夹所在位置，第二行语句是指定 data 文件夹所在位置，确认无误后点击保存，关闭文件退出。

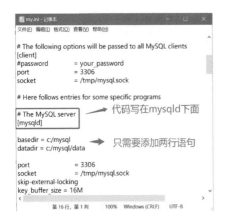

图 4.4　配置内容填写

4.2.3　MySQL 数据库启动

配置完 my.ini 文件之后，进入同文件夹下的 bin 目录中，里面包含 mysql 程序启动相关的内容。接下来，在开始菜单输入"命令提示符"，启动命令行窗口，然后进入 bin 目录下，操作如图 4.5 所示。（win10 在文件路径框中输入 cmd 可以快速调出命令行窗口）

图 4.5　打开系统命令行并进入 bin 文件夹路径

开启数据库服务。在当前命令行中输入开启数据库服务的指令代码：mysqld.exe --console，看到最后两行代码出现后，代表数据库服务成功开启，执行结果如图 4.6 所示。

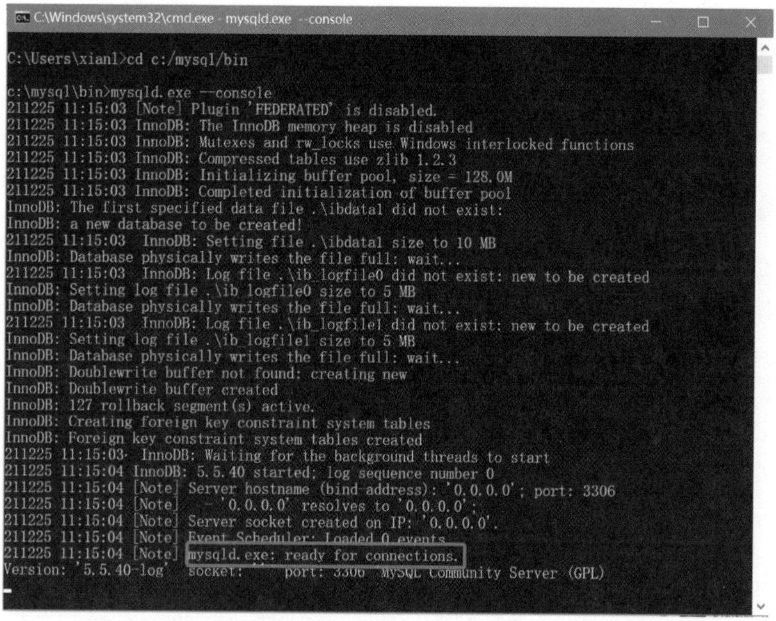

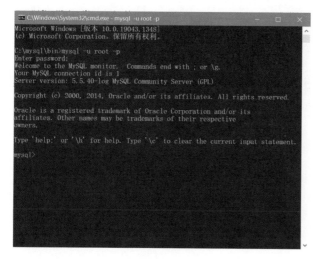

图 4.6   开启 MySQL 数据库服务

　　检验数据库是否正常登录，操作步骤如图 4.7 所示。另外开启一个命令行窗口执行 mysql –u root –p 语句后（这个命令行也是在 bin 目录的文件路径下启动的，启动服务的命令行窗口不能关闭），回车执行（第一次启动时候是没有密码设置的，直接回车即可进入），界面中出现 Welcome to 等欢迎字样代表着可以成功登录数据库。

图 4.7   MySQL 数据库登录

4.3 Navicat 的安装与配置

Navicat 是一套可创建多个连接的数据库图形界面管理工具，用以方便管理 MySQL、Oracle、PostgreSQL、SQLite、SQL Server、MariaDB / MongoDB 等不同类型的数据库，并支持管理某些云数据库，如阿里云、腾讯云。Navicat 的功能足以满足专业开发人员的所有需求，而且对数据库服务器初学者友好。由于使用到的是 MySQL 数据库，接下来安装对应的 Navicat for MySQL 软件。

4.3.1 Navicat for MySQL 软件安装

（1）打开软件官网 ❶，点击顶部的【试用】按钮，如图 4.8 所示。

（2）跳转页面后，进入软件下载网页界面，根据电脑系统选择对应版本的软件下载。比如测试电脑是 Windows 64bit 的操作系统，点击红框标注的【直接下载（64-bit）】按钮即可，如图 4.9 所示。

图 4.8　Navicat for MySQL 软件官网

---

❶　Navicat for MySQL 官方网址：http://www.navicat.com.cn/products/navicat-for-mysql。

图 4.9　Navicat for MySQL 软件下载界面

（3）按钮点击后，会跳转到感谢下载界面，指定保存文件的地址后，软件安装包会自动进行下载，如图 4.10 所示。

图 4.10　Navicat for MySQL 软件安装包下载

（4）打开软件安装包❶，进入安装向导窗口，点击【下一步】按钮，如图 4.11

---

❶　Navicat 软件安装包网盘链接：https://pan.baidu.com/s/1n8lVzl4KD16GwBz5m6WTow。提取密码：6666。

所示。

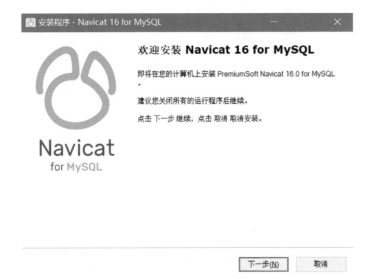

图 4.11　Navicat for MySQL 软件安装向导

（5）进入许可协议界面，勾选【我同意】选项后，点击【下一步】按钮，如图 4.12 所示。

图 4.12　Navicat for MySQL 软件许可协议

（6）跳转页面后，选择软件的安装地址，默认设置即可，也可以根据自己的需要设置路径，如图 4.13 所示。

图 4.13　Navicat for MySQL 软件安装路径选择

（7）继续点击【下一步】按钮，进入额外任务操作，默认选择创建桌面图标，方便日常软件开启，如图 4.14 所示。

图 4.14　创建 Navicat for MySQL 软件桌面图标

（8）接着点击【下一步】按钮，进入准备安装界面，如图 4.15 所示。等待几秒钟后，提示完成 Navicat for MySQL 安装向导，点击【完成】按钮后即实现 Navicat for MySQL 安装，如图 4.16 所示。

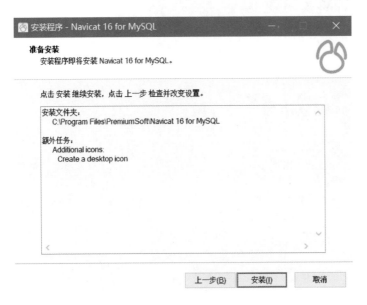

图 4.15　Navicat for MySQL 软件准备安装界面

图 4.16　Navicat for MySQL 软件安装完毕

4.3.2　Navicat for MySQL 软件连接 MySQL

（1）双击桌面上的 Navicat for MySQL 软件图标，点击【试用】按钮，进入
软件主页面，也可以根据需要，点击【在线购买】按钮购买完整版，如图 4.17 所示。

Copyright © 1999 – 2021 PremiumSoft™ CyberTech Ltd. 保留所有权利.

图 4.17　Navicat for MySQL 软件试用提醒

（2）进入软件界面后，第一次使用会出现软件介绍的页面，详细介绍此版
本软件的新功能，直接点击【下一步】即可，等待 3 秒后选择【不共享】按钮，
开始使用，到达主界面，如图 4.18 所示。

图 4.18　Navicat for MySQL 软件主界面

（3）点击界面上方菜单栏的第一个图标【连接】，跳出的下拉列表中选择
【MySQL...】，如图 4.19 所示。

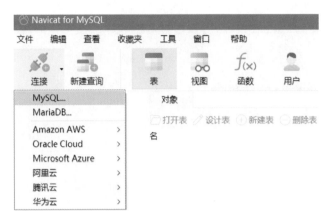

图 4.19　选择连接 MySQL 数据库

（4）弹出登录页面后，默认不需要填写任何信息，直接点击下方的【确定】
按钮即可。最开始数据库没有设置密码，所以不需要输入。

图 4.20　输入 MySQL 登录信息

（5）双击左上方出现的灰色小鲸鱼，等待几秒后会自动变绿，说明成功连接到 MySQL 数据库，如图 4.21 所示。

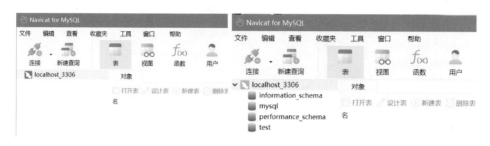

图 4.21　双击激活 MySQL 数据库连接

4.3.3　后台服务开启

前面的操作是基于 MySQL 服务器命令行窗口启动的前提下。如果我们关闭这个窗口再通过 Navicat 连接本地数据库，会出现 2003 的报错提醒，如图 4.22 所示。

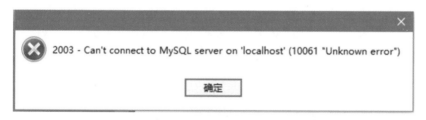

图 4.22　未开启 MySQL 服务报错

每次连接都到 bin 目录下去启动 MySQL 服务器太麻烦。因此，我们希望可以通过后台服务去执行，好像 360 软件一样，开机可以自启动服务，这样，每次只要打开 Navicat for MySQL 软件，就可以直接自动连接。以下介绍 MySQL 后台服务开启步骤。

（1）首先以管理员的身份进入命令行窗口（注意之前使用的文件夹直接调用的并不是管理员身份启动的，所以需要重新在开始菜单执行程序启动命令行），操作方式如图 4.23 所示。

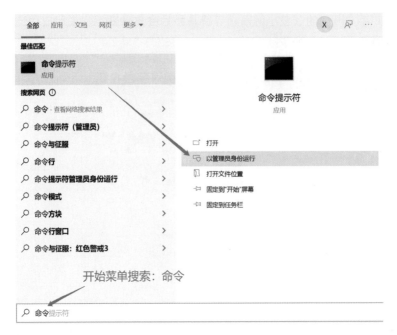

图 4.23　以管理员身份运行命令行

（2）进入 bin 文件夹路径后，输入代码指令 mysqld.exe --install MySQL --defaults-file=c:\mysql\my.ini，回车执行后，提示 Service successfully installed 语句，代表成功创建后台的服务，如图 4.24 所示。其中 MySQL 是创建服务的命名，后面的 defaults-file 是最开始设置 my.ini 文件的文件路径。

图 4.24　后台 MySQL 服务创建

（3）服务创建成功后，需要手动启动一次（像很多软件一样，下载完毕后启动一次，之后一直在后台服务中运行，比如 360 软件）。在开始菜单搜索"服务"后点击进入，如图 4.25 所示。

图 4.25 打开电脑中的服务应用

（4）找到刚刚创建 MySQL 服务名称，点击名称后选择【启动】，如图 4.26 所示。等待几秒钟，可以成功启动，如图 4.27 所示。

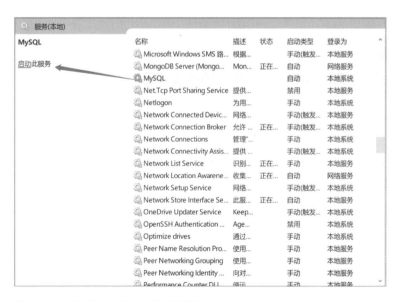

图 4.26 启动 MySQL 后台服务

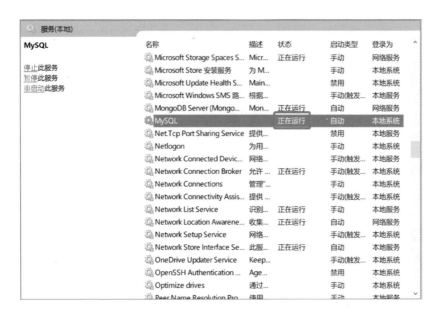

图 4.27　MySQL 后台服务启动成功

（5）关闭所有的命令行窗口及 Navicat for MySQL 软件，重新再启动
Navicat for MySQL 软件，进入主界面后，直接点击灰色的小鲸鱼，过 1 秒左右，
小鲸鱼变绿，自动连接上 MySQL 数据库，如图 4.28 所示。

图 4.28　开启后台服务下自动连接 MySQL 数据库

4.4 Python+MySQL+Navicat 数据管理

4.4.1 Web of Science 数据存取 MySQL

打开 Jupyter Notebook 应用，新建一个 Python3 文件，导入 metaknowledge 和 pandas 模块，将存放下载 Web of Science 中文献数据的所在文件路径输入 RecordCollection() 中。代码及输出结果如下：

```
In [1]: import pandas as pd
        import metaknowledge as mk

In [2]: RC = mk.RecordCollection('D:\python科学计量可视化\数据\Demo data\Python-Wos')
        RC

Out[2]: <metaknowledge.RecordCollection object files-from-D:\python科学计量可视化\数据\Demo data\Python-Wos>
```

借助 makeDict() 和 DataFrame() 方法，可以将读入的数据转成 pandas 中的 DataFrame 格式数据。使用 head() 方法快速查看数据，括号中不添加数字，默认显示读入数据中的前 5 条，比如只输出前 3 条数据，代码及输出结果如下：

```
In [3]: df = pd.DataFrame(RC.makeDict())
        df.head(3)
```

Out[3]:

	PT	AU	AF	TI	SO	LA	DT	ID	AB	C1	...	SP	SI	HO	AR	HC
0	J	[Ruthven, I, Buchanan, S, Jardine, C]	[Ruthven, Ian, Buchanan, Steven, Jardine, Cara]	Relationships, environment, health and develop.	JOURNAL OF THE ASSOCIATION FOR INFORMATION SCI.	English	Article	[SOCIAL SUPPORT, POSTNATAL DEPRESSION, INTERNE.	This study investigates the information needs .	[Univ Strathclyde, Dept Comp & Informat Sci, G..	...	None	None	None	None	None
1	J	[Leydesdorff, L, Goldstone, RL]	[Leydesdorff, Loet, Goldstone, Robert L]	Interdisciplinarity at the Journal and Special.	JOURNAL OF THE ASSOCIATION FOR INFORMATION SCI.	English	Article	[INFORMATION-SCIENCE, MAPPING CHANGE, COMMUNIC.	Using the referencing patterns in articles in .	[Univ Amsterdam, ASCoR, NL-1012 CX Amsterdam, .	...	None	None	None	None	None
2	J	[De Sordi, JO; de Paulo, WL, Meireles, MA, de .	[De Sordi, Jose Osvaldo, de Paulo, Wanderlei L ..	Proposal of indicators for the structural anal.	JOURNAL OF INFORMETRICS	English	Article	[STRATEGIES, MANAGEMENT, TEXT]	This study aims to identify variables and indi.	[FMU, Rua Iwakuni 236, BR-13211424 Jundiai, SP.	...	None	None	None	None	None

3 rows × 59 columns

pandas 模块可以将 DataFrame 格式的数据很方便地储存到 MySQL 数据库中，但是前提是要先创建数据库的属性。为方便后续不同格式文献的存放，需要统一创建一个数据库，命名为 Scientometrics，字符的编码设置为 utf8，具体操作如下。

打开 Navicat 软件，双击小鲸鱼图标变绿后，右键鼠标，弹出的选框中点击'新建数据库'，如图 4.29 所示，然后指定数据库的名称为 Scientometrics，字符集通过下拉菜单选择 utf8，如图 4.30 所示。

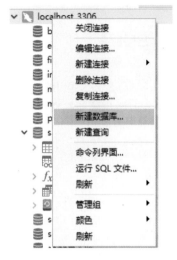

图 4.29 新建数据库　　　　　图 4.30 设置数据库名称与字符编码

设置完毕后，点击【确定】按钮，随后会在左侧的显示栏中多出创建的 Scientometrics 数据库，如图 4.31 所示。此时回到 Jupyter notebook 中，为防止存放在 MySQL 中的数据类型不一致出错，建议直接把所有的字段均以字符串的类型进行储存，后续进行分析时再针对提取的字段进行类型转换。字段数据类型转换完成后，执行数据写入 MySQL 数据库的操作代码。代码解析如下：

'In [4]'中，根据字段的长度进行遍历循环，然后对每个字段 astype(str) 后再重新赋值给原字段，从而实现所有字段的数据类型向字符串数据类型的转化。

图 4.31 成功创建数据库

"In [5]"中，借助 sqlalchemy 模块创建 MySQL 引擎连接，create_engine() 中内容基本上不需要改动，root:123 这两个内容需要根据图 4.20 设置的 MySQL 数据库内容进行修改，其中 root 是指目标 MySQL 数据库的用户名，123 是设置的密码（如果第一次使用代表没有密码，此处为空不输入）。参数 'wos' 是指写入的表的名称，connect 是指利用 sqlalchemy 创建的引擎连接，schema 是在 Navicat 中创建的数据库，代码及执行结果如图 4.32 所示。

```
In [4]: for i in range(len(df.columns)):
            df.iloc[:,i] = df.iloc[:,i].astype(str)
```

```
In [5]: from sqlalchemy import create_engine
        connect = create_engine('mysql+pymysql://root:123@localhost:3306/')
        df.to_sql('wos', connect, schema='Scientometrics')
```

Out[5]: 6358

图 4.32　将 DataFrame 数据存入 MySQL 数据库

打开 Navicat 软件，找到 Scientometrics 数据库后进行刷新，会发现自动生成 'wos' 数据表，如图 4.33 所示。最后进行数据验证，可以点击软件上方的【新建查询】按钮，输入查询数据行数的代码，如图 4.34 所示。输出的查询结果为 6358，与刚刚写入 MySQL 数据库中的数据量一致，证明核实无误。

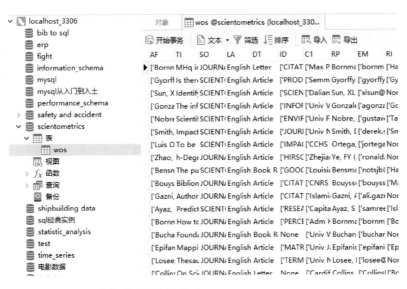

图 4.33　wos 表格数据写入成功

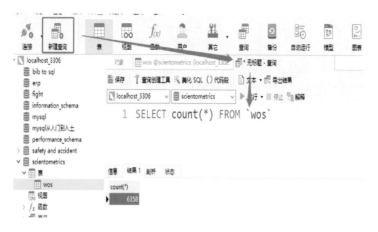

图 4.34　wos 表格中数据量核验无误

通过以上步骤，完成将 Web of Science 数据从本地计算机上读取到 Python 环境，并进一步转化为 DataFrame 格式数据存放到 MySQL 数据库中。使用 pandas 模块进行操作，除了存储数据方便外，读取 MySQL 数据库中的信息也十分方便，比如，要读取刚刚存放在'wos'中的数据，只需要使用 read_sql_table() 方法就可以快速读取，里面要添加的参数和写入的时候一致，代码及输出结果如下：

```
In [6]: pd.read_sql_table('wos',connect,schema='Scientometrics')
Out[6]:
```

	index	PT	AU	AF	TI	SO	LA	DT	DE	AB	...	SP	HO	PM	SI	HC	H
0	0	J	['Zhou, P.', 'Zhong, YF']	['Zhou, Ping', 'Zhong, Yongfeng']	The citation-based indicator and combined impa...	JOURNAL OF INFORMETRICS	English	Article	['citation based indicator (cbi)', 'combined i...	Metrics based on percentile ranks (PRs) for me...	...	None	None	None	None	None	Nor
1	1	J	['Huang, Y.', 'Chen, LX', 'Zhang, L']	['Huang, Ying', 'Chen, Lixin', 'Zhang, Lin']	Patent citation inflation: The phenomenon, its...	JOURNAL OF INFORMETRICS	English	Article	['citation inflation', 'patent obsolescence']	In recent decades, the United States Patent an...	...	None	None	None	None	None	Nor
2	2	J	['Birnholtz, J.', 'Guha, S', 'Yuan, YC', 'Gay, ...	['Birnholtz, Jeremy', 'Guha, Shion', 'Yuan, Y...	Cross-campus collaboration: A scientometric an...	JOURNAL OF THE AMERICAN SOCIETY FOR INFORMATIO...	English	Article	['joint authorship', 'scientometrics', 'collab...	Team science and collaboration have become cru...	...	None	None	None	None	None	Nor
3	3	J	['Zhai, YJ', 'Ding, Y', 'Wang, F']	['Zhai, Yujia', 'Ding, Ying', 'Wang, Fang']	Measuring the diffusion of an innovation: A ci...	JOURNAL OF THE ASSOCIATION FOR INFORMATION SCI...	English	Article	None	Innovations transform our research traditions...	...	None	None	None	None	None	Nor
4	4	J	['Schubert, A']	['Schubert, Andras']	Science Dynamics and Research Production: Indi...	SCIENTOMETRICS	English	Book Review	None	None	...	None	None	None	None	None	Nor

4.4.2　Scopus 数据存取 MySQL

由于 Scopus 数据可以直接导出 CSV 数据文件，所示可以直接通过 read_

csv() 方法将本地数据文件加载到 Python 环境中，代码及输出结果如下：

```
In [1]: import pandas as pd
        df = pd.read_csv('D:\python科学计量可视化\数据\Demo data\Python-SCOPUS\scopus_1349.csv')
        df.head(2)
```

	Authors	Author(s) ID	Title	Year	Source title	Volume	Issue	Art. No.	Page start	Page end	...	ISBN	CODEN	PubMed ID	Language of Original Document	Abbreviated Source Title
0	Galickas D., Flaherty G.T.	57420732500;6603837153;	Is there an association between article citati...	2021	Journal of travel medicine	28	8	NaN	NaN	NaN	...	NaN	NaN	34414442.0	English	J Travel Med
1	Yan W., Zhang Y.	56306725200;57200294189;	Participation, academic influences and interac...	2021	Canadian Journal of Information and Library Sc...	44	2-3	NaN	31	49	...	NaN	NaN	NaN	English	Can. J. Inf. Libr. Sci.

2 rows × 54 columns

数据写入 MySQL 数据库。使用创建的连接和 Scientometrics 数据库，只需要给要写入数据的存放表格起个名称即可，比如 'scopus'，执行代码后输出结果如下：

```
In [2]: from sqlalchemy import create_engine
        connect = create_engine('mysql+pymysql://root:123@localhost:3306/')
        df.to_sql('scopus', connect, schema='Scientometrics')

Out[2]: 1349
```

打开 Navicat 软件界面，刷新 Scientometrics 数据库，会多出来一个 'scopus' 表格，双击表格后可以看到导入的数据，如图 4.35 所示。最后验证表格中的数据和写入的数据是否一致，代码执行输出结果界面如图 4.36 所示。

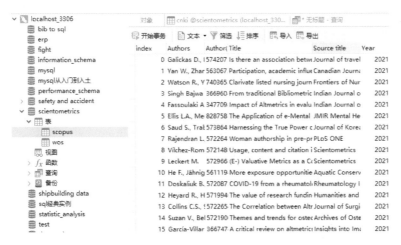

图 4.35　scopus 表格数据写入成功

图 4.36   scopus 表格中数据量核验无误

最后，执行将'scopus'表格数据加载至 Python 环境的代码，输出结果无误。

In [3]: `pd.read_sql_table('scopus',connect,schema='Scientometrics')`

Out[3]:

	index	Authors	Author(s) ID	Title	Year	Source title	Volume	Issue	Art. No.	Page start	...	ISBN	COD
0	0	Galickas D., Flaherty G.T.	57420732500;6603837153;	Is there an association between article citati...	2021	Journal of travel medicine	28	8	None	None	...	None	N
1	1	Yan W., Zhang Y.	56306725200;57200294189;	Participation, academic influences and interac...	2021	Canadian Journal of Information and Library Sc...	44	2-3	None	31	...	None	N

4.4.3   PubMed 数据存取 MySQL

对于 PubMed 数据也是同样操作，这里不再赘述，读取本地数据至 Python 环境中，代码及输出结果如下：

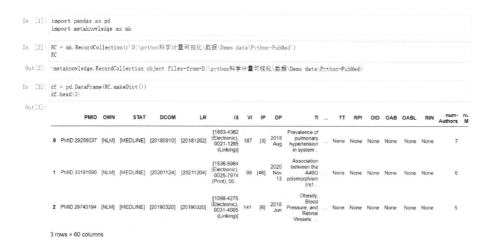

In [1]:
```python
import pandas as pd
import metaknowledge as mk
```

In [2]:
```python
RC = mk.RecordCollection(r'D:\python科学计量可视化\数据\Demo data\Python-PubMed')
RC
```

Out[2]: `<metaknowledge.RecordCollection object files-from-D:\python科学计量可视化\数据\Demo data\Python-PubMed>`

In [3]:
```python
df = pd.DataFrame(RC.makeDict())
df.head(3)
```

Out[3]:

	PMID	OWN	STAT	DCOM	LR	IS	VI	IP	DP	TI	...	TT	RPI	OID	OAB	OABL	RIN	num-Authors	nu M
0	PMID:29256037	[NLM]	[MEDLINE]	[20180910]	[20181202]	[1863-4362 (Electronic), 0021-1265 (Linking)]	187	[3]	2018 Aug	Prevalence of pulmonary hypertension in system...		None	None	None	None	None	None	7	
1	PMID:33181690	[NLM]	[MEDLINE]	[20201124]	[20211204]	[1536-5964 (Electronic), 0025-7974 (Print), 00...	99	[46]	2020 Nov 13	Association between the A46G polymorphism (rs1...		None	None	None	None	None	None	6	
2	PMID:29743194	[NLM]	[MEDLINE]	[20190320]	[20190320]	[1098-4275 (Electronic), 0031-4005 (Linking)]	141	[6]	2018 Jun	Obesity, Blood Pressure, and Retinal Vessels...		None	None	None	None	None	None	5	

3 rows × 60 columns

再将数据存放到 Scientometrics 数据库的 'pubmed' 表格，代码及输出结果如下：

```
In [4]:  for i in range(len(df.columns)):
             df.iloc[:, i] = df.iloc[:, i].astype(str)

In [5]:  from sqlalchemy import create_engine
         connect = create_engine('mysql+pymysql://root:123@localhost:3306/')
         df.to_sql('pubmed', connect, schema='Scientometrics')

Out[5]:  2000
```

打开 Navicat 软件界面，刷新 Scientometrics 数据库，会多出来一个 'pubmed' 表格，双击表格后可以看到导入的数据，如图 4.37 所示。接着验证存入的数据量，核实无误，如图 4.38 所示。

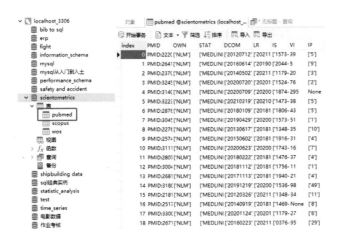

图 4.37　pubmed 表格成功写入数据

图 4.38　pubmed 表格数据量核实无误

最后，执行将 'pubmed' 表格的数据加载至 Python 环境的代码，输出结果无误。

```
In [6]: pd.read_sql_table('pubmed', connect, schema='Scientometrics')
Out[6]:
```

	index	PMID	OWN	STAT	DCOM	LR	IS	VI	IP	DP	...	SI	TT	EIN	RIN	PMCR	RPI	num-Authors
0	0	PMID 22209986	[NLM]	[MEDLINE]	[20120712]	[20211203]	['1573-4978 (Electronic)', '0301-4851 (Linking)']	39	[5]	2012 May	...	None	None	None	None	None	None	3
1	1	PMID 26416511	[NLM]	[MEDLINE]	[20160614]	[20190221]	['2044-6055 (Electronic)', '2044-6055 (Linking)']	5	[9]	2015 Sep 28	...	None	None	None	None	None	None	7
2	2	PMID 23702577	[NLM]	[MEDLINE]	[20140502]	[20211021]	['1179-1985 (Electronic)', '1120-9879 (Linking)']	20	[3]	2013 Sep	...	None	None	None	None	None	None	2
3	3	PMID 32458694	[NLM]	[MEDLINE]	[20200720]	[20201218]	['1524-4563 (Electronic)', '0194-911X (Linking)']	76	[2]	2020 Aug	...	None	None	None	None	None	None	3
4	4	PMID 31402157	[NLM]	[MEDLINE]	[20200709]	[20200709]	['1874-1754 (Electronic)', '0167-5273 (Linking)']	295	None	2019 Nov 15	...	None	None	None	None	None	None	3

4.4.4　CSSCI 数据存取 MySQL

前面所述三种数据格式的英文文献都可以使用 metaknowledge 模块进行快速的解析（Scopus 纯文本数据可以被 metaknowledge 解析），但是 CSSCI 数据和 CNKI 数据没有现成的模块可以直接使用，因此需要手动设计数据提取的算法。只要完成将文献的数据转化为 DataFrame 数据，后续的存入与取出很方便。

用自定义函数 cssci_to_df()，实现 CSSCI 数据向 DataFrame 数据转化功能，其中需要传递一个路径参数，即下载存放 CSSCI 数据的文件夹路径，代码如下：

```
In [1]: def cssci_to_df(folder_path):
            import re, os
            import pandas as pd
            df = pd.DataFrame()
            for file in os.listdir(folder_path):
                abs_path = os.path.join(folder_path, file)
                if '.txt' in abs_path:
                    with open(abs_path, 'r', encoding = 'utf-8') as f:
                        dic = {}
                        txt = f.read()
                        dic['来源篇名'] = re.findall('【来源篇名】(.*?)\n【英文篇名】', txt)
                        dic['英文篇名'] = re.findall('【英文篇名】(.*?)\n【来源作者】', txt)
                        dic['来源作者'] = re.findall('【来源作者】(.*?)\n【基  金】', txt)
                        dic['基  金'] = re.findall('【基  金】(.*?)\n【期  刊】', txt)
                        dic['期  刊'] = re.findall('【期  刊】(.*?)\n【第一机构】', txt)
                        dic['第一机构'] = re.findall('【第一机构】(.*?)\n【机构名称】', txt)
                        dic['机构名称'] = re.findall('【机构名称】(.*?)\n【第一作者】', txt)
                        dic['第一作者'] = re.findall('【第一作者】(.*?)\n【中图类号】', txt)
                        dic['中图类号'] = re.findall('【中图类号】(.*?)\n【年代卷期】', txt)
                        dic['年代卷期'] = re.findall('【年代卷期】(.*?)\n【关 键 词】', txt)
                        dic['关 键 词'] = re.findall('【关 键 词】(.*?)\n【基金类别】', txt)
                        dic['基金类别'] = re.findall('【基金类别】(.*?)\n【参考文献】', txt)
                        dic['参考文献'] = \
                        re.findall(r'【参考文献】(.*?)\n--------------------------------\n\n', txt, re.S)
                        df_ = pd.DataFrame(dic)
                df = pd.concat([df, df_])
            return df.drop_duplicates()
```

指定文件夹路径，并调用函数，最后验证提取的数据量是否一致，代码输出结果如下：

```
In [2]: folder_path = 'D:\python科学计量可视化\数据\Demo data\Python-CSSCI'

In [3]: cssci_to_df(folder_path).head(2)

Out[3]:
```

	来源篇名	英文篇名	来源作者	基金	期刊	第一机构	机构名称	第一作者	中图类号	年代卷期	关键词	基金类别	参考文献
0	人工智能时代背景下的国家安全治理应用范式、风险识别与路径选择	National Security Governance in the Era of Art...	阚天舒/张纪腾	海国图智研究院研究基金	国际安全研究	华东政法大学	[阚天舒]华东政法大学,中国法治战略研究中心/[张纪腾]华东政法大学,政治学研究院	阚天舒	D815.5	2020,38(010):4-38	人工智能/国家安全/应用范式/风险治理/路径选择		\n1.Jervis,Robert.Cooperation under the Secun...
1	"总体国家安全观"思想对情报方法研究的影响	The Influence of \\"A Holistic View of Nation...	杨建林	2017年度国家社会科学基金重大项目(17ZDA291)/2018年度国家社会科学基金重点项...	现代情报	南京大学	[杨建林]南京大学,信息管理学院	杨建林	G250.2	2020,40(030):3-13,37	情报学/国家安全/总体国家安全观/情报方法/情报工作/技术方法		\n1.习近平依国理政.北京:外文出版社/n2.杨建林.情报学学科建设面临的主要问题与发...

```
In [4]: len(cssci_to_df(folder_path))

Out[4]: 791
```

完成 DataFrame 数据类型转化后，将数据存入 Scientometrics 数据库，表名为'cssci'，代码执行结果如下：

```
In [5]: df = cssci_to_df(folder_path)

In [6]: from sqlalchemy import create_engine
        connect = create_engine('mysql+pymysql://root:123@localhost:3306/')
        df.to_sql('cssci', connect, schema='Scientometrics')

Out[6]: 791
```

需要注意的是，由于自定义函数中用到的是正则匹配 re 模块，匹配到的结果均是字符串数据类型，所以这里将函数赋值为 df 后可直接进行数据储存的操作。

打开 Navicat 软件界面，刷新 Scientometrics 数据库，会多出来一个'cssci'表格，双击表格后可以看到导入的数据，如图 4.39 所示。验证存入的数据量，核实无误，如图 4.40 所示。

图 4.39　cssci 表格正常写入数据

图 4.40　cssci 表格数据量核实无误

最后，执行将'cssci'表格的数据读入到 Python 环境中的代码，输出结果无误。

```
In [7]:  import pandas as pd
         pd.read_sql_table('cssci',connect,schema='Scientometrics').head(2)
```

Out[7]:

index	来源篇名	英文篇名	来源作者	基金	期刊	第一机构	机构名称	第一作者	中图类号	年代卷期	关键词	基金类别	参考文献
0	0	人工智能时代背景下的国家安全治理:应用范式、风险识别与路径选择	National Security Governance in the Era of Art...	阙天舒/张纪腾	海国图智研究院研究基金	国际安全研究	华东政法大学	[阙天舒]华东政法大学、中国法治战略研究中心/[张纪腾]华东政法大学政治学研究院	阙天舒	D815.5	2020,38(010):4-38	人工智能/国家安全/应用范式/安全悖论/路径选择		\n1.Jervis,Robert.Cooperation under the Securi...
1	1	"总体国家安全观"思想对情报方法研究的影响	The Influence of \\"A Holistic View of Nation...	杨建林	2017年度国家社会科学基金重大项目(17ZDA291)/2018年度国家社会科学基金重点项...	现代情报	南京大学	[杨建林]南京大学信息管理学院	杨建林	G250.2	2020,40(030):3-13,37	情报学/国家安全/总体国家安全观/情报方法/情报工作方法/技术方法		\n1.习近平谈治国理政.北京:外文出版社\n2.杨建林.情报学学科建设面临的主要问题与发...

4.4.5　CNKI 数据存取 MySQL

对于 CNKI 导出的 Endnote 格式的文献数据集，设计自定义函数为 cnki_to_df()，其中的参数也是指定下载存放数据的文件夹路径，代码如下:

```python
In [1]:  def cnki_to_df(folder_path):
            import pandas as pd
            import os
            ls_data = []
            for file in os.listdir(folder_path):
                abs_path = os.path.join(folder_path,file)
                if '.txt' in abs_path:
                    with open(abs_path,'r',encoding = 'utf-8') as f:
                        txt = f.read()
                        ls = txt.replace('\n\n','').split('%0')[1:]
                        for j in ls:
                            ls_name = []
                            dic = {}
                            for i in j.split('\n'):
                                if i.startswith(' '):
                                    dic['Reference Type'] = i[1:]
                                elif '%+' in i:
                                    dic['Author Address'] = i[3:]
                                elif '%T' in i:
                                    dic['Title'] = i[3:]
                                elif '%A' in i:
                                    ls_name.append(i[3:])
                                    continue
                                elif '%J' in i:
                                    dic['Journal Name'] = i[3:]
                                elif '%D' in i:
                                    dic['Year'] = i[3:]
                                elif '%V' in i:
                                    dic['Volume'] = i[3:]
                                elif '%N' in i:
                                    dic['Number (Issue)'] = i[3:]
                                elif '%K' in i:
                                    dic['Keywords'] = i[3:]
                                elif '%X' in i:
                                    dic['Abstract'] = i[3:]
                                elif '%P' in i:
                                    dic['Pages'] = i[3:]
                                elif '%@' in i:
                                    dic['ISBN/ISSN'] = i[3:]
                                elif '%L' in i:
                                    dic['Notes'] = i[3:]
                                elif '%U' in i:
                                    dic['URL'] = i[3:]
                                elif '%W' in i:
                                    dic['Database Provider'] = i[3:]
                                elif '%R' in i:
                                    dic['DOI'] = i[3:]
                            dic['Author'] = ','.join(ls_name)
                            ls_data.append(dic)
            return pd.DataFrame(ls_data)
```

指定文件夹路径并调用函数，最后验证提取数据量是否一致，代码输出结果如下：

```
In [2]: folder_path = 'D:\python科学计量可视化\数据\Demo data\Python-CNKI'
        cnki_to_df(folder_path).head(2)
Out[2]:
```

	Reference Type	Author	Author Address	Title	Journal Name	Keywords	Abstract	Pages	ISBN/ISSN	Notes	URL	
0	Journal Article	张正 缅高 崔杰 王维 杰超 亚海 曲博 顺张 献之 李孝 满李 璘	北京中国 药大学东 直门医 院中国科 院中医药 信息研究 所北京 中医药大 学东方医 院广西 社烟台	基于 VOSviewer 和 CiteSpace 的白芍总苷 研究热点可 视化分析	中国中 国药信 息杂志	白芍总 苷;VOSviewer;CiteSpace;可视化分析	目的分析 白芍总苷 研究现状 和热点，为由白芍 总苷研究与应用提供参考。方 法计算机 检索中国 知识资源总库	1-7	1005-5304	11-3519/R	https://kns.cnki.net/kcms/detail/11.3519.R.202...	
1	Journal Article	觉冀 铜侧 义张 加琼	中国科学 院水利部 水土保持 研究所重 庆交通 单地农业 国家重 实验室 中国科学 院大学 西北...	基于文献计 量学分析沇 沙来源研究 进展与热点	水土保 持研究	沇沙来源;土壤侵蚀;可视 化分析;CiteSpace;黄金横 纹识别	明确风成 或区域 沙来源对 揭制科学 有用有重 要意义，为了更好 地掌握沇 沙来源研 究的发展 动态...	1-6	1005-3409	61-1272/P	https://kns.cnki.net/kcms/detail/61.1272.P.202...	10

```
In [3]: len(cnki_to_df(folder_path))
Out[3]: 2037
```

完成 DataFrame 数据类型转化后，将数据存入 Scientometrics 数据库，表名为 `cnki`，代码执行结果如下：

```
In [4]: df = cnki_to_df(folder_path)

In [5]: from sqlalchemy import create_engine
        connect = create_engine('mysql+pymysql://root:123@localhost:3306/')
        df.to_sql('cnki', connect, schema='Scientometrics')

Out[5]: 2037
```

与处理 CSSCI 数据不同的是，这里通过 f.read() 方式获得的数据均为字符串，而且在处理不同字段时对获取的具体数据也进行字符串数据类型的处理，所以这里将函数赋值为 df 后可以直接进行数据储存的操作。

打开 Navicat 软件界面，刷新 Scientometrics 数据库，会多出来一个 `cnki` 表格，双击表格后可以看到导入的数据，如图 4.41 所示。接着验证存入的数据量，核实无误，如图 4.42 所示。

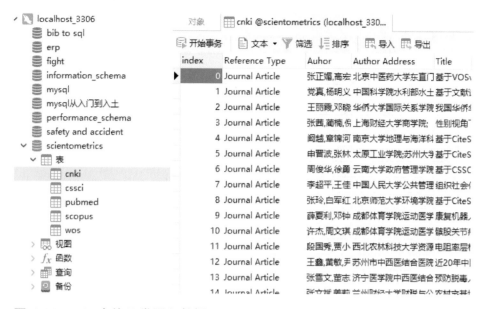

图 4.41 cnki 表格正常写入数据

图 4.42 cnki 表格数据量核实无误

最后，执行将'cnki'表格的数据加载至 Python 环境中的代码，输出结果无误。

```
In [6]: import pandas as pd
        pd.read_sql_table('cnki',connect,schema='Scientometrics')
```

4.4.6　以 CNKI 数据为例利用 Navicat 进行功能演示

Navicat 软件提供一些功能很方便的快捷操作，使用者不需要学习 SQL 编程语言，即可完成对数据的处理。下面以 CNKI 数据为例，介绍里面最实用的四个功能：筛选，排序，导入，导出。如果想要进一步学习 MySQL 的编程语言，可结合命令行窗口和可视化软件对 mysql 知识点进行详细梳理❶。

（1）筛选功能。双击进入'cnki'数据表后，可以看到表格打开后上方的四个功能对应的按钮，如图 4.43 所示。

图 4.43　功能按钮所在位置

❶　结合命令行和可视化软件对 mysql 知识点进行详细梳理：https://blog.csdn.net/lys_828/article/details/109174426。

点击【筛选】按钮，进入待筛选条件输入界面，默认是呈现出灰色界面，等待添加筛选条件。点击左侧的'+'后，会自动匹配表格中的第一个字段的信息，比如这里的第一个字段是 index，自动生成的筛选条件是 index = <?>。'='符号两侧以及'='都是可选择的状态，比如鼠标点击右侧'<?>'会弹出一个待输入窗口，这里输入 0 后点击【确定】按钮，如图 4.44 所示。

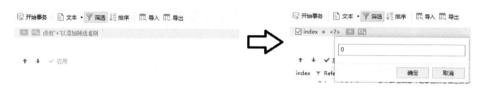

图 4.44 字段中具体内容筛选

以上操作完成后，会把筛选的具体内容信息添加到符号"="的后面，如图 4.45 所示。然后点击"√应用"，它是对添加筛选条件的应用，见图 4.45。

图 4.45 筛选条件应用

➡ 筛选多条信息。如果要筛选多条信息，比如这里要筛选 index 从 0 到 20 之间的所有文献数据，可以点击筛选准则中的'='符号，会自动弹出一系列的选择符号，选择'介于'后会跳出一个输入筛选内容输入框，输入 20 后，点击【确认】按钮后点击'√应用'，输出结果见图 4.46。

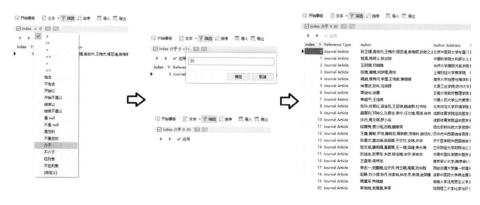

图 4.46 指定筛选范围

➡ 筛选符号。也可以选择其他的筛选符号，比如 "在列表"，后面输入框中输入多个要筛选的内容即可，如图 4.47 所示。

图 4.47　更换筛选符号

➡ 筛选字段。除了更换筛选符号和具体内容外，还可更换筛选字段。点击 'index' 后会弹出当前表格中所有的字段名称的选项卡，这时只需要点击要进行筛选的字段即可，比如这里选择 'Author'，后续的筛选符号选择 '包含'，具体内容输入 '李杰' 后回车确认。如图 4.48 所示。

图 4.48　更换筛选字段

➡ 多重筛选。除进行单字段数据筛选，也可以进行多字段结合的多重筛选，比如，在前面筛选的基础上添加期刊信息。在第一行的筛选条件最后面，点击 '()+' 选项，会自动添加筛选条件，按照同样的思路，选择 'Journal Name = 安全与环境学报'，输出结果见图 4.49。

➡ 清除筛选条件。如果要删除某一条件，把鼠标放在对应的筛选条件上，点击鼠标右键后选择 '删除'，如果需要清空筛选条件，选 '全部清除' 即可，如图 4.50 所示。

图 4.49　多重筛选设置

图 4.50　筛选条件删除

（2）排序功能。在 Navicat 软件中，选择字段后右侧会有默认设置的"排序"按钮，打开后可以设置具体的排序方式，比如 index 字段按照降序排列，如图 4.51 所示。

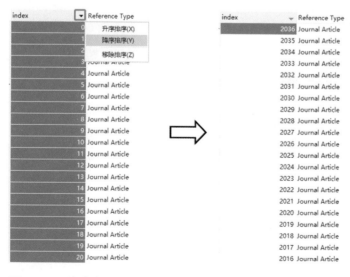

图 4.51　单字段排序

还有多字段排序。如果将一个字段升序，另一个字段降序排列，直接通过操作字段里面的"排序"是没有办法实现的，需要使用到"筛选"按钮旁边的"排序"按钮。比如按照 year 字段进行升序排列，然后在按照 index 字段进行降序排列。特别注意这里存在一个先后顺序，哪个筛选条件在前要首先满足，然后再去排列第二个字段，可以尝试将两个字段排列的顺序调换，如图 4.52 所示。

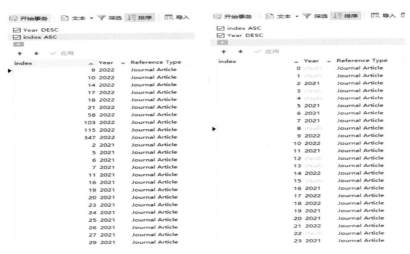

图 4.52　多字段排序

（3）数据导入。Navicat 软件支持多类型文件导入表格，点击上方的【导入】按钮后，弹出选择导入的文件类型，比如常见保存的 Excel 文件类型（*.xlsx; *.xls），进行下一步，见图 4.53；在桌面创建一个 demo.xlsx 文件，选择导入后勾选表单（该文件只有一个表单，勾选 Sheet1），进行下一步，见图 4.54。

图 4.53　导入文件类型选择

图 4.54 添加文件地址和表单

➡ 设置附加选项。一般默认即可。针对具体的数据格式，可以设置相对应的数据提取的规则，比如第一行为字段名称行，数据行在第二行；对于时间、日期，也可以根据表中的格式在此处进行设置，如图 4.55（a）所示。

➡ 导入数据表格选择。可以选择已经存在的表格，也可以新建表格，需要注意的是，如果新建表格，要在目标表下的格子中输入表的名称，输入完毕后系统会默认勾选新建表选项，如图 4.55（b）所示。

（a）数据提取附加项设置

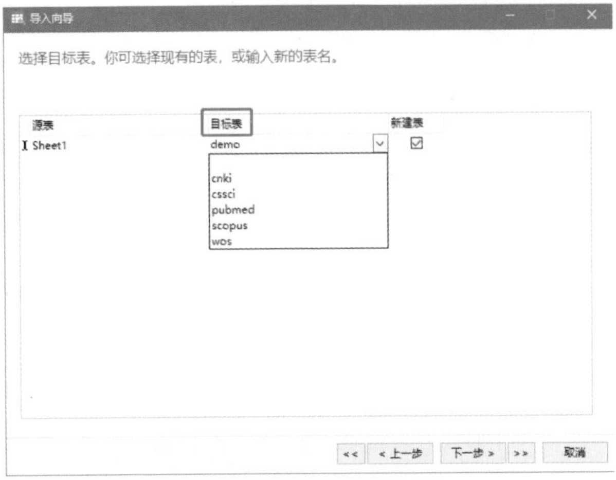

（b）导入数据表格选择

图 4.55　附加项设置和表格选择

➡ 设置表中字段的数据结构。此时会自动进行字段解析，一般为避免系统报错，都默认将各个字段设置为 varchar 数据类型（也是字符串数据类型，和前面各种文献数据存入 MySQL 数据库的操作类似，都是要先转化为字符串数据后才能正常写入）；这里可以根据自己数据的实际情况进行调整，比如第二列成绩属于数值类型，可以调整为 int（也可以不调整，后续在 Python 分析中进行数据类型的转化），如图 4.56 所示。

图 4.56　根据需要进行数据类型设置

➡ 导入模式的选择。需选择以追加的模式写入还是以覆盖的模式导入？默认是第一种追加模式。因为是创建的新表，追加也是在空表上，如果是已经存在的表格，追加也不会破坏原有的数据，所以默认是追加模式，保持默认设置进行下一步即可。根据需要，也可以进行覆盖写的操作，如图 4.57 所示。

图 4.57　数据导入模式选择

最后一步，点击【开始】按钮进行数据的导入，导入花费的时间根据数据量的多少决定，如图 4.58 所示。中间提示框出现"Finished successfully"后，可以点击下方的【关闭】按钮，然后刷新左侧的数据表，会出现刚刚数据导入时候新建的 demo 表，如图 4.59 所示。

图 4.58　数据开始导入及导入过程提醒

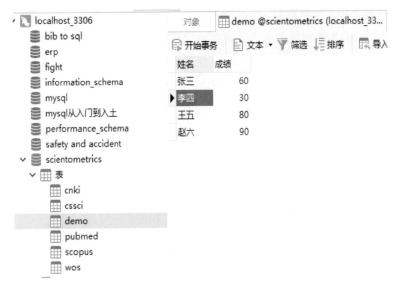

图 4.59　导入数据表刷新与结果查看

（4）数据导出。以刚刚创建的 demo 表为例，点击上方的【导出】按钮，弹出提示框，选择要导出的数据数量，默认提示要进行"全部记录"导出，见图4.60。

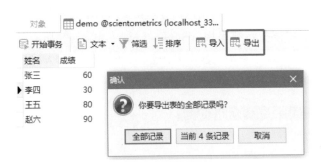

图 4.60　表格数据导出

还要进行导出数据文件格式的选择。默认输出为 txt 文本文件数据格式，可以根据需求自行选择不同的数据格式，比如，这里尝试导出为 csv 数据格式，勾选后进行下一步；选择要导出的具体的表格，默认是当前的表格，同时后方要设置导出的路径地址，也可以根据需要"全选"所有的表格进行导出；导出的字段默认是全部字段，鼠标点击字段名称前的勾选框可以取消指定字段的导出；导出规则的设定与导入式基本一致，一般默认即可，如图 4.61 所示。

（a）导出数据文件格式选择

（b）导出表格选择及保存文件路径设置

（c）选择导出字段

（d）设置导出数据规则

图 4.61　导出规则

　　设置完毕后，点击【开始】按钮，数据进行导出，中间提示框出现 "Finished successfully" 后代表数据成功导出，可以点击下方的【关闭】按钮；进一步，可以核实桌面是否存在 demo.csv 文件，如图 4.62 所示。

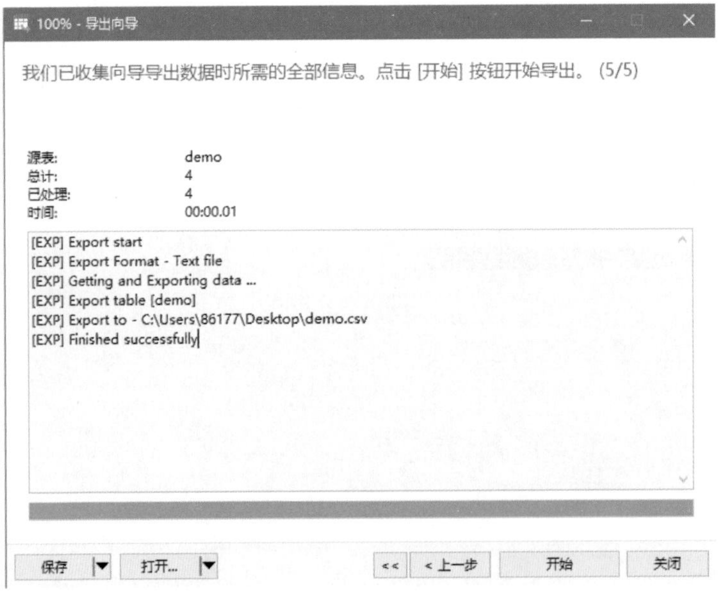

图 4.62　数据开始导出及导出过程提醒

metaknowledge 文献数据分析基础

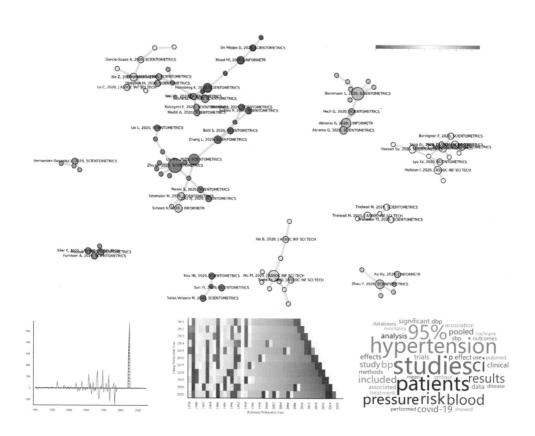

metaknowledge 模 块 目 前 可 以 从 WOS、PubMed、Scopus、ProQuest Dissertation 和 Thesis 中读取纯文本文件，并处理国家科学基金会 (NSF) 和加拿大社会科学与人文研究理事会 (SSHRC)、加拿大国家工程与研究理事会 (NSERC) 以及加拿大卫生研究院 (CIHR) 的基金数据文件 ❶。

5.1　数据分析流程

metaknowledge （下文简称为 "mk"）文献信息分析及可视化展示分析流程如图 5.1 所示。

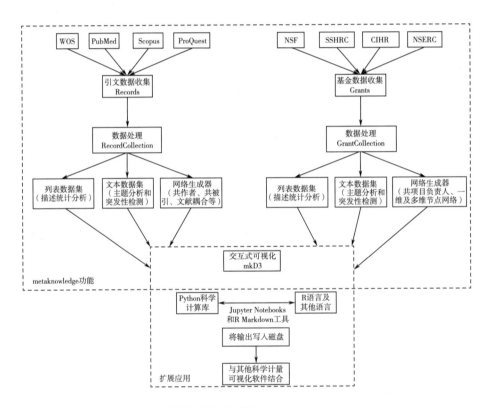

图 5.1　metaknowledge 数据分析流程

❶ John McLevey and Reid McIlroy-Young. Introducing metaknowledge : Software for computational research in information science, network analysis, and science of science[J]. Journal of Informetrics, 2017, 11(1) : 176–197.

具体可分为以下几步：① 数据收集及清洗（引文数据和基金数据）；②统计分析、文本分析（包括主题分析和突发检测等）、网络分析（包括共作者、共被引、文献耦合等）；③数据交互式可视化（交互式图表）；④数据导出及后续处理（与其他软件的结合使用。比如 R、VOSviewer）。

5.2　功能模块导入

打开 Jupyter Notebook 应用，新建一个 Python3 文件，文件中的第一个代码单元通常导入要使用的模块。使用 import 关键字将功能模块加载到 Python 环境中，以方便后续对其功能的调用。为简化代码，可以将功能模块进行缩写导入，比如在界面中输入 import metaknowledge as mk、import pandas as pd 等。其他已经安装的工具模块的加载方式也类似。

```
In [1]:  #数据加载与处理
         import metaknowledge as mk
         import pandas as pd
```

5.3　文献数据导入

将单个或多个纯文本文件（txt 格式文件）加载到 mk 中。数据存储在电脑中的路径为：D:\python 科学计量可视化 \ 数据 \Demo data\Python–Wos。利用 os 模块中的 listdir() 方法查看当前路径下的文件基本信息情况，代码及运行结果如下。（除文献数据外，还有一个 pptx 文件数据）

```
In [2]:  import os
         print(os.listdir(r'D:\python科学计量可视化\数据\Demo data\Python-Wos'))

         ['1-500.txt', '1001-1500.txt', '1501-2000.txt', '2001-2500.txt', '2501-3000.txt', '3001-3500.txt', '3501-4000.txt', '4001-4500.txt', '45
         01-5000.txt', '5001-5500.txt', '501-1000.txt', '5501-6000.txt', '6001-6358.txt', 'Python对Web of Science数据的分析.pptx']
```

使用 mk 读入单个 txt 文件。

```
In [3]:  RC = mk.RecordCollection(r'D:\python科学计量可视化\数据\Demo data\Python-Wos\1-500.txt')
         len(RC)

Out[3]:  500
```

读入整个路径中的多个 txt 文件，此方法会自动读入并解析以 txt 后缀结束的文件。即使文件夹中包含其他格式的文件，也不会影响最终的读入结果。

```
In  [4]:  RC = mk.RecordCollection(r'D:\python科学计量可视化\数据\Demo data\Python-Wos')
          len(RC)

Out[4]:  6358
```

对于读取多文件数据（数据量较多），为避免系统重复进行数据的读入操作，可以利用缓存机制保存第一次读取文件的操作，代码执行如下。

```
In  [5]:  RC = mk.RecordCollection(r'D:\python科学计量可视化\数据\Demo data\Python-Wos',cached=True)
          len(RC)

Out[5]:  6358
```

读取的数据量越多，越会显示出缓存机制的性能优势，再次进行加载文件时不需要等待长时间的文件数据读入；建议对于整个文件夹数据读入时添加缓存机制，代码运行后，可以在数据文件夹中看到自动生成的缓冲文件。

5.4　数据异常处理

学术数据库 (如 Web of Science) 或基金管理机构提供的原始数据偶尔也会出现问题，mk 中设计了很多异常处理方法，以保证数据读取工作的正常进行。比如：BadWOSFile() ，BadWOSRecord()，UnknownFile() 等。当解析过程中发现错误时，数据将被标记为 "bad" ，其所在位置行号将被记录，mk 将尝试查找文件中的下一个条目。如果失败，文档的其余部分将被标记为 "bad" ，但有时数据太畸形而无法解析时（往往只有当数据库文件以某种方式手动更改时，才会发生这种情况），读者可以使用 badEntries() 方法检查记录，也可以使用 dropBadEntries() 方法删除记录。

```
In  [6]:  len(RC.badEntries())
Out[6]:  0

In  [7]:  RC.dropBadEntries()
```

5.5　文献数据去重

在创建 RecordCollections 和 GrantCollections 时，mk 会自动查找里面的记录文献，对于多来源的 isi 文件（默认）进行识别，当遇到相同的文献记录时，会将相同的数据自动合并为一条数据，以达到去重的效果。比如，尝试把文件夹中前 2 000 条文献数据进行重复，重新进行数据的读取，核实是否能够进行自动去重，代码及输出结果如下：

```
In  [8]:  print(os.listdir(r'D:\python科学计量可视化\数据\Demo data\Python-Wos'))

          ['1-500 - 副本.txt', '1-500.txt', '1001-1500 - 副本.txt', '1001-1500.txt', '1501-2000.txt', '2001-2500.txt', '25
          01-3000.txt', '3001-3500.txt', '3501-4000.txt', '4001-4500.txt', '4501-5000.txt', '5001-5500.txt', '501-1000 -
          副本.txt', '501-1000.txt', '5501-6000.txt', '6001-6358.txt', 'Python-Wos.[].mkRecordDirCache', 'Python对Web of S
          cience数据的分析.pptx']
```

然后再次读取当前文件夹下的数据，进行文献计数，代码输出结果如下。输出结果显示核实去除重复功能无误。

```
In  [9]:  RC = mk.RecordCollection(r'D:\python科学计量可视化\数据\Demo data\Python-Wos', cached=True)
          len(RC)

Out[9]:   6358
```

5.6　单记录、引文及记录集合分析

在 Python 环境中，一切皆对象（对象单词为：object），因此 ,mk 生成的一切也都是对象。在 mk 模块中有三个主要的对象，分别是 Record object、RecordCollection object 和 Citation object。

5.6.1　Citation 对象

Record 是包含单个文献记录的对象，例如期刊文章、书籍或会议记录。它们是 RecordCollection 包含的内容，即可以理解为 RecordCollection 是由一个个

Record 数据组成的集合。

（1）获取数据。

使用 peek() 方法可以随机查看单个文献记录。随机取值是指每次运行整个 Python3 文件程序后会随机取出一条数据，并不是指每次调用该方法，程序输出一条随机的数据。如果是只进行一次数据的读入，之后即使多次使用 peek() 方法，也是相同的数据输出，代码及输出结果如下。（这里加载的是 WOS 数据，对应取出一条的记录输出对象为 WOSRecord object）

```
In  [10]: RC.peek()
Out[10]: <metaknowledge.WOSRecord object WOS:000294839200024>

In  [11]: print(RC.peek())
          WOSRecord(A few special cases: scientific creativity and network dynamics in the field of rare diseases)

In  [12]: R = RC.peek()
          print(R)
          WOSRecord(A few special cases: scientific creativity and network dynamics in the field of rare diseases)
```

如果要获取具体某一条或者某一区间范围的数据，可以利用循环获取全部的数据，然后利用索引和切片的方式取出。比如获取第 1 条数据，以及 1~10 条数据，代码及输出结果如下。仔细对比可以发现实际上 peek() 方法取出的随机数据，是每次加载读入数据集后的第一条数据。

```
In  [13]: # 收集所有的Record数据
          records = [r for r in RC]

In  [14]: #使用列表索引，取出第一条数据
          print(records[0])
          WOSRecord(A few special cases: scientific creativity and network dynamics in the field of rare diseases)

In  [15]: #利用列表切片操作，取出前10行数据
          print(records[0:10])
          [<metaknowledge.WOSRecord object WOS:000294839200024>, <metaknowledge.WOSRecord object WOS:000309357600004>, <metaknowledge.WOSRecord object WOS:000399686000009>, <metaknowledge.WOSRecord object WOS:000580600000001>, <metaknowledge.WOSRecord object WOS:000442737700002>, <metaknowledge.WOSRecord object WOS:000562564200001>, <metaknowledge.WOSRecord object WOS:000382914200023>, <metaknowledge.WOSRecord object WOS:000304133900001>, <metaknowledge.WOSRecord object WOS:000285626000003>, <metaknowledge.WOSRecord object WOS:000434974800003>]
```

（2）Record 对象常用操作。

获取文献记录的标识，这里导入的是 WOS 文献，因此每一条文献都有其独一无二的标识，在 Record 对象中一共有三种方法可以获得文献的标识，代码及输出结果如下。

```
In [16]:   #获取文献记录的标记
           print(R.UT)
           print(R.id)
           print(R.wosString)
```

```
WOS:000294839200024
WOS:000294839200024
WOS:000294839200024
```

获取文献记录的状态，一共有两个方法，即 bad 和 error，都是对文献的状态进行判断。

```
In [17]:   #获取文献记录的状态
           print(R.bad)
           print(R.error)
```

```
False
None
```

获取当前文献记录的来源地址、来源文件所在行数与文献编码形式。

```
In [18]:   #文献记录的来源路径与编码形式
           print(R.sourceFile)
           print(R.sourceLine)
           print(R.encoding())
```

```
D:\python科学计量可视化\数据\Demo data\Python-Wos\5501-6000.txt
38579
utf-8
```

文献记录的数据形式类似 Python 基础语法中介绍的字典结构，包含 items，keys 和 values 的方法。

```
In [19]:   #文献记录的内容，返回的实际是一个字典数据类型
           R_copy = R.copy()   #对数据进行备份
           print(R_copy.items())
```

```
ItemsView(<metaknowledge.WOSRecord object WOS:000294839200024>)
```

```
In [20]:   print(R_copy.keys())
```

```
KeysView(<metaknowledge.WOSRecord object WOS:000294839200024>)
```

```
In [21]:   print(R_copy.values())
```

```
ValuesView(<metaknowledge.WOSRecord object WOS:000294839200024>)
```

稍微有点区别的地方在于，直接调用这三种方法，还无法直接获得对应的数据，需要进一步通过循环获取数据。代码及输出结果如下（由于输出内容较多，只显示部分输出）。

```
In  [22]:  len(R_copy.keys())
```

Out[22]: 42

```
In  [23]:  len(R_copy.values())
```

Out[23]: 42

```
In  [24]:  for key, value in R_copy.items():
               print(key, value)
```

PT J
AU ['Frigotto, ML', 'Riccaboni, M']
AF ['Frigotto, M. Laura', 'Riccaboni, Massimo']
TI A few special cases: scientific creativity and network dynamics in the field of rare
diseases
SO SCIENTOMETRICS
LA English
DT Article

获取记录中的详细信息：借助字典取值的方式，凭借 key 信息获取 value，其中 get 方法只能传入单个 key，subDict 方法可以传入多个 key 组成的列表。

```
In  [25]:  #获取每一对具体信息
           R.get('OA')
```

Out[25]: ['Green Submitted']

```
In  [26]:  #获取多对信息
           R.subDict(['OA','TI','SO'])
```

Out[26]: {'OA': ['Green Submitted'],
           'TI': 'A few special cases: scientific creativity and network dynamics in the field of
           rare diseases',
           'SO': 'SCIENTOMETRICS'}

key 中字段信息属于 WOS 中的字段标识，可以通过访问 Web of Science 所有数据库中的"帮助"，进入 Biological Abstracts 字段标识页面 ❶。如果不打开帮助网页，也可以通过 getAltName 方法获取每个标签的含义，比如查询 AF 和 AU 的含义。

```
In  [27]:  R.getAltName('AU')
```

Out[27]: 'authorsShort'

```
In  [28]:  R.getAltName('AF')
```

Out[28]: 'authorsFull'

---

❶ WOS 字段标识：https://images.webofknowledge.com/WOKRS521R5/help/zh_CN/WOK/hs_ba_fieldtags.html。

除了使用 key 的信息访问 value，还有三种快速访问的方式，从而可以快速获取文献的标题、作者、作者信息。

```
In [29]:  #也可以使用常用的封装好的方法获取，文献记录的标题，作者，作者性别
          print(R.title)
          print(R.authors)
          print(R.authGenders())

A few special cases: scientific creativity and network dynamics in the field of rare di
seases
['Frigotto, M. Laura', 'Riccaboni, Massimo']
{'Frigotto, M. Laura': 'Unknown', 'Riccaboni, Massimo': 'Male'}
```

文献的导出：可以将 txt 文本数据转化为 bib 格式的数据，便于与其他软件进行交互，以下只截取部分输出。

```
In [30]:  #文献记录的转化
          R.bibString()

Out[30]:  '@misc{ FrigottoMLaura-2011-10-Creativity-Scientific,\n     author = {{Frigotto, M. Laur
          a and Riccaboni, Massimo}},\n     PT = "J",\n     AU = "Frigotto, ML and Riccaboni, M",\n
          AF = "Frigotto, M. Laura and Riccaboni, Massimo",\n     TI = "A few special cases: scien
          tific creativity and network dynamics in the field of rare diseases",\n     SO = "SCIENT
          OMETRICS",\n     LA = "English",\n     DT = "Article",\n     DE = "creativity and co-autho
          rship network and scientific collaboration and bibliometric indicators and biomedical r
          esearch and qualitative and quantitative method",\n     ID = "MATHEMATICAL APPROACH and
```

也可以直接将单条或者多条记录另存为 txt 文件。只需要指定文件保存的名称即可，比如，这里是在 ipynb 文件所在的路径下生成 demo.txt 文件。

```
In [31]:  with open('demo.txt', 'w') as f:
              R.writeRecord(f)
          #将record记录导出
```

单个记录中所包含的具体信息，我们可以使用 dir(Object) 方法查询其所包含的功能。将随机生成的单个记录对象命名为 R，即可以通过 dir(R) 查看全部功能。

```
In [36]:  print(dir(R))

['UT', '__abstractmethods__', '__bytes__', '__class__', '__contains__', '__delattr__', '__dict__', '__dir__', '__
doc__', '__eq__', '__format__', '__ge__', '__getattribute__', '__getitem__', '__getstate__', '__gt__', '__hash
__', '__init__', '__init_subclass__', '__iter__', '__le__', '__len__', '__lt__', '__module__', '__ne__', '__new
__', '__reduce__', '__reduce_ex__', '__repr__', '__reversed__', '__setattr__', '__setstate__', '__sizeof__', '__s
lots__', '__str__', '__subclasshook__', '__weakref__', '_abc_impl', '_computedFields', '_documented', '_fieldDic
t', '_id', '_sourceFile', '_sourceLine', '_wosNum', 'authGenders', 'authors', 'bad', 'bibString', 'copy', 'creat
eCitation', 'encoding', 'error', 'get', 'getAltName', 'getCitations', 'id', 'items', 'keys', 'sourceFile', 'sour
ceLine', 'specialFuncs', 'subDict', 'tagProcessingFunc', 'title', 'values', 'wosString', 'writeRecord']
```

表 5.1 为 Record 对象常用方法的汇总。

表 5.1 Record 对象常用方法

方法	功能	方法	功能	方法	功能	方法	功能
UT	WOS 记录标记	sourceFile	文献来源与编码	get	字典数据取值	bibString	文献导出
id		sourceLine		subDict		writeRecord	
wosString		encoding		getAltName		specialFuncs	特殊函数
bad	文献状态查询	items	文献数据格式	title	快速查询	tagProcessingFunc	
error		keys		authors		createCitation	创建引文数据
copy	文献备份	values		authGenders		getCitations	

注: specialFuncs 和 tagProcessingFunc 方法属于特殊函数,可参照补充材料中第 32~35 步骤输出。

5.6.2 Citation 对象

Citation 也是一个对象,包含对引文解析的所有结果,我们可以从 Record 中创建 Citation 对象。表 5.1 中的最后两个方法是针对 Citation 对象设置,也可以使用 dir() 方法对该对象中的方法进行输出。

```
In [37]:  #生成引文与获取引文数据
          ct_C = R.createCitation()
          ct_C
Out[37]:  <metaknowledge.Citation object Frigotto ML, 2011, SCIENTOMETRICS, V89, P397, DOI 10.1007/s11192-011-0431-9>

In [38]:  print(dir(ct_C))

          ['DOI', 'Extra', 'FullJournalName', 'ID', 'P', 'V', '__abstractmethods__', '__class__', '__delattr_
          _', '__dir__', '__doc__', '__eq__', '__format__', '__ge__', '__getattribute__', '__gt__', '__hash__', '__init_
          _', '__init_subclass__', '__le__', '__lt__', '__module__', '__ne__', '__new__', '__reduce__', '__reduce_ex__',
          '__repr__', '__setattr__', '__sizeof__', '__slots__', '__str__', '__subclasshook__', '__weakref__', '_abc_impl'
          , '_id', 'addToDB', 'allButDOI', 'author', 'bad', 'error', 'isAnonymous', 'isJournal', 'journal', 'misc', 'origina
          l', 'scopusCiteRegex', 'wosCiteRegex', 'year']
```

按照输出的内容,可以对常用的方法进行分类。其中涉及单输出的方法,比如输出文献的 DOI、文献发表的期刊/期刊全称、作者、年份等信息。

```
In [39]:  print(ct_C.DOI)                    #文献的DOI
          print(ct_C.FullJournalName())     #文献发表的期刊全称
          print(ct_C.P)                     #文献的页码
          print(ct_C.V)                     #文献的卷
          print(ct_C.author)                #文献作者
          print(ct_C.journal)               #文献所在期刊简写
          print(ct_C.misc)                  #综合叙词
          print(ct_C.year)                  #文献发表年份
```

```
10.1007/S11192-011-0431-9
test
P397
V89
Frigotto Ml
SCIENTOMETRICS
None
2011
```

涉及多输出内容的方法，其中 original 方法输出的结果是 WOS 引文数据最完整的样式，剩下的几个方法都是基于此进行部分内容的截取。

```
In [40]: print(ct_C.ID())
         print(ct_C.Extra())
         print(ct_C.original)
         print(ct_C.allButDOI())

         Frigotto Ml, 2011, SCIENTOMETRICS
         V89, P397, 10.1007/S11192-011-0431-9
         Frigotto ML, 2011, SCIENTOMETRICS, V89, P397, DOI 10.1007/s11192-011-0431-9
         Frigotto Ml, 2011, SCIENTOMETRICS, V89, P397
```

而具体截取的方式，针对文献来源的不同分为两种，一种是 Scopus 数据，另一种是 WOS 数据，这里使用后者进行演示。把对应引文的变量转化为字符串数据，使用正则匹配 wosCiteRegex 方法获取相对应的数据。输出的结果都是在列表中的第一个元组中，通过索引即可获取截取数据。

```
In [41]: #这两个方法适用于正则匹配数据的操作，使用的是wos数据，以第二个方法为例进行展示
         # print(ct_C.scopusCiteRegex)
         print(ct_C.wosCiteRegex.findall(str(ct_C)))

         [('Frigotto ML', ', ', '2011', ', ', 'SCIENTOMETRICS', ', ', 'V89', 'V89', ', ', 'P397', 'P397', ', ', 'DOI 10.1007/s11192-0
         11-0431-9', '10.1007/s11192-011-0431-9', '', '', '', ''), ('', '', '', '', '', '', '', '', '', '', '',
         '', '')]
```

还有一些操作是针对引文数据状态的查询，有些在 Record 对象中也存在，但是针对 Citation 对象多了两个查询状态的方式。isAnonymous 方法判断引文的作者是否用 "[ANONYMOUS]" 表示，如果是返回 True，否则返回 False，而 isJournal 方法判断引文的期刊是否在 WOS 期刊简写列表中，如果是返回 True，否则返回 False。

```
In [42]: print(ct_C.bad)
         print(ct_C.error)
         print(ct_C.isAnonymous())
         print(ct_C.isJournal())

         False
         None
         False
         test
```

需要注意的是，最后 isJournal() 返回的结果是 test，原因在于之前的测试过程中，指定 addToDB 的第一个参数为 test，从而影响了输出结果。输出结果表示查询的当前引文是处在指定的名为 test 的数据库中。

```
[43]:  #指定这个会影响到上面isJournal()的判断
       print(ct_C.addToDB('test'))
```

```
Signature:
ct_C.addToDB(
    manualName=None,
    manualDB='manualj9Abbreviations',
    invert=False,
)
Docstring:
Adds the journal of this Citation to the user created database of journals  This will cause [isJo
urnal()](#metaknowledge.citation.Citation.isJournal) to return `True` for this Citation and all o
thers with its `journal`.
```

对于引文数据，还有一个很重要的操作是获取当前引文的参考文献，可以通过 getCitations 方法获取，以下只截取部分输出。

```
In [44]:  gt_C = R.getCitations()
          gt_C
```

```
Out[44]:  {'citeString': ['Brass D., 1995, CREATIVE ACTION ORG, P94',
          'Cattani G, 2008, ORGAN SCI, V19, P824, DOI 10.1287/orsc.1070.0350',
          'Weitzman ML, 1998, Q J ECON, V113, P331, DOI 10.1162/003355398555595',
          'Newman MEJ, 2001, P NATL ACAD SCI USA, V98, P404, DOI 10.1073/pnas.021544898',
          'Watts DJ, 2002, P NATL ACAD SCI USA, V99, P5766, DOI 10.1073/pnas.082090499',
          'NEWELL A, 1959, PROCESS CREATIVE THI',
          'Wuchty S, 2007, SCIENCE, V316, P1036, DOI 10.1126/science.1136099',
          'Guimera R, 2005, SCIENCE, V308, P697, DOI 10.1126/science.1106340',
          'Powell WW, 1996, ADMIN SCI QUART, V41, P116, DOI 10.2307/2393988',
          'Uzzi B, 2005, AM J SOCIOL, V111, P447, DOI 10.1086/432782',
          'White HC, 1993, CAREERS CREATIVITY S',
          'Amabile T. M, 1983, SOCIAL PSYCHOL CREAT',
          'Fleming L, 2007, ADMIN SCI QUART, V52, P443, DOI 10.2189/asqu.52.3.443',
          'Orsenigo L, 2001, RES POLICY, V30, P485, DOI 10.1016/S0048-7333(00)00094-9',
          'Lane D. 1996. J EVOL ECON. V6. P43. DOI 10.1007/BF01202372',
```

返回的数据类型属于 Python 基础中介绍的字典，对应的方法也是字典数据的基础操作。

```
In [45]:  type(gt_C)
          #传统的python字典数据类型
```

```
Out[45]:  dict
```

```
In [46]:  print(dir(gt_C))
          ['__class__', '__contains__', '__delattr__', '__delitem__', '__dir__', '__doc__', '__eq__', '__format__', '__ge
          __', '__getattribute__', '__getitem__', '__gt__', '__hash__', '__init__', '__init_subclass__', '__iter__', '__le
          __', '__len__', '__lt__', '__ne__', '__new__', '__reduce__', '__reduce_ex__', '__repr__', '__reversed__', '__seta
          ttr__', '__setitem__', '__sizeof__', '__str__', '__subclasshook__', 'clear', 'copy', 'fromkeys', 'get', 'items',
          'keys', 'pop', 'popitem', 'setdefault', 'update', 'values']
```

和Record对象类似，把Citation对象中常用的操作方法进行总结如表5.2所示。

表 5.2 Citation 对象中常用的操作方法

方法	功能	方法	功能	方法	功能	方法	功能
DOI	单一内容输出	ID	多内容输出	bad	记录状态检验	scopusCiteRegex	数据匹配
FullJournalName		Extra		error		wosCiteRegex	
P		original		isAnonymous			
V		allButDOI		isJournal			
author				addToDB			
journal							
misc		方法				功能	
year		getCitations				获取当前引文的所有参考文献	

5.6.3 RecordCollection 对象

RecordCollection 是 mk 使用最多的对象。它可以从每个文件中识别单个 Record（例如期刊论文、基金数据等），从而进行分离、标记，每一个 Record 数据都会被分配一个唯一的 id，并添加到 RecordCollection 中。比如：我们想知道整个记录集中具体包含哪些记录，可以利用for循环对创建的RecordCollection进行遍历，从而得到每一个 Record，进一步也可以通过 createCitation() 方法创建 Citation。

由于 RecordCollection 创建的是整个数据集合，其中的数据量较大，往往读者并不需要输出全部结果，只需按照某些特定的要求来进行数据处理，比如我们要筛选标题以首字母"I"开头的记录。

```
In [47]: for R in RC:
             if R.title[0] == "I":
                 print(R)
```

WOSRecord(International mobility of researchers in robotics, computer vision and electron devices: A quantitative and comparative analysis)
WOSRecord(Interdisciplinary topics of information science: a study based on the terms interdisciplinarity index series)
WOSRecord(Identifying collaboration dynamics of bipartite author-topic networks with the influences of interest changes)
WOSRecord(Information on the Go: A Case Study of Europeana Mobile Users)
WOSRecord(Introduction to Information Behaviour)
WOSRecord(Impacts of the use of social network sites on users' psychological well-being: A systematic review)
WOSRecord(In public peer review of submitted manuscripts, how do reviewer comments differ from comments written by interested members of the scientific community? A content analysis of comments written for Atmospheric Chemistry and Physics)

或者也可以查询标题上出现 "patient" 的 WOS 记录。（类似的操作也可以提取你所需要其他字段标识中存在的信息等）。

```
In [48]: for R in RC:
             if "patient" in R.title:
                 print(R)

WOSRecord(Intrainstitutional EHR collections for patient-level information retrieval)
WOSRecord(Comparing keywords plus of WOS and author keywords: A case study of patient adherence research)
WOSRecord(Materiality in information environments: Objects, spaces, and bodies in three outpatient hemodialysis
facilities)
```

RecordCollection 对象中有一个快速获取指定年区间的文献数据的方式，借助此方法可以大幅度提高文献分析的效率。比如，这里提取 2015—2018 年的文献，如果需要再进行相关字段标识数据信息的查询，可以结合前面的循环条件判断语句。

```
In [49]: RC1518 = RC.yearSplit(2015, 2018)    #提取最近三年的文献记录
         print(len(RC1518))                    #统计最近三年的文献记录数量

2750
```

以上是 mk 模块中三个核心对象的详细介绍。三者之间的关系为：Record 对象是基础，可以转化为 Citation 对象，可将所有的 Record 对象收集成 RecordCollection 对象。后续的操作基本上都是在 RecordCollection 对象层面上进行，但是最底层的运算操作还是针对 Record 对象和 Citation 对象。因此，理解三者之间的关系、掌握常用的方法相当重要。

科学文献数据的描述性统计

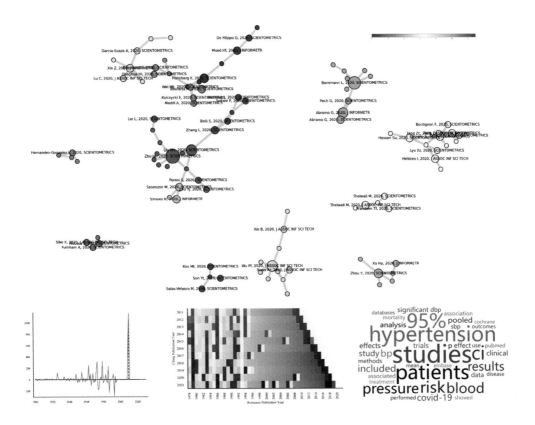

6.1　知识单元的频次统计与分布

本章中介绍的知识单元，即为 WOS 字段标识。打开 Jupyter Notebook 应用，新建一个 Python3 文件。通过以下代码，导入数据加载与处理、图形表绘制等相关功能模块。使用 %matplotlib inline 命令，可将基于 matplotlib 生成的图表直接嵌入 Notebook 之中，方便实时出图并分析结果。

```
In [1]:  #数据加载与处理
         import metaknowledge as mk
         import pandas as pd

         #统计图表绘制
         import matplotlib.pyplot as plt
         import seaborn as sns

         #图形内嵌到Notebook中
         %matplotlib inline

         #图表样式主题
         sns.set_style(style="white")    # 改变绘制的背景颜色
         sns.set(font_scale=.75)         # 设置字体大小
         plt.rc("savefig", dpi=400)      # 修改生成图像的画质

         #交互式图表绘制
         import chart_studio.plotly as py
         import plotly.graph_objs as go


         #英文为罗马字体并显示负号, 图形分辨率为200
         plt.rcParams['font.family'] = 'sans-serif'
         plt.rcParams['font.sans-serif'] = ['Times New Roman']
         plt.rcParams['axes.unicode_minus'] = False
         plt.rcParams['figure.dpi'] = 200
```

6.1.1　知识单元预览

功能模块导入完毕后，利用 mk.RecordCollection() 方法，将本地的文献数据加载到 Python 环境中。glimpse() 方法调用后会返回一个字符串类型数据，可快速获取记录集合的简单预览。预览的内容是对高发文作者、高载文期刊、高被引文献进行排名，此外，还会提示当前查询的时间，记录集合中的文献数量以及文献来源的地址。

```
In  [2]:  RC = mk.RecordCollection(r'D:\python科学计量可视化\数据\Demo data\Python-Wos',cached=True)
          type(RC.glimpse())
```

```
Out[2]:  str
```

```
In  [3]:  print(RC.glimpse())
```

```
RecordCollection glimpse made at: 2022-05-18 07:29:36
6358 Records from files-from-D:\python科学计量可视化\数据

Top Authors
1 Bornmann, Lutz
2 Leydesdorff, Loet
3 Thelwall, Mike
4 Abramo, Giovanni
4 D'Angelo, Ciriaco Andrea
5 Rousseau, Ronald
6 Ding, Ying
7 Glanzel, Wolfgang
8 Huang, Mu-Hsuan
9 Lariviere, Vincent
10 Prathap, Gangan
11 Yan, Erjia

Top Journals
1 SCIENTOMETRICS
2 JOURNAL OF THE ASSOCIATION FOR INFORMATION SCIENCE AND TECHNOLOGY
3 JOURNAL OF INFORMETRICS
4 JOURNAL OF THE AMERICAN SOCIETY FOR INFORMATION SCIENCE AND TECHNOLOGY

Top Cited
1 Hirsch JE, 2005, P NATL ACAD SCI USA, V102, P16569, DOI 10.1073/pnas.0507655102
2 Egghe L, 2006, SCIENTOMETRICS, V69, P121, DOI 10.1007/s11192-006-0143-8
3 Waltman L, 2012, J AM SOC INF SCI TEC, V63, P2378, DOI 10.1002/asi.22748
4 Leydesdorff L, 2011, J AM SOC INF SCI TEC, V62, P217, DOI 10.1002/asi.21450
5 Katz JS, 1997, RES POLICY, V26, P1, DOI 10.1016/S0048-7333(96)00917-1
6 Leydesdorff L, 2009, J AM SOC INF SCI TEC, V60, P348, DOI 10.1002/asi.20967
7 SMALL H, 1973, J AM SOC INFORM SCI, V24, P265, DOI 10.1002/asi.4630240406
8 Bornmann L, 2008, J DOC, V64, P45, DOI 10.1108/00220410810844150
9 van Eck NJ, 2010, SCIENTOMETRICS, V84, P523, DOI 10.1007/s11192-009-0146-3
10 MERTON RK, 1968, SCIENCE, V159, P56, DOI 10.1126/science.159.3810.56
11 Blei DM, 2003, J MACH LEARN RES, V3, P993, DOI 10.1162/jmlr.2003.3.4-5.993
12 Bornmann L, 2011, J INFORMETR, V5, P228, DOI 10.1016/j.joi.2010.10.009
```

如果想获取更多关于知识单元的内容，可以通过指定文献中不同的标记得到。文献标记可通过 RC.tags() 方法获取。

```
In  [4]:  print(RC.tags())
          ['SP', 'II', 'FX', 'SC', 'J9', 'JI', 'HO', 'OI', 'EI', 'GA', 'SI', 'CY', 'PT', 'PU', 'EM', 'PD', 'CR', 'U1', 'Z9', 'HC', 'SN', 'PG', 'SO',
          'IS', 'UT', 'DE', 'TC', 'BP', 'CI', 'U2', 'PY', 'RP', 'EA', 'ID', 'WC', 'RI', 'OA', 'PI', 'CT', 'PA', 'AF', 'AR', 'AU', 'CL', 'AB', 'LA', 'N
          R', 'EP', 'DA', 'FU', 'VL', 'HP', 'PM', 'DI', 'DT']
```

进行单个知识单元的统计结果查询，将对应的标识输入 glimpse() 方法的括号中即可；查询多个知识单元时，中间以英文逗号隔开。比如，查询文献中发文作者信息，代码及输出结果如下：

```
In [5]: print(RC.glimpse('AF'))

        RecordCollection glimpse made at: 2022-05-18 08:06:47
        6358 Records from files-from-D:\python科学计量可视化\数据

        AF
        1 Bornmann, Lutz
        2 Leydesdorff, Loet
        3 Thelwall, Mike
        4 Abramo, Giovanni
        4 D'Angelo, Ciriaco Andrea
        5 Rousseau, Ronald
        6 Ding, Ying
        7 Glanzel, Wolfgang
        8 Huang, Mu-Hsuan
        9 Lariviere, Vincent
        10 Prathap, Gangan
        11 Yan, Erjia
```

```
In [6]: print(RC.glimpse('AF','AU'))

        RecordCollection glimpse made at: 2022-05-18 08:06:47
        6358 Records from files-from-D:\python科学计量可视化\数据

        AF
        1 Bornmann, Lutz
        2 Leydesdorff, Loet
        3 Thelwall, Mike
        4 Abramo, Giovanni
        4 D'Angelo, Ciriaco Andrea
        5 Rousseau, Ronald
        6 Ding, Ying
        7 Glanzel, Wolfgang
        8 Huang, Mu-Hsuan
        9 Lariviere, Vincent
        10 Prathap, Gangan
        11 Yan, Erjia

        AU
        1 Bornmann, L
        2 Leydesdorff, L
        3 Thelwall, M
        4 Abramo, G
        5 D'Angelo, CA
        6 Rousseau, R
        7 Glanzel, W
        8 Ding, Y
        9 Huang, MH
        10 Lariviere, V
        10 Prathap, G
        11 Sugimoto, CR
```

6.1.2　知识单元完整频次统计

使用 glimpse() 方法，可以快速查看知识单元的统计信息，方便用户了解各个知识单元的总体的排名顺序，但是该方法属于简单阅览，输出结果中只显示排名的信息，没有排名对应的具体频次，且仅有部分内容的输出，因此，需要进一步完善知识单元的词频统计。

首先，将 RecordCollection 对象转化为 pandas 中的 DataFrame 数据类型，借助后者强大的数据处理功能完成词频统计，代码及输出如下：

```
In [7]: df = pd.DataFrame(RC.makeDict())
        df.head()
```

Out[7]:

	PT	AU	AF	TI	SO	LA	DT	DE	ID	AB	...	SP	AR	HC	HP
0	J	[Portenoy, J, West, JD]	[Portenoy, Jason, West, Jevin D]	Constructing and evaluating automated literatu...	SCIENTOMETRICS	English	Article	[citation networks, scholarly recommendation,...	[NETWORKS]	Automated literature reviews have the potentia...	...	None	None	None	None	Nor
1	J	[Chang, YW]	[Chang, Yu-Wei]	Exploring scientific articles contributed by i...	SCIENTOMETRICS	English	Article	[industries, corporate research, scientific co...	[RESEARCH-AND-DEVELOPMENT, COLLABORATION, KNOW...	The scientific knowledge contributed by indust...	...	None	None	None	None	Nor
2	J	[Zou, C, Tsui, J, Peterson, JB]	[Zou, Christopher, Tsui, Julia, Peterson, Jord...	The publication trajectory of graduate student...	SCIENTOMETRICS	English	Article	[publications, graduate students, higher educa...	[IMPACT FACTOR, RESEARCHERS, PRODUCTIVITY, SCI...	Each year as the number of graduate students i...	...	None	None	None	None	Nor
3	J	[Wang, MY, Jiao, SJ, Chai, KH, Chen, GS]	[Wang, Mingyang, Jiao, Shijia, Chai, Kah-Hin, ...	Building journal's long-term impact using ind...	SCIENTOMETRICS	English	Article	[impact evaluation, long-term impact, active a...	[H-INDEX, CHARACTERISTIC SCORES, ACADEMIC PROM...	The Journal's Impact Factor is an appropriate ...	...	None	None	None	None	Nor
4	J	[Khelfaoui, M, Larregue, J, Lariviere, V, Ging...	[Khelfaoui, Mahdi, Larregue, Julien, Lariviere...	Measuring national self-referencing patterns o...	SCIENTOMETRICS	English	Article	[self-references, self-citations, reference-to...	[SOCIAL-SCIENCES, NATURAL-SCIENCES, COLLABORAT...	This paper analyzes national self-referencing ...	...	None	None	None	None	Nor

5 rows × 59 columns

在 DataFrame 中，字段名（列名）是前面提及的知识单元类别，通过执行 df.columns 可直接输出全部的字段名称。进一步，可以借助集合去重的功能，查看经过转化后字段数量的变化，其输出结果多出四个字段，即文献中的作者计数、未知性别的计数、女性作者计数和男性作者计数。

```
In [8]:  print(df.columns)
         Index(['PT', 'AU', 'AF', 'TI', 'SO', 'LA', 'DT', 'DE', 'ID', 'AB', 'C1', 'RP',
                'EM', 'RI', 'OI', 'FU', 'FX', 'CR', 'NR', 'TC', 'Z9', 'U1', 'U2', 'PU',
                'PI', 'PA', 'SN', 'EI', 'J9', 'PD', 'PY', 'VL', 'IS', 'BP', 'EP', 'DI',
                'PG', 'WC', 'SC', 'GA', 'UT', 'DA', 'JI', 'OA', 'PM', 'HC', 'HP', 'EA',
                'AR', 'CT', 'CY', 'CL', 'SP', 'HO', 'SI', 'num-Authors', 'num-Male',
                'num-Female', 'num-Unknown'],
               dtype='object')
```

```
In [9]:  list(set(df.columns) - RC.tags())
Out[9]:  ['num-Authors', 'num-Male', 'num-Unknown', 'num-Female']
```

（1）知识单元类别中唯一内容的频次统计分析。知识单元类别中唯一内容的频次统计分析，即对单元格中存在只有一项元素的字段进行频次统计分析。以文献所在的期刊为例，使用 value_counts() 方法可以实现字段频数统计要求，借助 ascending 参数实现统计结果的升降序排列，默认 ascending=False 表示按照降序排列，指定为 True 即是按照升序排列。

```
In [10]:  df['SO'].value_counts()
Out[10]:  SCIENTOMETRICS                                                   3480
          JOURNAL OF THE ASSOCIATION FOR INFORMATION SCIENCE AND TECHNOLOGY   1340
          JOURNAL OF INFORMETRICS                                          891
          JOURNAL OF THE AMERICAN SOCIETY FOR INFORMATION SCIENCE AND TECHNOLOGY   647
          Name: SO, dtype: int64
```

```
In [11]:  df['SO'].value_counts(ascending=True)
Out[11]:  JOURNAL OF THE AMERICAN SOCIETY FOR INFORMATION SCIENCE AND TECHNOLOGY   647
          JOURNAL OF INFORMETRICS                                          891
          JOURNAL OF THE ASSOCIATION FOR INFORMATION SCIENCE AND TECHNOLOGY   1340
          SCIENTOMETRICS                                                   3480
          Name: SO, dtype: int64
```

利用频次统计的结果进行简单的数据可视化，常用柱状图或饼状图对分类数据进行展示。绘制图形之前还可根据个人偏好进行图形属性的基本设置，比如，显示的字体与图片清晰度。如果数据统计中存在着负号不显示的情况，可以通过下面代码显示出负号（这部分代码一般是在创建 Python3 文件后的第一步进行设置，此处也可以进行修改，但是会影响当前 Python3 文件中后续所有图形的绘制）。

```
In [12]:  #英文为罗马字体并显示负号，图形分辨率为200
          plt.rcParams['font.family'] = 'sans-serif'
          plt.rcParams['font.sans-serif'] = ['Times New Roman']
          plt.rcParams['axes.unicode_minus'] = False
          plt.rcParams['figure.dpi'] = 200
```

对统计后的结果进行 plot() 绘图，其中 kind 参数是指定绘制的图形类型。在绘制柱状图 kind=bar 或者 kind=barh 时，如果 x 轴标签的名称过长，为避免标签"踩踏"，往往绘制横向柱状图 kind=barh 来表示，方便完整地显示标签信息。

```
In [13]:  df['SO'].value_counts().plot(kind='barh')
Out[13]:  <matplotlib.axes._subplots.AxesSubplot at 0x21b57016970>
```

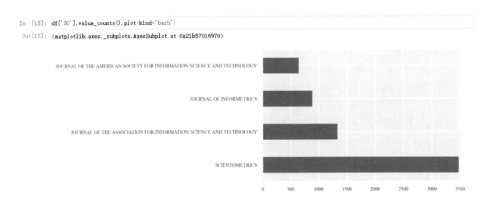

```
In [14]:  df['SO'].value_counts().plot(kind='pie')
Out[14]:  <matplotlib.axes._subplots.AxesSubplot at 0x21b570ea310>
```

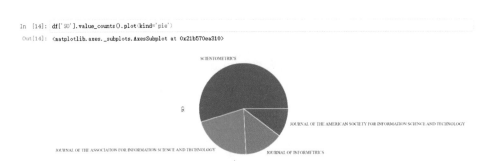

plot() 方法中只指定 kind 参数，会使用默认的绘图参数进行绘制，也可以根据需求添加更多详细的参数设置。比如，饼图 kind=pie 中的标签信息、显示突出、边线、画布大小等均可以通过参数进行调整，代码及输出结果如下。最后一行代码 plt.axis（'off'）表示取消坐标轴，不然系统会把字段的名称在图形左侧标出，容易和饼图中的类别标签混淆（对比上图的 SO 显示）。

```
In [15]: df['SO'].value_counts().plot(kind='pie', autopct='%.2f%%', subplots=True, cmap='YlOrRd_r', label = True,
                                       wedgeprops={'linewidth': 1.5, 'edgecolor': 'black'},
                                       figsize=(10,6),
                                       explode = [0.05,0,0,0])

         plt.axis('off')
```
```
Out[15]: (-1.25, 1.25, -1.25, 1.25)
```

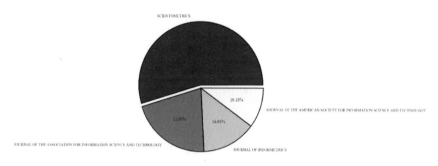

如果字段中的元素属于连续型（即元素是数值），不再需要进行字段的频次统计分析，而是要进行数据分布的探究，常见的可视化图形为直方图 kind=hist 和箱型图 kind=box。比如，查看文献中作者数量的分布，绘制的图表类型设置为直方图，代码及输出结果如下：

```
In [16]: df['num-Authors'].plot(kind='hist')
```
```
Out[16]: <matplotlib.axes._subplots.AxesSubplot at 0x24594351b80>
```

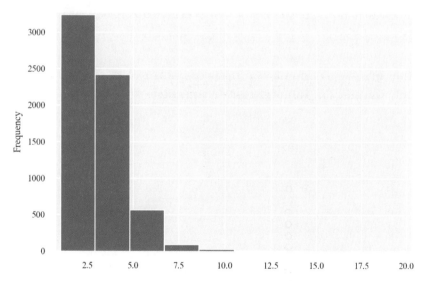

图形中有两处美化问题：一处是作者人员不可能是小数，x 轴标签信息需要调整为整数；还有一处是右侧的数据分布较少，有待核实作者人员的数量区间。借助 min() 和 max()，可以对数值字段进行最小值和最大值的查看，从而探究字段的取值范围，依据取值范围进一步设置 x 轴的显示刻度，解决问题的代码，输出结果如下：

In [17]: print('统计文献中单篇文章的作者数量范围是：', (df['num-Authors'].min(), df['num-Authors'].max()))

统计文献中单篇文章的作者数量范围是： (1, 20)

In [18]: df['num-Authors'].plot(kind='hist', xticks=list(range(0,22,2)))

Out[18]: <matplotlib.axes._subplots.AxesSubplot at 0x245943ccc10>

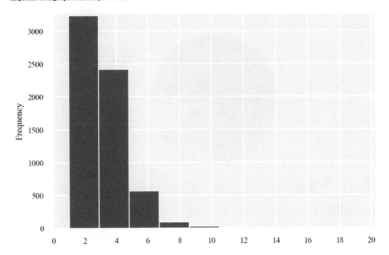

发现在直方图中数据都偏向于左侧，但是右侧的数据量无法察觉是否存在，因此，可辅助箱型图进行查看，代码及输出结果如下。出现在图中的黑色圆圈均属于文献中作者人员较多的数据，即作者数量为 5 人及以上，而一篇文献的作者人数一般为 1~4 人，该结果和直方图显示的分布保持一致。

In [19]: df['num-Authors'].plot(kind='box', figsize=(3,4), yticks=list(range(0,22,2)))

Out[19]: <matplotlib.axes._subplots.AxesSubplot at 0x21cc4d9b460>

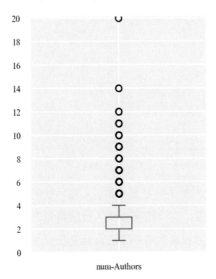

　　（2）知识单元类别中多内容的频次统计分析。知识单元类别中多内容的频次统计分析，即对单元格中存在多项元素的字段进行频次统计分析。比如，统计文献中的作者和关键词，直接进行 value_counts() 的操作没有办法获取想要的结果，需要将单元格中存在多项元素依次取出后再进行频次统计。自定义函数 multi_element_count() 进行知识单元多元素频数统计，参数只需要传入要进行统计的多元素字段的数据。以作者姓名字段进行测试，完成频次计数，输出结果如下：

```
In  [20]: df['AF']

Out[20]: 0              [Wang, Chong-Chen, Ho, Yuh-Shan]
         1                      [McCain, Katherine W.]
         2                       [Bensman, Stephen J.]
         3       [Rousseau, Ronald, Guns, Raf, Rahman, A. I. M...
         4                              [Abbas, June]
                                   ...
         6353   [Cugmas, Marjan, Ferligoj, Anuska, Kronegger, ...
         6354      [Kang, Lele, Tan, Chuan-Hoo, Zhao, J. Leon]
         6355                              [Sun, Jun]
         6356   [Jeong, Seongkyoon, Choi, Jae Young, Kim, Jaeyun]
         6357   [Bu, Yi, Wang, Binglu, Huang, Win-bin, Che, Sh...
         Name: AF, Length: 6358, dtype: object

In  [21]: def multi_element_count(df_tag):
              ls = []
              for i in df_tag:
                  if i:
                      ls.extend(i)

              return pd.Series(ls).value_counts()
```

```
In  [22]: multi_element_count(df['AF'])

Out[22]: Bornmann, Lutz            190
         Leydesdorff, Loet         128
         Thelwall, Mike            123
         Abramo, Giovanni           86
         D'Angelo, Ciriaco Andrea   86
                                   ...
         Vaccari, Alessio            1
         Chan, Ho F.                 1
         Comin, Cesar H.             1
         de Arruda, Henrique F.      1
         Che, Shangkun               1
         Length: 9464, dtype: int64
```

　　进一步核验频次统计的结果是否正确。借助简单阅览 glimpse() 方法输出的结果比对自定义函数输出的结果，两者排序输出结果一致。

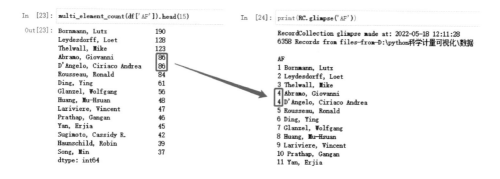

```
In  [23]: multi_element_count(df['AF']).head(15)

Out[23]: Bornmann, Lutz            190
         Leydesdorff, Loet         128
         Thelwall, Mike            123
         Abramo, Giovanni           86
         D'Angelo, Ciriaco Andrea   86
         Rousseau, Ronald           84
         Ding, Ying                 61
         Glanzel, Wolfgang          56
         Huang, Mu-Hsuan            48
         Lariviere, Vincent         47
         Prathap, Gangan            46
         Yan, Erjia                 45
         Sugimoto, Cassidy R.       42
         Haunschild, Robin          39
         Song, Min                  37
         dtype: int64
```

```
In  [24]: print(RC.glimpse('AF'))

RecordCollection glimpse made at: 2022-05-18 12:11:28
6358 Records from files-from-D:\python科学计量可视化\数据

AF
1 Bornmann, Lutz
2 Leydesdorff, Loet
3 Thelwall, Mike
4 Abramo, Giovanni
5 D'Angelo, Ciriaco Andrea
6 Rousseau, Ronald
7 Ding, Ying
8 Glanzel, Wolfgang
9 Huang, Mu-Hsuan
10 Lariviere, Vincent
11 Yan, Erjia
```

　　同理，可以对关键词字段进行词频统计分析，代码及输出结果如下。其中，DE 字段代表文献中的作者关键词，ID 字段代表 Keywords Plus。

```
In  [25]: multi_element_count(df['DE'])

Out[25]: bibliometrics               593
         citation analysis           349
         scientometrics              202
         h-index                     174
         citations                   169
                                     ...
         scientific dimensions         1
         agroenergy                    1
         hirsch-type index             1
         hiring                        1
         multinomial probit model      1
         Length: 9889, dtype: int64
```

```
In  [26]: multi_element_count(df['ID'])

Out[26]: SCIENCE                    1227
         IMPACT                      882
         INDICATORS                  379
         PATTERNS                    341
         JOURNALS                    338
                                     ...
         SPEECH-COMMUNICATION          1
         CANADA                        1
         MIDDLE-PLEISTOCENE            1
         SCIENCE PUBLICATIONS          1
         MULTINOMIAL PROBIT MODEL      1
         Length: 4907, dtype: int64
```

知识单元类别中多内容的频次统计分析可视化也可以使用柱状图或者饼状图进行展示。由于数据量较多，展示时一般会选取排序靠前的部分数据，而不是使用全部数据。比如，选择作者发文量前 15 名人员的数据进行柱状图的绘制，代码及输出结果如下：

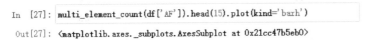

```
Out[27]: <matplotlib.axes._subplots.AxesSubplot at 0x21cc47b5eb0>
```

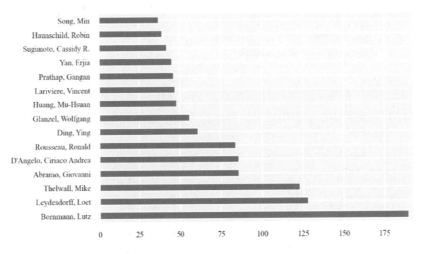

6.2 数据时间序列分析

数据时间序列分析是对文献按照某一时间区域做划分，并进行文献数量统计的过程。mk 中 timeSeries() 方法可针对文献进行时间序列分析，括号中可以传递

WOS 字段标识，借助 DataFrame 数据结构，输出按照指定的字段和时间（默认为年份）进行分组汇总的结果。

比如，将文献按照年份进行分析，探索研究领域的论文发文量和累计发文量。由于默认汇总结果是按照年份降序排序，但是文章累计量是升序增加，所以添加发文累计量字段 sum_acc 时，需要将汇总得到的结果进行反序处理 [::-1]，代码及输出结果如下。cumsum() 方法是对指定字段的数值进行累加。

数据准备完毕后进行图形绘制。随着时间增加，每年的发文量和累计发文量的数值会相差一定的量级，两者绘制在同一 y 轴侧展示效果较差，实际展示中往往需要绘制同 x 轴双侧 y 轴图，代码及输出结果如下。

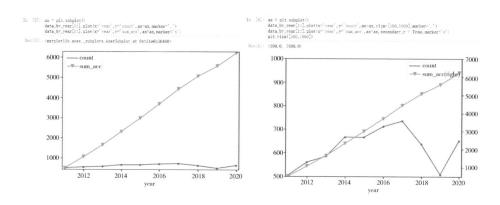

指定输入的字段名称为其他信息时，也会输出对应的汇总结果。比如，按照期刊统计每年的期刊以及作者的发文量。timeSeries() 方法中的 outputFile 参数，可将汇总的结果以不同格式文件的方式输出到本地，如果只指定文件名称，汇总结果的文件便直接输出到当前 Python3 文件所在的路径下。greatestFirst 参数默认是 True，表示按照年份降序排列，指定为 False 则按照年份升序排列，相当于前面使用的 [::-1] 操作。

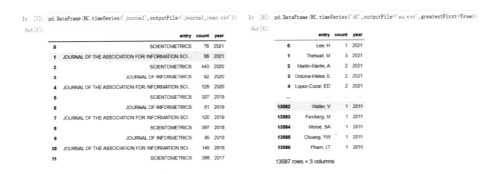

进行汇总的字段类别较多时，如果不需要太多类别出现在绘制的图形中，可以借助 limitTo 参数，输入只进行展示的类别构成列表即可。比如，按照期刊分组汇总后，选取其中的 SCIENTOMETRICS 和 JOURNAL OF INFORMETRICS 期刊数据绘制逐年发文量的图形。

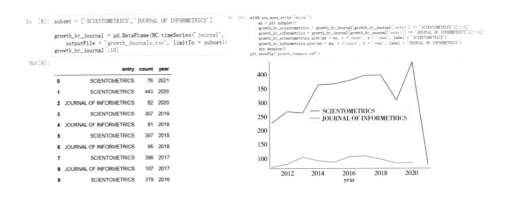

除绘制静态图形外，也可以进行交互图形的绘制❶，具体代码可参考补充资料。

---

❶ plotly 绘图基础篇：https://blog.csdn.net/lys_828/article/details/119516045。plotly 绘图进阶篇：https://blog.csdn.net/lys_828/article/details/119491338。

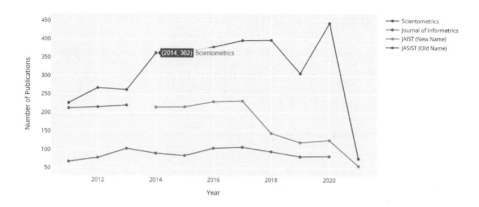

在对 RecordCollection 对象介绍时提到，直接借助 yearSplit() 方法，输入要获取的起始年和终止年，转化为 DataFrame 数据类型，可以完成指定时间范围内的数据获取。比如，获取 2014 年至 2020 年的高被引文献，并进行前五条文献记录的输出，代码及结果输出如下。

```
In [15]: pd.DataFrame(RC.yearSplit(2014,2021)).sort_values('TC',ascending=False).head(5)
Out[15]:
```

	AB	AF	AR	AU	BP	C1	CL	CR	CT	CY	...	SO	SP	TC	TI
1855	Information and communications technologies (I...	[Hamari, Juho, Sjoklint, Mimmi, Ukkonen, Antti]	NaN	[Hamari, J, Sjoklint, M, Ukkonen, A]	2047	[Univ Tampere, Sch Informat Sci, Game Res Lab,...	NaN	[AJZEN I, 1991, ORGAN BEHAV HUM DEC, V50, P179...	NaN	NaN	...	JOURNAL OF THE ASSOCIATION FOR INFORMATION SCI...	NaN	1174	The sharing economy: Why people participate in...
3850	The use of bibliometrics is gradually extendin...	[Aria, Massimo, Cuccurullo, Corrado]	NaN	[Aria, M, Cuccurullo, C]	959	[Univ Napoli Federico II, Dept Econ & Stat, Vi...	NaN	[Alavifard S., 2015, hindexcalculator: H-index...	NaN	NaN	...	JOURNAL OF INFORMETRICS	NaN	838	bibliometrix: An R-tool for comprehensive scie...
3538	Bibliometric methods are used in multiple fiel...	[Mongeon, Philippe, Paul-Hus, Adele]	NaN	[Mongeon, P, Paul-Hus, A]	213	[Univ Montreal, Ecole Bibliothecon & Sci Infor...	NaN	[Abrizah A, 2013, SCIENTOMETRICS, V94, P721, D...	NaN	NaN	...	SCIENTOMETRICS	NaN	814	The journal coverage of Web of Science and Sco...
841	This article aims to provide a systematic and...	[Harzing, Anne-Wil, Alakangas, Satu]	NaN	[Harzing, AW, Alakangas, S]	787	[Middlesex Univ, London NW4 4BT, England, Uni...	NaN	[Adler NJ, 2009, ACAD MANAG LEARN EDU, V8, P72...	NaN	NaN	...	SCIENTOMETRICS	NaN	478	Google Scholar, Scopus and the Web of Science...
1348	Many studies (in information science) have loo...	[Bornmann, Lutz, Mutz, Ruediger]	NaN	[Bornmann, L, Mutz, R]	2215	[Adm Headquarters Max Planck Soc, Div Sci & In...	NaN	[Bornmann L., 2014, J AM SOC IN IN PRESS, Bom...	NaN	NaN	...	JOURNAL OF THE ASSOCIATION FOR INFORMATION SCI...	NaN	466	Growth rates of modern science: A bibliometric...

5 rows × 55 columns

6.3　地理数据可视化

地理数据包含地理点数据和地理面数据。在文献中，地理面数据表示作者的国家或者区域；地理点数据表示具体的地址，即作者研究机构所在的地方。

6.3.1　地理面数据可视化

重新读入数据，显示前两行，由于字段过多，要找的位置信息字段被省略。为方便查找作者所在的位置信息，可以通过遍历字段名称和第一行数据信息，借助输出提示，找到地址对应的字段名称。

文献作者中会存在多人的现象，书中采用通讯作者所在的地址作为地理信息进行数据提取。观察输出结果，发现地理数据都在指定字段元素中，但是要考虑到该字段中元素有缺失的情况。

先判断字段中是否存在缺失值，如果不存在缺失值，然后将字符串数据按照英文逗号进行分割，截取最后一项，否则保持默认空值。

```
In [4]: import numpy as np
        df['RP'].apply(lambda x: x.split(',')[-1] if x is not None else np.nan)
        #提取国家，其中含有缺失值

Out[4]: 0            Japan.
        1            Spain.
        2            Japan.
        3       WI 54901 USA.
        4          Australia.
                   ...
        6353        Brazil.
        6354        Brazil.
        6355        Finland.
        6356         India.
        6357      Netherlands.
        Name: RP, Length: 6358, dtype: object
```

　　进一步确定空值数量，确保其不影响整体，否则空值数量过大，说明按照此种方式提取地理面数据的方式不妥，需要更换提取策略。输出结果共有 56 个缺失值，占到总体文献数量的 0.88%，对整体的影响可以忽略不计。将提取到的数据重新赋值到新的字段，保存国家和地区相关信息，代码及输出结果如下：

```
In [5]: df['RP'].apply(lambda x: x.split(',')[-1] if x is not None else np.nan).isna().sum()
        #存在少量文献中未按照格式进行标注
```
```
Out[5]: 56
```

```
In [6]: df['zone_data'] = df['RP'].apply(lambda x: x.split(',')[-1] if x is not None else np.nan)
        df['zone_data'].value_counts()
        #这里是提取所有的国家的信息，缺失值设置为空值
```
```
Out[6]: Peoples R China.      868
        Spain.               434
        Germany.             339
        England.             338
        Italy.               283
                             ...
          PA 19103 USA.        1
          MA 02111 USA.        1
        Bangladesh.            1
          AZ 85212 USA.        1
          CA 94025 USA.        1
        Name: zone_data, Length: 387, dtype: int64
```

　　接着核实空值。通过筛选地理数据空值所在的行中 RP 字段的分类计数，发现只有空值，说明上述信息提取策略能够百分之百提取作者的地理信息。

```
In [8]: df[df['zone_data'].isnull()][['RP']].head()
        #核实属于没有通讯作者的地址信息，只能进行忽略
```
```
Out[8]:         RP

          90    None

         140    None

         180    None

         267    None

         281    None
```

```
In [9]: df[df['zone_data'].isnull()]['RP'].unique()
        #输出RP字段数据的分类计数
```
```
Out[9]: array([None], dtype=object)
```

　　结合步骤六的输出，有些国家和地区数据需要进一步清洗，比如输出的结果中最后几项都包含 USA，因此需要进行合并。此外还有单词左右两端的空格、单词最后的标点以及需要手动进行替换的国家或区域。用户只需要在 contry_dict 这个字典变量中添加要进行清洗的规则即可，字典的键是替换前的数据，字典的值是替换后的数据。

```
In [9]: country_dict = {
            'USA':'United States',
            'Peoples R China':'China',
            'England':'United Kingdom',
            'Taiwan':'China',
            'South Korea':'Korea',
            'Czech Republic':'Czech Rep.',
            'Scotland':'United Kingdom',
            'Wales':'United Kingdom',
            'U Arab Emirates':'United Arab Emirates',
            'North Ireland':'United Kingdom',
            'Bosnia & Herceg':'Bosnia and Herz.',
            'Cote Ivoire':'Côte d'Ivoire',
            'North Korea':'Dem. Rep. Korea'
        }
```

```
In [10]: df['zone_data'] = (df['zone_data'].apply(lambda x: 'USA' if 'USA' in str(x) else x)
                            .str.strip()
                            .str.replace('.','')
                            .replace(country_dict))
         df['zone_data']
```

```
Out[10]: 0              Hungary
         1               Korea
         2       United States
         3       United States
         4             Germany
                     ...
         6353            China
         6354            China
         6355            China
         6356    United States
         6357           Mexico
         Name: zone_data, Length: 6358, dtype: object
```

数据清洗完毕后需要进行核实。可以将地理字段信息按照频次统计后，依次
输出地区名称和地区发文量的数据。为方便核实，可按照国家或地区名称的首字
母进行升序排列，结果如下：

```
In [11]: for i in df['zone_data'].value_counts().sort_index(ascending=True).items():
             print(i)
```

('Algeria', 2)	('Germany', 339)	('Pakistan', 38)
('Argentina', 10)	('Ghana', 2)	('Peru', 1)
('Armenia', 2)	('Greece', 30)	('Philippines', 2)
('Australia', 158)	('Guatemala', 1)	('Poland', 62)
('Austria', 42)	('Hungary', 67)	('Portugal', 34)
('Azerbaijan', 1)	('Iceland', 2)	('Romania', 14)
('Bangladesh', 1)	('India', 144)	('Russia', 39)
('Belgium', 175)	('Indonesia', 1)	('Saudi Arabia', 9)
('Benin', 4)	('Iran', 58)	('Serbia', 25)
('Bosnia and Herz.', 1)	('Ireland', 18)	('Singapore', 54)
('Brazil', 165)	('Israel', 76)	('Slovakia', 2)
('Bulgaria', 3)	('Italy', 283)	('Slovenia', 35)
('Canada', 207)	('Japan', 87)	('South Africa', 48)
('Chile', 21)	('Jordan', 2)	('Spain', 434)
('China', 1097)	('Korea', 179)	('Sweden', 82)
('Colombia', 12)	('Kuwait', 1)	('Switzerland', 71)
('Croatia', 8)	('Lebanon', 1)	('Thailand', 6)
('Cuba', 18)	('Lithuania', 3)	('Tunisia', 9)
('Cyprus', 2)	('Luxembourg', 2)	('Turkey', 52)
('Czech Rep.', 23)	('Malaysia', 43)	('Ukraine', 9)
('Côte d'Ivoire', 1)	('Malta', 2)	('United Arab Emirates', 3)
('Dem. Rep. Korea', 1)	('Mauritius', 1)	('United Kingdom', 366)
('Denmark', 83)	('Mexico', 42)	('United States', 1007)
('Ecuador', 2)	('Morocco', 6)	('Venezuela', 3)
('Egypt', 5)	('Mozambique', 1)	('Vietnam', 3)
('Estonia', 3)	('Netherlands', 242)	
('Finland', 71)	('New Zealand', 11)	
('France', 89)	('Nigeria', 2)	
('Georgia', 2)	('Norway', 39)	

核实数据处理无误后，构建绘制地理图形的可视化所需要的列表。一个列表用于存放国家或地区信息，另一个列表用于存放对应的总计发文数量。

```
In [12]: country_ls = df['zone_data'].value_counts().index.tolist()
         country_num_ls = df['zone_data'].value_counts().values.tolist()
```

is_piecewise 参数，默认指定为 True，输出结果为连续型标签；参数指定为 False，输出结果为分段型标签。绘制地图时只需要构建上述的两个列表，然后传入到下方代码 zip() 的括号中，运行即可出图。其余绘制参数可以通过删除方式，对比前后的绘图差别进行理解。

```
In [13]: from pyecharts.charts import Map
         from pyecharts import options as opts

         c = (
             Map()
             .add("Paper Num.", [list(z) for z in zip(country_ls,
                                         country_num_ls)], "world")
             .set_series_opts(label_opts=opts.LabelOpts(is_show=False),showLegendSymbol=False)
             .set_global_opts(
                 title_opts=opts.TitleOpts(title="Map-世界地图"),
                 visualmap_opts=opts.VisualMapOpts(max_=1500,is_piecewise=False),
             )
             .render_notebook()
         )
         c
```

```
In [14]: c = (
             Map()
             .add("Paper Num.", [list(z) for z in zip(country_ls,
                                         country_num_ls)], "world")
             .set_series_opts(label_opts=opts.LabelOpts(is_show=False),showLegendSymbol=False)
             .set_global_opts(
                 title_opts=opts.TitleOpts(title="Map-世界地图"),
                 visualmap_opts=opts.VisualMapOpts(max_=1500,is_piecewise=True),
             )
             .render_notebook()
         )
         c
```

6.3.2 地理点数据可视化

地理点数据和面数据都处在 RP 字段中。地理点数据对应的详细地址是在 (corresponding author) 后的红框区域，红框中的绿色底纹区域是前面获取的地理面数据，黄色底纹区域是作者的研究机构。

```
C1对应的信息: ['Drexel Univ, iSch Drexel, Philadelphia, PA 19104 USA.']
RP对应的信息: McCain, KW (corresponding author), Drexel Univ, iSch Drexel, 3141 Chestnut St, Philadelphia, PA 19104 USA.
EM对应的信息: ['mccainkw@drexel.edu']
```

因此可以按照 (corresponding author) 作为标记，获取作者所在的机构和机构地址数据，顺带添加前面已经处理好的面数据，可用作为后续分类依据。

```python
In [17]: df_point = pd.DataFrame()
         df_point['original'] = df['RP']
         df_point['institution'] = df['RP'].str.extract('(\), (.*?),')
         df_point['point_data'] = df['RP'].str.extract('(\), (.*)')
         df_point['zone_data'] = df['zone_data']
         df_point
```

Out[17]:

	original	institution	point_data	zone_data
0	Prathap, G (corresponding author), Vidya Acad ...	Vidya Acad Sci & Technol	Vidya Acad Sci & Technol, Trichur 680501, Kera...	India
1	Kovanis, M (corresponding author), INSERM, U11...	INSERM	INSERM, U1153, 1 Pl Parvis Notre Dame, F-75004...	France
2	Park, HW (corresponding author), Yeungnam Univ...	Yeungnam Univ	Yeungnam Univ, Dept Media & Commun, Kyongsan 7...	Korea
3	Denning, J; Pera, MS; Ng, YK (corresponding au...	Brigham Young Univ	Brigham Young Univ, Dept Comp Sci, Provo, UT 8...	United States
4	Paltoglou, G (corresponding author), Wolverham...	Wolverhampton Univ	Wolverhampton Univ, Fac Sci & Engn, Wulfruna S...	United Kingdom
...	...	...	...	...
6353	Sandnes, FE (corresponding author), Oslo & Ake...	Oslo & Akershus Univ Coll Appl Sci	Oslo & Akershus Univ Coll Appl Sci, Fac Techno...	Norway
6354	Inglesi-Lotz, R (corresponding author), Univ P...	Univ Pretoria	Univ Pretoria, Dept Econ, ZA-0002 Pretoria, So...	South Africa
6355	Lee, K (corresponding author), Yonsei Univ, Un...	Yonsei Univ	Yonsei Univ, Underwood Int Coll, Creat Technol...	Korea
6356	Fassin, Y (corresponding author), Univ Ghent, ...	Univ Ghent	Univ Ghent, Ghent, Belgium.	Belgium
6357	Zitt, M (corresponding author), INRA, Dept SAE...	INRA	INRA, Dept SAE2, Lereco U 1134, F-44026 Nantes...	France

6358 rows × 4 columns

对于作者所在的机构，可以对分类唯一值进行统计，获取研究该领域的所有科研机构总量。也可按照知识单元频次统计进行 value_counts()，并对前 15 个当前研究领域发文量较多的科研机构可视化展示。

```python
In [18]: df_point['institution'].nunique()
```
Out[18]: 1663

```python
In [19]: df_point['institution'].value_counts().head(15).plot(kind='barh')
```
Out[19]: <matplotlib.axes._subplots.AxesSubplot at 0x1ee1682e280>

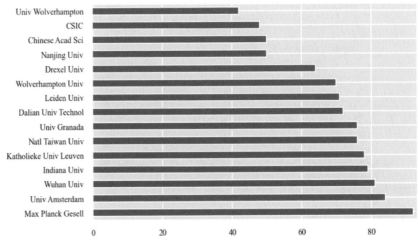

对于作者机构所在地址，为减少后续地图模型加载数据的时间，可以先对 point_data 字段进行频次统计，避免数据逐条加入地图模型中。

```
In [20]: data = df_point['point_data'].value_counts().to_frame().reset_index()
         data.columns = ['point_data','num']
         data
```

Out[20]:

	point_data	num
0	Max Planck Gesell, Adm Headquarters, Div Sci &...	38
1	Univ Amsterdam, Amsterdam Sch Commun Res ASCoR...	32
2	Adm Headquarters Max Planck Soc, Div Sci & Inn...	27
3	Univ Amsterdam, Amsterdam Sch Commun Res ASCoR...	26
4	Max Planck Gesell, Div Sci & Innovat Studies, ...	25
...	...	...
4622	Natl Res Council Italy, CNR, Inst Syst Anal & ...	1
4623	Ecole Polytech Fed Lausanne, Digital Humanitie...	1
4624	Nanjing Univ, Sch Informat Management, Nanjing...	1
4625	NIH, NIH Lib, Off Res Serv, Bldg 10, Bethesda,...	1
4626	INRA, Dept SAE2, Lereco U 1134, F-44026 Nantes...	1

4627 rows × 2 columns

获取地理点数据并生成本地文件。然后将面数据所在的 DataFrame 和点数据的 DataFrame 按照 point_data 字段进行合并，并以 xlsx 文件格式输出到本地。合并的目的是获取点数据对应的国家和地区，方便后续按照国家和地区对地理点数据进行分类。

```
In [21]: data_type = pd.merge(data,df_point,on='point_data',how='left')[['point_data','zone_data','num']].drop_duplicates()
         data_type
```

Out[21]:

	point_data	zone_data	num
0	Max Planck Gesell, Adm Headquarters, Div Sci &...	Germany	38
38	Univ Amsterdam, Amsterdam Sch Commun Res ASCoR...	Netherlands	32
70	Adm Headquarters Max Planck Soc, Div Sci & Inn...	Germany	27
97	Univ Amsterdam, Amsterdam Sch Commun Res ASCoR...	Netherlands	26
123	Max Planck Gesell, Div Sci & Innovat Studies, ...	Germany	25
...	...	...	...
6297	Natl Res Council Italy, CNR, Inst Syst Anal & ...	Italy	1
6298	Ecole Polytech Fed Lausanne, Digital Humanitie...	Switzerland	1
6299	Nanjing Univ, Sch Informat Management, Nanjing...	China	1
6300	NIH, NIH Lib, Off Res Serv, Bldg 10, Bethesda,...	United States	1
6301	INRA, Dept SAE2, Lereco U 1134, F-44026 Nantes...	France	1

4627 rows × 3 columns

```
In [22]: data_type.to_excel('point.xlsx',index = False)
```

打开导出的地理点数据文件后，选择数据插入三维地图，并进入地图模型视图界面。将地图模型修改为平面地图，point_data 字段添加到位置窗口，位置属性选择完整地址，num 字段添加到值窗口。设置完毕后，默认显示的是柱状图，可以通过调整图层选项和地图中视角转化方向键，显示柱状图的高度和显示的角度。

特别注意一下左下角的进度条，表示对指定位置窗口中 point_data 字段汇总的数据进行逐条加载。如果处理数据时不对 piont_data 字段进行频次统计后再导出，使用的数据量是 6 000 多条数据，相当于模型处理数值要多加载 2 000 多条数据，而且在值窗口中也会多出按照相同字段进行相加求和运算的操作。因此在使用 Excel 绘制可视化地图时，尽量使传入的数据是经过字段频次汇总统计过后的信息。

6.4 标准参考文献出版年谱（Standard RPYS）

Standard RPYS（Standard Reference Publication Year Spectroscopy）是由 Marx, Bornmann, Barth, and Leydesdorff[1] 和 Marx and Bornmann[2] 提出的一种量化历史出版物对研究领域影响的方法。该方法通常用于识别具有持久影响的特定书籍和文章。Standard RPYS 首先从出版物中挖掘被引用的参考文献，并按出版年份的先后顺序绘制频率分布，然后计算每个出版年份的引用文献数量偏离五年中位数的标准化程度。对于中位数的偏离可以用计数或百分比来表示，在重要的书籍或文章发表的年份会显示出峰值。

在 mk 中，读入文献数据后，采用 rpys() 方法，指定分析的年份跨度，可以得到对应区间的 Standard RPYS 数据，但是，该结果需要进一步可视化才可以清晰地观察。由于 x 轴的时间跨度往往较大，突出峰值对应的年份直接通过肉眼无法准确地识别，可通过添加垂直辅助线进行帮助，执行代码和输出结果如下。

突出的峰值代表已发表的书籍或文章的引用量偏离 5 年的中位数的年份，但

---

[1]　MARX WERNER et al. Detecting the historical roots of research fields by reference publication year spectroscopy（RPYS）[J]. Journal of the Association for Information Science and Technology, 2014, 65(4) : 751–764.

[2]　MARX W，BORNMANN L. Tracing the origin of a scientific legend by Reference Publication Year Spectroscopy (RPYS): the legend of the Darwin finches.[J]. Scientometrics, 2014, 99(3) : 839–844.

是通过垂直辅助线也无法确定该值对应的具体年份，只能估计一个年限范围，进一步精确定位需要借助动态交互图完成。

```
In [2]: RC = mk.RecordCollection(r'D:\python科学计量可视化\数据\Demo data\Python-Wos',cached=True)
```

```
In [3]: stan_results = RC.rpys(1900, 2022)  #指定分析的年份跨度
        dev_line_color = sns.xkcd_rgb["pale red"]  #线条配色

        with sns.axes_style("white"):
            plt.plot(stan_results['year'], stan_results['abs-deviation'], color = dev_line_color)  #绘制线条
            plt.plot([1900,2030], [0, 0], linewidth=1, color = "black")  #绘制偏差分布的基准线，y=0
            sns.despine()
            plt.vlines(x=2009.5, ymin=0, ymax=1000, linestyle='--')  #用于判断的辅助线，需要人为判断
        plt.savefig("rpys_standard.pdf")
```

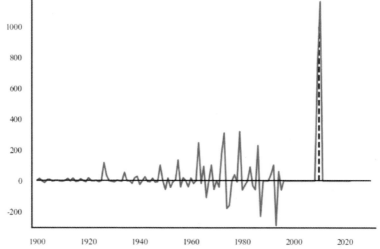

通过图形可以判断，大致在 2009 年前后，直线出现剧烈波折，说明有重要的影响文献发表在此区域，借助引文分析，可以快速获取到指定年份发表的全部文献信息。

```
In [4]: year_results = RC.getCitations('year', 2010, pandasFriendly=True)
        pd.DataFrame(year_results).sort_values(['num-cites'], ascending=False)
```

Out[4]:

	citeString	year	journal	author	num-cites	fraction-cites-overall	fraction-cites-year
7131	van Eck NJ, 2010, SCIENTOMETRICS, V84, P523, D...	2010	SCIENTOMETRICS	Van Eck Nj	201	0.011608	0.011608
7737	Moed HF, 2010, J INFORMETR, V4, P265, DOI 10.1...	2010	J INFORMETR	Moed Hf	168	0.009702	0.009702
5482	Leydesdorff L, 2010, J AM SOC INF SCI TEC, V61...	2010	J AM SOC INF SCI TEC	Leydesdorff L	128	0.007392	0.007392
2373	Rafols I, 2010, SCIENTOMETRICS, V82, P263, DOI...	2010	SCIENTOMETRICS	Rafols I	107	0.006179	0.006179
2957	Boyack KW, 2010, J AM SOC INF SCI TEC, V61, P2...	2010	J AM SOC INF SCI TEC	Boyack Kw	103	0.005948	0.005948
...							
3002	Rubin M., 2010, OPERATION PRINCIPLES, V4	2010	OPERATION PRINCIPLES	Rubin M	1	0.000058	0.000058
3001	Rubin V. L., 2010, 2010 ANN M AM SOC IN	2010	2010 ANN M AM SOC IN	Rubin V L	1	0.000058	0.000058
3000	Bialonski S, 2010, CHAOS, V20, DOI 10.1063/1.3...	2010	CHAOS	Bialonski S	1	0.000058	0.000058
2999	Lariviere V., 2010, THESIS MGCILL U MONT	2010	THESIS MGCILL U MONT	Lariviere V	1	0.000058	0.000058
8081	Vicente-Villardon J. L., 2010, MULTBIPLOT PACK.	2010	MULTBIPLOT PACKAGE M	Vicente-Villardon J L	1	0.000058	0.000058

8062 rows × 7 columns

生成的 Standard RPYS 静态图形可用于论文中。但是，交互图形有助于我们更好地查看重要文献发布的节点，而不需要像静态图绘制时手动添加辅助线进行年份的确定。在进行交互式体验时，细心的读者可以发现 1997—2008 年，以及 2011—2021 年，计算的结果都是 0，原因和选取的文献年限有关。本书中只选取 2011—2020 年发表的文献数据。为使绘制的 Standard RPYS 更准确，建议取研究领域内可搜索到的年限内的所有文献，完备的数据分析得到的结果较为准确。

In [5]:
```
#只显示年份和绝对偏置
from plotly.offline import download_plotlyjs , init_notebook_mode, plot , iplot
dict1 = {"x" : stan_results['year'],"y" : stan_results['abs-deviation']}
iplot([dict1])
```

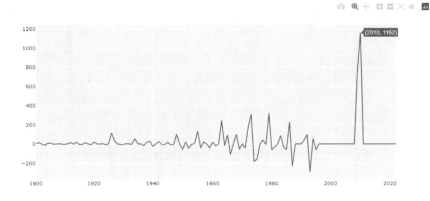

此外，在交互式图形中，用户点击鼠标选择当前年份后，还可以进一步显示被引文献次数最多的前五条引文信息。实现的方式是将引文数据中的引文字段和被引数量结合，按照高被引降序提取前五条，然后将得到的五条引文数据与 Standard RPYS 数据按照年份进行合并，组成新的 DataFrame。

In [6]:
```
#显示年份和前五高被引文献
def get_top_citation(s):
    year_results = RC.getCitations('year', s, pandasFriendly=True)
    df = pd.DataFrame(year_results).sort_values(['num-cites'], ascending=False).head(5)
    df['top-citation'] = df['num-cites'].apply(lambda x: f'Cite num:{x}\t\t') + df['citeString']
    return [i for i in df['top-citation']]
```

In [7]:
```
df = pd.DataFrame({
    'year' :stan_results['year'],
    'abs-dev' :stan_results['abs-deviation'],
    'top_citation':[None]*len(stan_results['year'])
})
df['top_citation'] = df['year'].apply(get_top_citation)
df
```

```
Out[7]:
```

	year	abs-dev	top_citation
0	1900	2	[Cite num:5\t\tPlanck M., 1900, Verhandlungen ...
1	1901	14	[Cite num:13\t\tJaccard P., 1901, B SOC VAUDOI...
2	1902	-2	[Cite num:3\t\tMuirhead R.F, 1902, P EDINB MAT...
3	1903	-13	[Cite num:1\t\tStratton GM, 1903, EXPT PSYCHOL...
4	1904	7	[Cite num:10\t\tSpearman C, 1904, AM J PSYCHOL...
...	...	...	...
118	2018	0	[Cite num:37\t\tMartin-Martin A, 2018, J INFOR...
119	2019	0	[Cite num:20\t\tBornmann L, 2019, SCIENTOMETRI...
120	2020	0	[Cite num:12\t\tR Core Team, 2020, R LANG ENV ...
121	2021	0	[Cite num:5\t\tKong XJ, 2021, IEEE T EMERG TOP...
122	2022	0	[]

123 rows × 3 columns

基于新建的 DataFrame 数据的三个字段，其中 year 字段设置为 x 轴，计算得到的绝对偏置 abs-dev 字段设置为 y 轴，top_citation 字段作为鼠标悬停显示的内容。通过鼠标点击对应的高低点，可以显示出年份、绝对偏置值和点击年份前五的高被引文献，代码及输出结果如下：

```
In [8]: data = []
        data.append(
            go.Scatter(
                x=df['year'],
                y=df['abs-dev'],
                text=df.top_citation.apply(lambda x:"<br>".join(x)),
                hoverinfo='text+x+y',
            )
        )

        fig = go.Figure(data=data)
        iplot(fig)
```

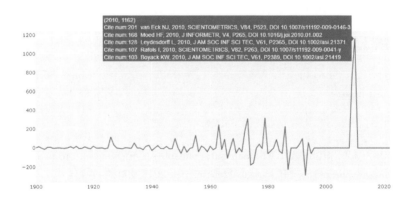

6.5 多维参考文献出版年谱（Multi RPYS）

Multi RPYS 是 Standard RPYS 的延伸 ❶，即是根据原始引用文章的出版年份对其进行细分，并对每篇文章进行 Standard RPYS 分析。它对于区分具有持久影响的历史出版物和仅在短时间内有影响的出版物很有帮助 ❷❸。Multi RPYS 通过对数据进行等级转换，使得研究人员能够比较同一领域内的不同时间片，甚至跨越一个以上的领域。转换后的数据被可视化为热图，揭示历史出版物的引文随时间变化的"动态"画面。

下面的代码可以实现按出版年份对 RecordCollection 进行分割，并对每一个文献进行 RPYS 分析。分析的结果存储在一个字典中，然后用来创建一个表格，最后，该表被绘制成热图。在代码应用中，只需要修改 minYear 和 maxYear 赋值的年份数值，即可实现不同年份区间的 Multi RPYS 图形绘制。关于生成 Multi RPYS 图形的解读，可以结合上面绘制的 Standard RPYS 交互图进行分析。图像整体的形状是梯形，梯形的右侧边线呈现出一条蓝色的色带，色谱图显示蓝色颜色越深，代表着引用文献数量越多，原因是最新发表的文献会引用作者最近几年发表的文献。

```
In [9]:  minYear = 1978
         maxYear = 2021

         years = range(minYear, maxYear+1)
         dictionary = {'CPY': [],
                       "abs-deviation": [],
                       "num-cites": [],
                       "rank": [],
                       "RPY": []}
         for i in years:
```

❶ COMINS J A, HUSSEY T W Compressing multiple scales of impact detection by Reference Publication Year Spectroscopy[J]. Journal of Informetrics, 2015, 9(3) : 449–454.

❷ Baumgartner S E, Leydesdorff L. Group - based trajectory modeling (GBTM) of citations in scholarly literature: Dynamic qualities of "transient" and "sticky knowledge claims" [J]. Journal of the Association for Information Science and Technology, 2014, 65(4) : 797–811.

❸ COMINS J A, LEYDESDORFF L. RPYS i/o: software demonstration of a web–based tool for the historiography and visualization of citation classics, sleeping beauties and research fronts[J]. Scientometrics, 2016, 107(3) : 1509–1517.

```
    try:
        RCyear = RC.yearSplit(i, i)
        if len(RCyear) > 0:
            rpys = RCyear.rpys(minYear=minYear, maxYear=i)
            length = len(rpys['year'])
            rpys['CPY'] = [i]*length

            dictionary['CPY'] += rpys['CPY']
            dictionary['abs-deviation'] += rpys['abs-deviation']
            dictionary['num-cites'] += rpys['count']
            dictionary['rank'] += rpys['rank']
            dictionary['RPY'] += rpys['year']
    except:
        pass

multi_rpys = pd.DataFrame.from_dict(dictionary)
multi_rpys.to_csv("multi_rpys.csv")
```

In [10]:
```
hm_table = multi_rpys.pivot('CPY', 'RPY', 'rank')
hm_table
```

Out[10]:

RPY	1978	1979	1980	1981	1982	1983	1984	1985	1986	1987	...	2012	2013	2014	2015	2016	2017	2018	2019	2
CPY																				
2011	2.0	31.0	7.0	4.0	8.0	9.0	10.0	11.0	30.0	3.0	...	NaN	NaN	NaN	NaN	NaN	NaN	NaN	NaN	N
2012	27.0	29.0	6.0	10.0	8.0	28.0	5.0	9.0	33.0	3.0	...	0.0	NaN	NaN	NaN	NaN	NaN	NaN	NaN	N
2013	31.0	33.0	3.0	5.0	7.0	8.0	9.0	29.0	34.0	1.0	...	0.0	0.0	NaN	NaN	NaN	NaN	NaN	NaN	N
2014	7.0	34.0	5.0	6.0	9.0	33.0	10.0	3.0	35.0	1.0	...	37.0	0.0	0.0	NaN	NaN	NaN	NaN	NaN	N
2015	31.0	37.0	3.0	8.0	4.0	35.0	9.0	3.0	33.0	5.0	...	28.0	27.0	0.0	0.0	NaN	NaN	NaN	NaN	N

In [11]:
```
with sns.axes_style("white"):
    sns.heatmap(hm_table, square = False, cmap="YlGnBu", cbar_kws={"orientation": "horizontal"})
    plt.xlabel('Reference Publication Year', size = 8)
    plt.ylabel('Citing Publication Year', size = 8)
    sns.despine()
    plt.tight_layout()
plt.savefig("rpys_multi.pdf")
```

图形中 y 轴数据出现蓝色的色带，一般都是 Standard RPYS 图形中凸起的

年份。比如横坐标为 1979，y 轴数据呈现出一条较深的蓝色条带，将鼠标放在
1979 年的标准 RPYS 交互图上，可以找出常被引用的文献数据。类似的深色条带
还有 1983、1986 等年份所在的 y 轴数据。交互信息如下所示。

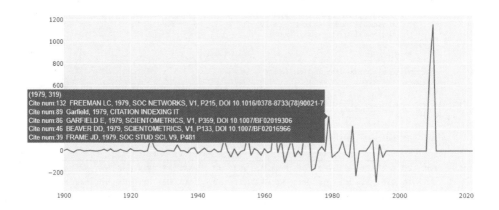

科技文献数据内容挖掘与可视化

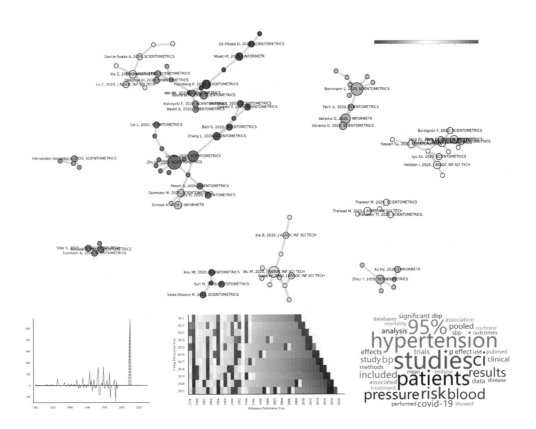

7.1 关键词的挖掘与可视化

7.1.1 外文文献关键词词频统计与可视化

第 6 章介绍知识单元完整频次统计时，已经对关键词 ID 和 DE 字段进行了词频统计。本节在回顾知识点的基础上，进一步采取可视化操作。新建一个 Python3 文件，导入功能模块和文献数据，为查阅方便，只显示前两条记录。

```python
In [1]: #数据加载与处理
        import metaknowledge as mk
        import pandas as pd

        #统计图表绘制
        import matplotlib.pyplot as plt
        import seaborn as sns

        #图形内嵌到Notebook中
        %matplotlib inline

        #图表样式主题
        sns.set_style(style="white")   # 改变绘制的背景颜色
        sns.set(font_scale=.75)        # 设置字体大小
        # plt.rc("savefig", dpi=400)   # 修改生成图像的画质

        #交互式图表绘制
        import chart_studio.plotly as py
        import plotly.graph_objs as go


        #英文为罗马字体并显示负号，图形分辨率为200
        plt.rcParams['font.family'] = 'sans-serif'
        plt.rcParams['font.sans-serif'] = ['Times New Roman']
        plt.rcParams['axes.unicode_minus'] = False
        plt.rcParams['figure.dpi'] = 140
```

```python
In [2]: RC = mk.RecordCollection(r'D:\python科学计量可视化\数据\Demo data\Python-Wos', cached=True)
        df = pd.DataFrame(RC.makeDict())
        df.head(2)
```

Out[2]:

	PT	AU	AF	TI	SO	LA	DT	DE	ID	AB	...	SP	HO	AR	HC	HP
0	J	[Fang, ZC, Costas, R]	[Fang, Zhichao, Costas, Rodrigo]	Studying the accumulation velocity of altmetri...	SCIENTOMETRICS	English	Article	[altmetrics, crossref, data accumulation speed...	[SOCIAL MEDIA METRICS, SCHOLARLY ARTICLES, IMP...	This paper investigates the data accumulation	...	None	None	None	None	None
1	J	[Albarran, P., Perianes-Rodriguez, A. Ruiz-Cast...	[Albarran, Pedro, Perianes-Rodriguez, Antonio...	Differences in Citation Impact Across Countries	JOURNAL OF THE ASSOCIATION FOR INFORMATION SCI...	English	Article	[bibliometrics, citation analysis]	[FIELD NORMALIZATION]	Using a large data set, indexed by Thomson Reu...	...	None	None	None	None	None

2 rows × 59 columns

把前面封装的 multi_element_count() 方法复制粘贴过来，进行多元素字段的词频统计。

```
In [3]: #不同期刊的关键词
        #ID: 关键词
        #DE: KEYWORDS PLUS

        def multi_element_count(df_tag):
            ls = []
            for i in df_tag:
                if i:
                    ls.extend(i)

            return pd.Series(ls).value_counts()
```

```
In [4]: multi_element_count(df['ID'])
```

```
Out[4]: SCIENCE             1227
        IMPACT               882
        INDICATORS           379
        PATTERNS             341
        JOURNALS             338
                             ...
        COUMARINS              1
        CYTOTOXICITY           1
        INHIBITION             1
        ALLIANCE NETWORK       1
```

```
In [5]: multi_element_count(df['DE'])
```

```
Out[5]: bibliometrics
        citation analysis
        scientometrics
        h-index
        citations

        trendmd
        future research performance
        innovation laws
        technology co-classification analysis
```

　　借用词云图可视化结果输出。首先需要将多元素字段频数统计的结果进行处理，形成绘制词云图的 DataFrame 数据格式，即第一列为标签字段中多元素的分类名称，第二列为各类名称出现的频数统计值。然后再将两列的数据合并，组成分类名称和频数一一对应的列表，即 words 变量（词云图绘制的核心是在于 words 变量的构造），详细构造过程以及代码执行输出结果如下。如果有需求可以对图形的标题进行注解，比如将 NAME 赋值为 ID，表明当前展示的词云图结果来自 ID 字段。

```
In [6]: Series = multi_element_count(df['DE'])
        df_ = Series.to_frame().reset_index()
        df_.columns = ['type','type_num']
        df_.head()
```

Out[6]:

	type	type_num
0	bibliometrics	593
1	citation analysis	349
2	scientometrics	202
3	h-index	174
4	citations	169

```
In [7]: from pyecharts import options as opts
        from pyecharts.charts import WordCloud
        from pyecharts.globals import SymbolType

        words = list(zip(df_['type'].tolist(),df_['type_num'].tolist()))

        NAME = 'ID'

        c = (
            WordCloud()
            .add(f"{NAME}", words, word_size_range=[20, 100], shape=SymbolType.DIAMOND)
            .set_global_opts(title_opts=opts.TitleOpts(title=f"{NAME}",pos_left='center'))
        )
        c.render_notebook()
```

ID 字段的多元素词频统计结果词云可视化输出如下：

Out[7]:

ID

元素的频数统计值越大，在词云图中的文字越大。鼠标放置在元素上，会自动显示出该元素对应的频数。

7.1.2　不同期刊的关键词词频统计与可视化

在研究过程中，往往需要探究不同期刊关键词的特征。可以进一步按照 SO 期刊字段进行数据提取，然后再进行频数统计和词云图绘制。由于前面 7.1.1 节已经对全部文献中的关键词进行过处理，借用之前的代码封装为 get_wordcloud_ figure() 函数，用户只需要传入经过筛选的不同期刊的关键词单字段变量和想要给图形添加的标题名称即可。

```
In [8]: def get_wordcloud_figure(df_tag,image_caption):
            from pyecharts import options as opts
            from pyecharts.charts import WordCloud
            from pyecharts.globals import SymbolType

            Series = multi_element_count(df_tag)
            df_ = Series.to_frame().reset_index()
            df_.columns = ['type','type_num']

            words = list(zip(df_['type'].tolist(),df_['type_num'].tolist()))

            c = (
                WordCloud()
                .add(f"{image_caption}", words, word_size_range=[20, 100], shape=SymbolType.DIAMOND)
                .set_global_opts(title_opts=opts.TitleOpts(title=f"{image_caption}",pos_left='center'))
            )

            return c
```

指定期刊的名称变量，调用函数，四本期刊关键词 DE 字段的词频统计词云图输出结果如下。由于收集文献的期刊都属于计量学（bibliometrics）范畴，所以最多出现的关键词词频都是 bibliometrics，但是各期刊具体的细分关键词略有不同。

```
In [9]: journal_name = 'JOURNAL OF INFORMETRICS'
        get_wordcloud_figure(df[df['SO']==journal_name]['DE'],journal_name).render_notebook()
```

Out[9]:

JOURNAL OF INFORMETRICS

```
In [10]: journal_name = 'JOURNAL OF THE ASSOCIATION FOR INFORMATION SCIENCE AND TECHNOLOGY'
         get_wordcloud_figure(df[df['SO']==journal_name]['DE'],journal_name).render_notebook()
```

Out[10]:

JOURNAL OF THE ASSOCIATION FOR INFORMATION SCIENCE AND TECHNOLOGY

```
In [10]: journal_name = 'JOURNAL OF THE ASSOCIATION FOR INFORMATION SCIENCE AND TECHNOLOGY'
         get_wordcloud_figure(df[df['SO']==journal_name]['DE'],journal_name).render_notebook()
```

Out[10]:

JOURNAL OF THE ASSOCIATION FOR INFORMATION SCIENCE AND TECHNOLOGY

```
In [12]: journal_name = 'JOURNAL OF THE AMERICAN SOCIETY FOR INFORMATION SCIENCE AND TECHNOLOGY'
         get_wordcloud_figure(df[df['SO']==journal_name]['DE'],journal_name).render_notebook()
```

Out[12]: **JOURNAL OF THE AMERICAN SOCIETY FOR INFORMATION SCIENCE AND TECHNOLOGY**

　　词云图输出结果调优。输出的词云图显示，部分图形中存在着一些无实义单词，比如在 SCIENTOMETRICS 期刊关键词词云图中出现的数字 0、2、5、7 以及单字母 s、u、r 等噪音数据，可以通过数据删除的方式解决。此外，字段中的元素类别较多，为更好地展示出主要的元素（即频次统计较多的元素），可以设置提取数据的阈值，对不满足条件的数据进行剔除。鉴于上述情况，基于各类别元素单词长度大于 2 和词频统计总数大于 10 两个判断条件，进行词云图绘制数据的筛选，从而实现词云图输出结果调优。数据未进行处理时，所有文献中的 ID 字段的元素种类高达 4 907 种，经过指定的筛选规则处理后，最终保留下来的元素种类有 385 种。

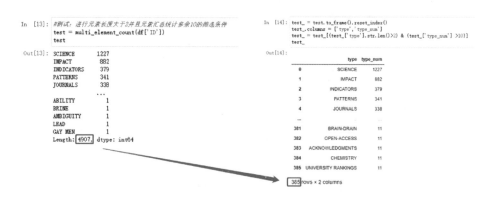

　　进一步，考虑多元素中的分隔符号，有些元素中的分割符号可能是空格、分号、斜杠或者竖杆等。通过设置 delimiter 参数实现多场景下分隔符处理的问题，默认是逗号，用户可以根据多元素间实际的分隔符赋值。单元素字段的词频统计绘制词云图的需求也可添加进来，设置 pattern 参数，默认指定是针对单元素字段绘制，如果多元素字段绘制，pattern 参数则指定为 multi 参数。完善后的函数

plot_wordcloud_figure() 代码如下：

```
In [15]: def plot_wordcloud_figure(df_tag, pattern='single', type_len = 3,
                                    type_num = 10, image_caption = None,
                                    delimiter = ','):
             '''
             param df_tag: Tag field in the dataframe.
             param pattern: Multi-element tag field or single-element tag field.
             param type_len: Length of the elements in the tag field.
             param type_num: Number of summaries of elements in the tag field.
             param image_caption: Image title
             param delimiter: Delimiter between multiple elements


             '''
             if pattern == 'single':
                 Series = df_tag.value_counts()
             elif pattern == 'multi':
                 if delimiter != ',':
                     df_tag = df_tag.apply(lambda x: x.replace(delimiter,',').split(','))
                 Series = multi_element_count(df_tag)

             df_ = Series.to_frame().reset_index()
             df_.columns = ['type','type_num']
             df_ = df_[(df_['type'].str.len()>2) & (df_['type_num'] >10)]


             from pyecharts import options as opts
             from pyecharts.charts import WordCloud
             from pyecharts.globals import SymbolType

             words = list(zip(df_['type'].tolist(),df_['type_num'].tolist()))

             c = (
                 WordCloud()
                 .add(f"{image_caption}", words, word_size_range=[20, 100], shape=SymbolType.DIAMOND)
                 .set_global_opts(title_opts=opts.TitleOpts(title=f"{image_caption}",pos_left='center'))
             )

             return c
```

分别对关键词 ID 和 DE 多元素字段进行 plot_wordcloud_figure() 函数调用，
输出结果如下：

```
In [16]: plot_wordcloud_figure(df['ID'],pattern='multi',image_caption='ID').render_notebook()
Out[16]:
```

```
In [17]: plot_wordcloud_figure(df['DE'],pattern='multi',image_caption='DE').render_notebook()
```
Out[17]:

　　图中包含元素类别中词频统计数量最多和最少的种类，尽可能将元素进行展示，但是，由于画布大小的限制，385 个元素未能全部都在图中显示出来。如需要在词云图中显示所有的元素，可以有两种解决途径：一是调整单词的大小，即 word_size_range 参数，还有一个是把图形的画布调大一些（补充代码文件中有详解两种方式具体应用）。

　　对于单字段 DT 文献类型进行词云图展示，输出结果如下：

```
In [18]: df['DT'].value_counts()
```
```
Out[18]: Article                          5486
         Letter                            221
         Book Review                       155
         Article; Proceedings Paper        150
         Editorial Material                130
         Review                            129
         Correction                         67
         Biographical-Item                  15
         Retraction                          3
         Article; Retracted Publication      2
         Name: DT, dtype: int64
```

```
In [19]: plot_wordcloud_figure(df['DT'],image_caption='docType').render_notebook()
```
Out[19]:

docType

Correction
Editorial Material
Book Review

Article
Review Letter
Article; Proceedings Paper
Biographical-Item

docType
● Editorial Material: 130

　　核实输出结果中，词云图中自动去掉了词频统计数量不足 10 的元素类别，并且显示的数值与词频统计得到的数值一致。

7.1.3　中文文献关键词词频统计与可视化

　　这里以 CNKI 中导出的文献为例，对其中的关键词字段进行词频统计和词云可视化，调用 4.4.5 中封装的 cnki_to_df() 函数，将本地的文献读入 Python 环境并转化为 DataFrame 类型数据。

```
In [21]: folder_path = 'D:\python科学计量可视化\数据\Demo data\Python-CNKI'
         df_chinese = cnki_to_df(folder_path)
         df_chinese.head(2)
```

Out[21]:

	Reference Type	Author	Author Address	Title	Journal Name	Keywords	Abstract	Pages	ISBN/ISSN	Notes	URL
0	Journal Article	张正娟,蔡在杰,王楠杰海,曲海顺,张献之,廖喜,滕玲溪,靖	北京中医药大学东京,厦门医院,中国科学院中医药信息研究所,北京,中国中医药大学东方医院,广东,壮族自	基于VOSviewer和CiteSpace的白芍总苷研究热点可视化分析	中国中医信息杂志	芍;VOSviewer;CiteSpace;可视化	目的:分析白芍总苷研究现状和热点,为白芍总苷研究与应用提供参考,方法:计算机检索中国知识资源总库...	1-7	1005-5304	11-3519/R	https://kns.cnki.net/kcms/detail/11.3519.R.202...
1	Journal Article	党真,杨翔义,张加陕	中国科学院水利部水土保持研究所所,土壤侵蚀与旱地农业国家重点实验室,中国科学院西北...	基于文献计量学分析泥沙来源进展与热点	水土保持研究	泥沙来源,土壤侵蚀,可视化分析,CiteSpace,复合指纹识别	明确流域或区域泥沙来源对水土保持科学布局具有重要意义,为了更好地事缕泥沙来源研究的发展动态...	1-6	1005-3409	61-1272/P	https://kns.cnki.net/kcms/detail/61.1272.P.202...	10

数据中的 Keywords 字段是多元素组成,且元素之间的分隔符为分号,对应的传入参数 pattern 为 'multi',delimiter 为 ';',传入相应参数及调用函数后,输出结果如下:

```
In [22]: plot_wordcloud_figure(df_chinese['Keywords'],pattern='multi',delimiter=';',image_caption='Keywords').render_notebook()
```

Out[22]:

图形中最大的单词是 CiteSpace,说明当前领域的关键词中最多元素类别的表现形式是 CiteSpace。然而,发现词云图中还有很多基于不同拼写的噪音数据,比如 Cite Space、Citespace、CiteSpace 软件等,此外有相似问题的还有文献计量的相关词汇。

我们通过设置替换字典解决字段中的噪音数据问题。字典中替换前的内容作为键，替换后的内容作为值。具体实现的方式通过设计 replace_word() 函数，判断欲替换的内容是不是在字段的多元素中，如果存在，替换成目标数据。读者只需要修改 replace_dict 中的键值对信息即可。

```
In [23]:  replace_dict = {
              'Citespace':'CiteSpace',
              'Cite Space':'CiteSpace',
              'CiteSpace V':'CiteSpace',
              'CiteSpaceV':'CiteSpace',
              'citespace':'CiteSpace',
              'CiteSpace软件':'CiteSpace',
              'CiteSpace Ⅱ':'CiteSpace',
              'CiteSpaceⅡ':'CiteSpace',
          }
          #替换只需要将要替换的单词和替换后的单词以键值对放在replace_dict字典中
```

```
In [24]:  def replace_word(s):
              for k,v in replace_dict.items():
                  if k in s:
                      s = s.replace(k,v)
              return s
```

```
In [25]:  df_chinese['Keywords'] = df_chinese['Keywords'].apply(replace_word)
          df_chinese['Keywords']
```

```
Out[25]: 0                          白芍总苷;VOSviewer;CiteSpace;可视化分析
         1              泥沙来源;土壤侵蚀;可视化分析;CiteSpace;复合指纹识别
         2                    华侨华人;华侨华人研究;CiteSpace;可视化分析
         3                             创业者性别;融资;知识图谱
         4            grassland tourism;CiteSpace;quantitative analy...
                                      ...
         2032                    信息化;学习方式;动态演进;CiteSpace
         2033                 氢脆;热点;趋势;文献计量学;CiteSpace
         2034                      红火蚁;CiteSpace;研究历程
         2035                 数字出版;知识产权保护;CiteSpace
         2036       CiteSpace;研究热点;知识基础;植物功能性状
         Name: Keywords, Length: 2037, dtype: object
```

经过数据清洗后，最终对于中文文献关键词词频统计及可视化输出结果如下。从图中可以看出已经正确处理 CiteSpace 等相关噪音数据，还有一些词汇仍需要进行处理，使用者根据自己的需求将清洗规则继续添加到 replace_dict 字典中即可。

```
In [26]: plot_wordcloud_figure(df_chinese['Keywords'],pattern='multi',delimiter=';',image_caption='keyword').render_notebook()
Out[26]:
```

keyword

对于不同期刊中文文献关键词的统计与可视化分析，可以参照 7.1.2 节的内容。

7.2　标题及摘要文本术语挖掘与可视化

本节以 PubMed 外文文献数据和 CSSCI 中文文献数据为例，进行标题及摘要文本术语挖掘与可视化。文献中的标题及摘要是由多个词汇组成的句子，而不像前面介绍的关键词部分都是由分隔好的单词组成。因此，在进行标题及摘要数据挖掘之前，需要将数据进行文本分词，即将一个或者多个句子按照某一标准进行切分。比如，对于外文文献，可以按照空格进行分隔，而中文文献可以按照实义词汇和无实义词汇进行划分等。在进行文本分词之前，需要下载安装 cntext 模块 ❶，可以参照第一章介绍 mk 安装的步骤进行安装，也可以直接在 Python3 文件的单元中执行如下代码。

```
In [1]: !pip install cntext==1.7.6
        #先安装这个文本分析的模块

Requirement already satisfied: cntext==1.7.6 in d:\miniconda\lib\site-packages (1.7.6)
```

---

❶　cntext 是一个文本分析模块，提供了单词计数、可读性、文档相似度、情感分析等功能，使用指南：https://github.com/hiDaDeng/cntext。

7.2.1 中英文文献标题及摘要分词词频统计与可视化

（1）PubMed 文献数据分析。

a）数据读入与字段查看。新建一个 Python3 文件，第一步安装 cntext 模块，第二步导入需要使用到的模块（和 7.1 节导入的是相同的模块，这里不再列出），然后读取 PubMed 文献数据。

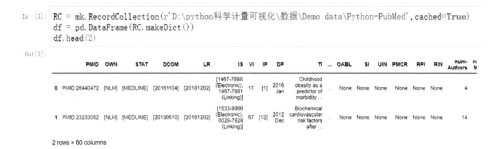

由于字段较多，可以利用 Record 对象中的 getAltName() 方法进行具体字段名称的获取，方便查找到预分析的字段。目标字段标题为 TI，摘要为 AB。

如果需要进一步查看某一行的字段名称与其对应的结果，指定行数后可以进行循环输出。输出结果如下，图中只截取部分输出信息（6.3 节曾用此方式寻找地理信息所在的字段）。

```
In [6]: for i, j in zip(df.columns, df.iloc[0]):
            print(i, j)
        #看看第一行全部的数据
```

```
PMID PMID:26440472
OWN ['NLM']
STAT ['MEDLINE']
DCOM ['20161104']
LR ['20181202']
IS ['1467-789X (Electronic)', '1467-7881 (Linking)']
VI 17
IP ['1']
DP 2016 Jan
TI Childhood obesity as a predictor of morbidity in adulthood: a systematic review and
meta-analysis.
PG 56-67
LID ['10.1111/obr.12316 [doi]']
AB Obese children are at higher risk of being obese as adults, and adult obesity is
associated with an increased risk of morbidity. This systematic review and
meta-analysis investigates the ability of childhood body mass index (BMI) to predict
obesity-related morbidities in adulthood. Thirty-seven studies were included. High
childhood BMI was associated with an increased incidence of adult diabetes (OR 1.70;
95% CI 1.30-2.22), coronary heart disease (CHD) (OR 1.20; 95% CI 1.10-1.31) and a
```

b）探究文献标题的词汇量分布。导入的 PubMed 文献数据的标题中，单词之间均是由空格进行分隔，因此，按照空格进行分隔提取标题中的词汇数量，并赋值为新建字段。

```
In [7]: df['TI_NUM'] = df['TI'].apply(lambda x: len(x.split()))
        df[['TI', 'TI_NUM']]
```

Out[7]:

	TI	TI_NUM
0	Effect of cocoa on blood pressure.	6
1	Impact of Antihypertensive Treatment on Matern...	20
2	Red meat, poultry, and egg consumption with th...	17
3	Fluoride Exposure and Blood Pressure: a System...	10
4	Meta-analysis of prospective studies on the ef...	17
...	...	...
1995	Renal denervation, adjusted drugs, or combined...	12
1996	Control of arterial hypertension in Spain: a s...	18
1997	Contribution of obstructive sleep apnoea to ar...	14
1998	[Clinical efficacy and perinatal outcome of ni...	11
1999	How does exercise treatment compare with antih...	25

2000 rows × 2 columns

由于 DataFrame 数据省略显示问题，标题中的单词被部分隐去，为进一步核实统计结果的正确性，需要对数据进行逐项输出并核对单词数量，比如选取前三条数据进行核实，输出结果如下。

```
In [8]:  for i in range(0,3):
             print(f"第{i+1}个标题是：{df.iloc[i]['TI']}，共{df.iloc[i]['TI_NUM']}个单词")
```

第1个标题是：Effect of cocoa on blood pressure.，共6个单词
第2个标题是：Impact of Antihypertensive Treatment on Maternal and Perinatal Outcomes in Pregnancy
Complicated by Chronic Hypertension: AÅ Systematic Review and Meta-Analysis.，共20个单词
第3个标题是：Red meat, poultry, and egg consumption with the risk of hypertension: a
meta-analysis of prospective cohort studies.，共17个单词

```
In [9]:  df['TI_NUM'].min(),df['TI_NUM'].max()
Out[9]:  (2, 37)
```

核实结果无误后，输出标题词汇数量范围最值。

通过指定字段的值筛选，获取对应的文献信息。比如输出最小词汇量和最大词汇量对应的文献信息。标题中词汇量最少的只有两个单词为 Resistant hypertension（"顽固性高血压"），最多的词汇量高达 37 个单词，借助文献检索核实数据无误，代码及输出结果如下。对于标题词汇数量的统计分布，直接借助 describe() 方法获取；此外，也可以借助小提琴图进行可视化展示。

```
In [10]:  df[df['TI_NUM']==2]
```

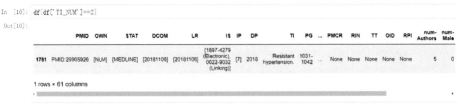

```
1 rows × 61 columns
```

```
In [11]:  df[df['TI_NUM']==37]['TI'].values
Out[11]:  array(["Investigating the stratified efficacy and safety of pharmacological blood \npressure-lowering: an overall protocol for individua
          l patient-level data \nmeta-analyses of over 300 000 randomised participants in the new phase of the Blood \nPressure Lowering Treatment
          Trialists' Collaboration (BPLTTC)."],
              dtype=object)
```

Investigating the stratified efficacy and safety of pharmacological blood pressure-lowering: an overall protocol for individual patient-level data meta-analyses of over 300 000 randomised participants in the new phase of the Blood Pressure Lowering Treatment Trialists' Collaboration (BPLTTC).

```
In [12]: df['TI_NUM'].describe()
```

```
Out[12]: count    2000.000000
         mean       15.471500
         std         4.641978
         min         2.000000
         25%        13.000000
         50%        15.000000
         75%        18.000000
         max        37.000000
         Name: TI_NUM, dtype: float64
```

```
In [13]: sns.swarmplot(data = df,y= 'TI_NUM',alpha = 0.5)
         sns.violinplot(data = df,y= 'TI_NUM')
         plt.ylim([-5,45])
```

```
Out[13]: (-5.0, 45.0)
```

　　c）利用计算差异对文献数据格式进行勘误。进行文本分词前需要收集文本数据，标题和摘要信息都存放在每一行记录中，因此，需要遍历循环将每行数据累加组合，顺带去除一些干扰符号。比如，对于标题 TI 字段进行文本数据收集，最终得到的文本字符串数据共有约 24 万字符（虽然每次读入的字符串数据总量不变，但由于 mk 每次读入数据均为随机读入，所以再次运行整个 notebook 中的代码，输出 text 中的文字内容顺序可能不一致）。

```
In [14]: text_TI = ''
         filter_1s = ['\n',',','.',':','=','(',')','[',']']
         for i in df.TI:
             for j in i:
                 if j in filter_1s:
                     i = i.replace(j,'')
             text_TI+=f'{i} '
         text_TI
```

```
Out[14]: 'Global burden of hypertension among people living with HIV in the era of increased life expectancy a systematic review and meta-an
         alysis Nitric Oxide in Cardiac Surgery A Meta-Analysis of Randomized Controlled Trials Blood 25-hydroxyvitamin D concentration and
         hypertension a meta-analysis Cadmium and hypertension in exposed workers A meta-analysis Reductions of left ventricular mass and at
         rial size following renal denervation a meta-analysis Metformin for prevention of hypertensive disorders of pregnancy in women with
         gestational diabetes or obesity systematic review and meta-analysis of randomized trials Efficacy and Safety of Statins for Pulmona
         ry Hypertension A Meta-Analysis of Randomised Controlled Trials Maternal Diabetes Mellitus and Persistent Pulmonary Hypertension of
         the Newborn Accumulated Evidence From Observational Studies Effects of blood pressure lowering on outcome incidence in hypertension
         3 Effects in patients at different levels of cardiovascular risk--overview and meta-analyses of randomized trials Risk of hypertens
         ion in cancer patients treated with aflibercept a systematic review and meta-analysis The early outcomes of candidates with portopu
         lmonary hypertension after liver transplantation A meta-analysis of the effects of angiotensin converting enzyme inhibitors and ang
         iotensin II receptor blockers on insulin sensitivity in hypertensive patients without diabetes Traditional cardiovascular risk fact
         ors and coronary collateral circulation Protocol for a systematic review and meta-analysis of case-control studies Nondipping patte
         rn and carotid atherosclerosis a systematic review and meta-analysis Aortic stiffness is reduced beyond blood pressure lowering by
         short-term and long-term antihypertensive treatment a meta-analysis of individual data in 294 patients High Blood Pressure and Risk
         of Dementia A Two-Sample Mendelian Randomization Study in the UK Biobank Improving blood pressure control through pharmacist interv
         entions a meta-analysis of randomized controlled trials The A930G polymorphism ofP22phox CYBA gene but not C242T variation is assoc
         iated with hypertension a meta-analysis Influence of riociguat treatment on pulmonary arterial hypertension A\xa0meta-analysis of
         randomized controlled trials Impact of Antihypertensive Agents on Central Systolic Blood Pressure and Augmentation Index A Meta-Ana
         lysis Metabolic syndrome hypertension and hyperglycemia were positively associated with knee osteoarthritis while dyslipidemia show

In [15]: len(text_TI)

Out[15]: 240137
```

对于上述文本中词频计数，有两种方式，一种是直接进行所需内容的计数，还有一种是按照空格分隔后进行内容的计数。前者是只要包含查找内容即算一次成功的匹配，而后者需要完全相同才算一次成功的匹配。代码及输出结果如下。

```
In [16]: s = 'a b a b a'
         print('文本中含有a元素的个数：', s.count('a'))
         print('文本中含有b元素的个数：', s.count('b'))

         文本中含有a元素的个数： 3
         文本中含有b元素的个数： 2

In [17]: s.split().count('a')

Out[17]: 3
```

在真实数据的处理过程中，往往会遇到文献数据出现的格式问题，即按照这两种计数方式得到不同的结果。对此，可以借助计算差异得知具体文献格式出错的位置，从而定位到该条错误文献所在的文件以及文件中的行数，后续可根据研究的需要进行文献格式修改。比如，对医学文献标题中常出现的 meta-analysis 进行词频计数，两种计数方式输出结果不一致。

```
In [18]: text_TI.split().count('meta-analysis')

Out[18]: 1157

In [19]: text_TI.count('meta-analysis')
         #具体什么原因导致的？

Out[19]: 1158
```

采用二分法进行差异位置的查找。具体实现原理：通过二分法划分字符提取的区间，如果要查找的内容使用两种方法得到的结果一致，说明差异在另一个区间，此时在另一个空间继续执行二分法查找指定内容，依次往后，直至查找的区间满足给定的阈值范围（比如本次给定的是500个字符长度）。

```
In [20]:    #15w字往后一致，说明差异在0-15w之间
            text_TI[150000:].count('meta-analysis'), text_TI[150000:].split().count('meta-analysis')
Out[20]:    (445, 445)

In [21]:    #说明是在7.5-15w字符之间出现差异
            text_TI[0:75000].count('meta-analysis'), text_TI[0:75000].split().count('meta-analysis')
Out[21]:    (354, 354)

In [22]:    #说明问题就出在7.5w-11w字符之间
            text_TI[75000:110000].count('meta-analysis'), text_TI[75000:110000].split().count('meta-analysis')
Out[22]:    (162, 161)

In [23]:    #说明是在9-11w之间出现差异
            text_TI[75000:90000].count('meta-analysis'), text_TI[75000:90000].split().count('meta-analysis')
Out[23]:    (69, 69)

In [24]:    #范围缩小到10w-11w只有1w字符的区间
            text_TI[90000:100000].count('meta-analysis'), text_TI[90000:100000].split().count('meta-analysis')
Out[24]:    (47, 47)

In [25]:    # 说明是在10.5-11w这5000字之间出现差异
            text_TI[100000:105000].count('meta-analysis'), text_TI[100000:105000].split().count('meta-analysis')
Out[25]:    (28, 28)

In [26]:    #锁定在10.5w-10.75w这2500个字符中
            text_TI[105000:107500].count('meta-analysis'), text_TI[105000:107500].split().count('meta-analysis')
Out[26]:    (6, 5)

In [27]:    text_TI[105000:106000].count('meta-analysis'), text_TI[105000:106000].split().count('meta-analysis')
Out[27]:    (2, 2)

In [28]:    text_TI[106000:106500].count('meta-analysis'), text_TI[106000:106500].split().count('meta-analysis')
Out[28]:    (0, 0)

In [29]:    text_TI[106500:107000].count('meta-analysis'), text_TI[106500:107000].split().count('meta-analysis')
            #差异就出现在这500字
Out[29]:    (3, 2)
```

以上是通过手动设置范围进行二分法查找差异区间，最终得到的差异区间是在 106 500 到 107 000 数据长度区间内。单独提取这部分区间的文本数据，并进行两种方式计数输出结果对比，最终发现读入的文献格式中把 meta–analysis 和 of 合并在一起。

```
In [30]: text_TI[106500:107000]
         #锁定在最后500字
```

```
Out[30]: 'tion a meta-analysisof cross-section studies Effect of Resistance Training on Arterial Stiffness in Healthy Subjects A Systematic Review
         and Meta-Analysis Association between ApoE polymorphism and hypertension A meta-analysis of 28 studies including 5898 cases and 7518 cont
         rols Metabolomics for prediction of hypertension in pregnancy a systematic review and meta-analysis protocol Characteristics and Outcomes
         of Pulmonary Angioplasty With or Without Stenting for Sarcoidosis-Associated Pulmonary H'
```

```
In [31]: demo = text_TI[106500:107000]
```

```
In [32]: demo.count('meta-analysis')
```

```
Out[32]: 3
```

```
In [33]: demo.split().count('meta-analysis')
```

```
Out[33]: 2
```

```
In [34]: print(demo.split())
         #终于找到原因了, 就是这里出现了of
```

```
['tion', 'a', 'meta-analysisof', 'cross-section', 'studies', 'Effect', 'of', 'Resistance', 'Training', 'on', 'Arterial', 'Stiffness', 'i
n', 'Healthy', 'Subjects', 'A', 'Systematic', 'Review', 'and', 'Meta-Analysis', 'Association', 'between', 'ApoE', 'polymorphism', 'and', 'fo
'hypertension', 'A', 'meta-analysis', 'of', '28', 'studies', 'including', '5898', 'cases', 'and', '7518', 'controls', 'Metabolomics', 'fo
r', 'prediction', 'of', 'hypertension', 'in', 'pregnancy', 'a', 'systematic', 'review', 'and', 'meta-analysis', 'protocol', 'Characterist
ics', 'and', 'Outcomes', 'of', 'Pulmonary', 'Angioplasty', 'With', 'or', 'Without', 'Stenting', 'for', 'Sarcoidosis-Associated', 'Pulmona
ry', 'H']
```

进一步，需要核实错误。借助该问题单词附近的单词进行原文献标题的查找，输出的结果中发现确实是文献下载后已经存在格式问题，不属于人为操作处理出错。

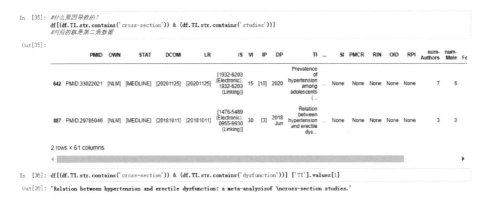

```
In [35]: #什么原因导致的?
         df[(df.TI.str.contains('cross-section')) & (df.TI.str.contains('studies'))]
         #对应的就是第二条数据
```

```
In [36]: df[(df.TI.str.contains('cross-section')) & (df.TI.str.contains('dysfunction'))]['TI'].values[1]
```

```
Out[36]: 'Relation between hypertension and erectile dysfunction: a meta-analysisof \ncross-section studies.'
```

由于同一个单词会根据出现在文献中的位置不同呈现出大小写的区别，也可以借助两种计数方式统计 Meta-analysis 和 Meta-Analysis 单词出现的频数，以方便后续进行词频计数的合并。

```
In [37]: text_TI.count('Meta-analysis'), text_TI.split().count('Meta-analysis')
```

```
Out[37]: (134, 134)
```

```
In [38]: text_TI.count('Meta-Analysis'), text_TI.split().count('Meta-Analysis')
         #综上: 因为文献导出来的格式上出现问题, 属于极少数的情况, 只有一条文献数据出现这个问题
```

```
Out[38]: (222, 222)
```

　　为方便差异区间的查找，封装一个二分法的函数，调用中只需要传入文本数据、要查找的内容与差异区间的阈值三个参数即可，其中第三个参数数值默认是500。使用此函数对文献标题中 meta-analysis 内容进行差异区间的定位，输出的差异区间为 106 468 到 106 937 数据长度，该区间与手动二分法查找的区间基本一致。

```
In [39]: import math

         def find_difference(txt, content, threld_num=500):
             right_len = len(txt)
             left_len = 0
             txt_count = txt[left_len:right_len].count(content)
             ls_count = txt[left_len:right_len].split().count(content)
             if txt_count == ls_count:
                 print('两种方式查找结果一致')
             else:
                 threld = right_len - left_len
                 while threld > threld_num:
                     minddle_len = math.ceil((left_len+right_len)/2)

                     txt_count_left = txt[left_len:minddle_len].count(content)
                     ls_count_left = txt[left_len:minddle_len].split().count(content)

                     txt_count_right = txt[minddle_len:right_len].count(content)
                     ls_count_right = txt[minddle_len:right_len].split().count(content)

                     if txt_count_left != ls_count_left:
                         right_len = minddle_len
                     else:
                         left_len = minddle_len

                     threld = right_len - left_len
                 return f'差异的区间在：{left_len}:{right_len}'
```

```
In [40]: find_difference(text_TI,'meta-analysis')
Out[40]: '差异的区间在：106468:106937'
```

```
In [41]: text_TI[106468:106937]
Out[41]: 'ypertension and erectile dysfunction a meta-analysisof cross-section studies Effect of Resistance Training on Arterial Stiffness in Heal
         thy Subjects A Systematic Review and Meta-Analysis Association between ApoE polymorphism and hypertension A meta-analysis of 28 studies i
         ncluding 5898 cases and 7518 controls Metabolomics for prediction of hypertension in pregnancy a systematic review and meta-analysis prot
         ocol Characteristics and Outcomes of Pulmonary Angioplasty '
```

　　此外，除了 meta-analysis 词汇，还可以核实一下其他的高频词。比如Review，使用两种方式计数出现了 3 个不同计数的差异，核实后发现是属于单词复数变化的结果，review 词汇统计的差异也是同理。但是，使用前面封装好的二分法函数只能进行出现第一次差异的查找，无法获取全部差异的定位区间。

```
In [42]: #除了Meta-analysis关键词，还可以核实一下其他的高频词，比如Review，这里出现三个不同
         text_TI.count('Review'),text_TI.split().count('Review')
Out[42]: (215, 212)
```

```
In [43]: import re

         for i in re.findall('(Review\w+ )',text_TI):
             print(i)
         #问题就出现在这里，少的三个属于是没有添加复数形式

         Reviews
         Reviews
         Reviews
```

```
In  [44]: text_TI.count('review'), text_TI.split().count('review')

Out[44]: (717, 713)
```

```
In  [45]: for i in re.findall('(review\w+ )', text_TI):
              print(i)
          #同样也是因为复数的关系

          reviews
          reviews
          reviews
          reviews
```

```
In  [46]: find_difference(text_TI, 'review')

Out[46]: '差异的区间在：9381:9850'
```

因此，可以借鉴此处起始字符相同的匹配查找方式，重新编写一个按照正则匹配差异区间的查找函数。匹配模式的核心部分：{} 中是查找的差异内容，\w+ 表示要查找内容之后可以是任意字母，最后有一个空格表示匹配结束在下一单词前（因为文献中的单词都是以空格分隔）。在设置输出差异区间时，还需要考虑到差异区间范围中左侧不应小于文本开始的位置，也是 0，右侧的范围不应超过文本数据的长度，即 len(txt)。

```
In  [47]: import re
          def re_find_difference(txt, content, zone_range=50):
              result = re.findall(r'({}\w+ )'.format(content), txt)
              i = 0
              for r in result:
                  index_num = txt.index(r, i)
                  i = index_num + 1

                  if index_num - zone_range < 0:
                      left_len = 0
                      right_len = index_num + zone_range
                  elif index_num + zone_range > len(txt):
                      left_len = index_num - zone_range
                      right_len = len(txt)
                  else:
                      left_len = index_num - zone_range
                      right_len = index_num + zone_range

                  print(f'差异值为: {r} \n差异的区间在: {left_len}:{right_len} \n')
```

调用此函数，对 review，meta-analysis 词汇进行差异区间查询，并对其中的 meta-analysis 差异区间输出进行核实。

```
In [48]: re_find_difference(text_TI,'review')
```

差异值为: reviews
差异的区间在: 9544:9644

差异值为: reviews
差异的区间在: 76745:76845

差异值为: reviews
差异的区间在: 110167:110267

差异值为: reviews
差异的区间在: 130400:130500

```
In [49]: re_find_difference(text_TI,'meta-analysis')
```

差异值为: meta-analysisof
差异的区间在: 106457:106557

```
In [50]: text_TI[106457:106557]
```

Out[50]: 'n between hypertension and erectile dysfunction a meta-analysisof cross-section studies Effect of Re'

最后可结合 Record 对象中的 sourceFile 和 sourceLine 属性，获取出错格式文献所在的文件以及所在的行数。

```
In [51]: for R in RC:
             if 'meta-analysisof' in str(R):
                 print(R)
                 print(R.sourceFile)
                 print(R.sourceLine)
```

MedlineRecord(Relation between hypertension and erectile dysfunction: a meta-analysisof
cross-section studies.)
D:\python科学计量可视化\数据\Demo data\Python-PubMed\pubmed-Hypertensi-set.txt
118426

打开对应路径下文献数据文件，找到指定行数，核实结果无误。

d）标题、摘要、标题和摘要文本分词频数统计及词云图展示（全部年份和指定年份）。

以上内容属于利用两种计数方法的计算差异对文献数据格式进行勘误。而在文本数据计数时，为避免引入噪音数据，不按照第一种方式进行存在即匹配，而往往采取第二种方式，即文本数据按照空格分隔后单词完全相同的匹配模式。

对于文本数据分隔后的数据，不需要我们再写函数进行统计，可以直接调用 Python 中的 collections 模块下的计数函数 Counter，传入要进行统计的分隔后数据，借助 most_common 函数，按照单词计数的多少进行降序输出。meta-analysis 和 review 等词的频数统计结果核实无误，但是发现文本分词后出现很多无实义的单词，比如 of、and、in、a 等词，因此，需要寻找办法将这些无实义单词去除，只保留实义单词。

```
In [52]: from collections import Counter
         Counter(text_TI.split()).most_common()
         #meta-analysis分割后就是1157，review是713，Review是212

Out[52]: [('of', 2096),
          ('and', 2047),
          ('meta-analysis', 1157),
          ('in', 992),
          ('a', 832),
          ('hypertension', 721),
          ('review', 713),
          ('systematic', 666),
          ('A', 620),
          ('with', 503),
          ('the', 460),
          ('pressure', 414),
          ('for', 411),
          ('on', 380),
          ('blood', 377),
          ('risk', 281),
          ('patients', 263),
          ('Systematic', 236),
          ('Meta-Analysis', 222),
```

cntext 模块中包含一个 term_freq 函数，可以对文本数据进行词频统计（中文和英文文本数据均适用，其中通过指定 lang 参数为 'english' 即是处理英文文本数据，参数为 'chinese' 即是处理中文文本数据），自动加载停用词词典（包含无实义词、标点符号等），最终输出的结果是实义单词的词频计数结果。而且，term_freq 函数是基于 Counter 函数的，统计的结果也可以借助 most_common 函数按照单词计数的多少进行降序输出，比如下方输出词频数量前 20 的实义单词和对应的词频。此外，统计的结果会忽略单词大小写，调用该函数执行后，相当于自动完成同一个单词大小写状态下计数的合并汇总。

```
In [53]: ct.term_freq(text=text_TI, lang='english').most_common(20)
```

```
Out[53]: [('meta-analysis', 1512),
          ('review', 925),
          ('systematic', 897),
          ('hypertension', 896),
          ('blood', 550),
          ('pressure', 533),
          ('risk', 369),
          ('patients', 346),
          ('trials', 278),
          ('randomized', 217),
          ('association', 183),
          ('studies', 179),
          ('pulmonary', 178),
          ('controlled', 170),
          ('effect', 165),
          ('effects', 163),
          ('cardiovascular', 156),
          ('disease', 154),
          ('hypertensive', 151),
          ('treatment', 123)]
```

对 term_freq 函数进行词汇频数统计结果核实。前面对文本中的 meta-analysis 单词的不同形式进行计数，meta-analysis，Meta-analysis 以及 Meta-Analysis 计数分别为 1 157、134 和 222，汇总合计为 1 513，meta-analysis 单词词频统计正确率为 99.93%；review 单词的不同形式包含 review，Review，两者的计数分别为 713 和 212，汇总合计为 925，review 单词词频统计正确率为 100%（也可以对其他的单词进行验证）。因此，使用该函数进行核心词词频统计的结果满足使用需求，但需要注意的是，单词的单复数形式没有办法进行识别，比如输出的 effect 和 effects 结果，此处需要进一步处理。这里提供一种处理思路，即借助字典的 get 方法，根据键进行取值，获得结果后根据需求决定最后展示时是否将同一单词的单复数进行合并汇总。

```
In [54]: result = ct.term_freq(text=text_TI, lang='english')
         result.get('effect')
```

```
Out[54]: 165
```

```
In [55]: result.get('effects')
```

```
Out[55]: 163
```

```
In [56]: result.get('review')
```

```
Out[56]: 925
```

```
In [57]: result.get('reviews')
```

```
Out[57]: 7
```

除了默认指定全部年份的数据外，往往还会有探究最近时间内发表文章标题的核心词的需求，从而获取研究热点问题。DP 字段表示 DatePublication，即文献出版的日期，但是字段中的日期数据格式不一致，无法精确到月份。由于文献都存在发表的年份，因此，可以按照数据的前四个字符进行出版年份信息的提取。

```
In [58]: for i in df['DP']:
             print(i)

2012 Nov
2011
2015 Nov
2018 Oct 1
2012 Nov
2019 Oct
2019
2020 May 30
2020 Oct
2016 Apr
2017 Aug 4
2015 Jan 15
2013 Jul-Aug
2011 Aug 10
2013 Apr
2015 Jul
2017 Jan 1
2019 May
2011 Apr
```

```
In [59]: df['DP'].info()
<class 'pandas.core.series.Series'>
RangeIndex: 2000 entries, 0 to 1999
Series name: DP
Non-Null Count  Dtype
--------------  -----
2000 non-null   object
dtypes: object(1)
memory usage: 15.8+ KB
```

```
In [60]: df['DP'].apply(lambda x:int(str(x)[:4]))
         #需要提取前四个字符
Out[60]: 0       2012
         1       2011
         2       2015
         3       2018
         4       2012
                 ...
         1995    2020
         1996    2019
         1997    2011
         1998    2019
         1999    2020
         Name: DP, Length: 2000, dtype: int64
```

最后结合前面的数据处理过程及词云图的绘制方法，将整个文本分词的处理过程封装为 term_freq_by_text() 函数，具体的函数代码内容如下：

```
In [61]: def term_freq_by_text(df, year='all', mode = 'TI',
                     lang = 'english', most_common_num=15,
                     output_figure = False):

             if isinstance(year, int):
                 df['DP'] = df['DP'].apply(lambda x:int(str(x)[:4]))
                 df_year = df[df['DP']==year]
             else:
                 df_year = df

             if mode in ['TI+AB','AB+TI']:
                 df_year[mode] = df_year['AB'].map(str) + ' ' + df_year['TI'].map(str)

             text = ''
             filter_ls = ['\n',',','.',':','=','(',')','[',']']
             for i in df_year[mode].dropna():
                 for j in i:
                     if j in filter_ls:
                         i = i.replace(j,'')
                 text+=f'{i} '
             words = ct.term_freq(text=text, lang=lang).most_common(most_common_num)

             if output_figure:
                 from pyecharts import options as opts
                 from pyecharts.charts import WordCloud
                 from pyecharts.globals import SymbolType

                 c = (
                     WordCloud()
                     .add(f"{mode}", words, word_size_range=[20, 100], shape=SymbolType.DIAMOND)
                     .set_global_opts(title_opts=opts.TitleOpts(title=f"{mode}", pos_left='center'))
                 )
                 return words, c
             else:
                 return words
```

方法中具体参数的介绍：

- df 参数表示读入的 DataFrame 文献数据集，为必传参数；

- year 参数默认指定为全部年份数据集，可以通过指定年份的数值获取对应年份的数据集；

- mode 参数默认指定处理 TI（标题）文本数据，此外也可以处理其他字段中的文本数据，如果指定为 'TI+AB' 或者 'AB+TI'，会把 TI（标题）字段和 AB（摘要）字段中逐行对应的文本数据进行合并，从而探究出现在标题和摘要中的核心词频数；

- lang 参数默认进行英文文献文本分词，也可指定为 'chinese' 进行中文文本分词；

- most_common_num 参数默认是输出最多频次排序的前 15 个词汇统计结果；

- output_figure 参数默认不输出词云图，如果赋值为 True，调用函数会返回两个结果，第一个是频数统计结果，第二个是依据频数统计结果展示的词云图。

比如，只传递一个 df 参数，最终返回结果即为对标题字段文本分词后高频词汇的前 15 个单词及统计的对应词频。通过改变 mode 参数的赋值，可以实现对标题、摘要、标题和摘要中高频核心词词频信息的提取。进一步对标题和摘要中的核心词数据核实，标题中单词 hypertension 出现 896 次，摘要中出现 4 567 次，合计汇总 5 463 次，与标题和摘要中的单词频次统计结果一致；同样标题中单词 studies 出现 179 次，摘要中出现 6 863 次，标题和摘要中的该单词频数与前两者的合计汇总相同，依次可以核对剩下的单词频数，均正常无误。

```
In [62]: term_freq_by_text(df)
         #对标题进行频次统计

Out[62]: [('meta-analysis', 1512),
          ('review', 925),
          ('systematic', 897),
          ('hypertension', 896),
          ('blood', 550),
          ('pressure', 533),
          ('risk', 369),
          ('patients', 346),
          ('trials', 278),
          ('randomized', 217),
          ('association', 183),
          ('studies', 179),
          ('pulmonary', 178),
          ('controlled', 170),
          ('effect', 165)]
```

```
In [63]: term_freq_by_text(df, mode = 'AB')
         #对摘要进行频次统计

Out[63]: [('95%', 5258),
          ('studies', 4863),
          ('hypertension', 4567),
          ('ci', 4510),
          ('risk', 3775),
          ('patients', 3263),
          ('blood', 2946),
          ('pressure', 2923),
          ('trials', 2473),
          ('meta-analysis', 2438),
          ('bp', 2353),
          ('results', 2223),
          ('included', 1897),
          ('', 1813),
          ('data', 1671)]
```

```
In [64]: term_freq_by_text(df, mode = 'AB+TI')
         #对摘要和关键词进行频数统计

Out[64]: [('hypertension', 5463),
          ('95%', 5258),
          ('studies', 5042),
          ('ci', 4510),
          ('risk', 4144),
          ('meta-analysis', 3950),
          ('patients', 3609),
          ('blood', 3496),
          ('pressure', 3456),
          ('trials', 2751),
          ('bp', 2357),
          ('results', 2235),
          ('review', 2218),
          ('included', 1898),
          ('systematic', 1850)]
```

通过传入 year 参数，获取指定年份的核心词汇信息。比如，获取 2021 年文献标题中的高频词汇。搭配 most_common_num 参数实现指定数量的高频词汇输出，搭配 mode 参数实现摘要中核心词频的获取；output_figure 参数指定为 True 后，借助返回的第一个变量输出可得到绘制词云图所需的词频信息。

```
In [65]: term_freq_by_text(df, year=2021, most_common_num=20)

Out[65]: [('meta-analysis', 42),
          ('systematic', 29),
          ('review', 29),
          ('hypertension', 19),
          ('pressure', 16),
          ('blood', 15),
          ('risk', 10),
          ('patients', 9),
          ('pulmonary', 7),
          ('clinical', 6),
          ('randomized', 6),
          ('trials', 6),
          ('association', 6),
          ('studies', 5),
          ('mortality', 5),
          ('effects', 5),
          ('covid-19', 5),
          ('outcomes', 5),
          ('disease', 4),
          ('diabetes', 4)]
```

```
In [66]: term_freq_by_text(df, year=2021, mode='AB', most_common_num=20, output_figure=True)[0]

Out[66]: [('studies', 130),
          ('hypertension', 111),
          ('patients', 106),
          ('95%', 106),
          ('ci', 99),
          ('risk', 84),
          ('blood', 75),
          ('pressure', 75),
          ('results', 65),
          ('meta-analysis', 64),
          ('included', 50),
          ('bp', 49),
          ('covid-19', 46),
          ('study', 42),
          ('pooled', 40),
          ('analysis', 37),
          ('trials', 37),
          ('clinical', 36),
          ('effects', 36),
          ('significant', 34)]
```

借助返回的第二个变量输出，可以直接将词云图内嵌到当前的 notebook 中。

```
In [67]: term_freq_by_text(df,year=2021,mode='AB',most_common_num=40,output_figure=True)[1].render_notebook()
Out[67]:
```

AB

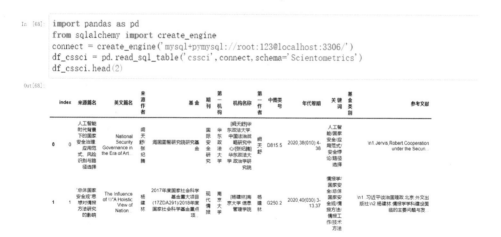

（2）CSSCI 中文文献数据分析。

从数据库中加载 CSSCI 中文文献数据（也可以使用第四章封装的 cssci_to_df() 函数，从本地文件中读取数据），为观察方便，只显示前两行文献记录。

```
In [68]: import pandas as pd
         from sqlalchemy import create_engine
         connect = create_engine('mysql+pymysql://root:123@localhost:3306/')
         df_cssci = pd.read_sql_table('cssci',connect,schema='Scientometrics')
         df_cssci.head(2)
```

Out[68]:

	index	来源篇名	英文篇名	来源作者	基金	期刊	第一机构	机构名称	第一作者	中图类号	年代卷期	关键词	基金类别	参考文献
0	0	人工智能时代背景下的国家安全治理：应用范式、风险识别与路径选择	National Security Governance in the Era of Art...	阙天舒、张纪腾	海国图智研究院研究基金	国际安全研究	华东政法大学	[阙天舒]华东政法大学中国法治战略研究中心[张纪腾]华东政法大学政治学研究院	阙天舒	D815.5	2020,38(010).4-38	人工智能安全/应用范式/安全悖论/路径选择		\n1.Jervis,Robert.Cooperation under the Secun...
1	1	"总体国家安全观"意涵对情报观念对情报方法研究的影响	The Influence of \\"A Holistic View of Nation...	杨建林	2017年度国家社会科学基金重大项目(17ZDA291)/2018年度国家社会科学基金重点项目	现代情报	南京大学	[杨建林]南京大学信息管理学院	杨建林	G250.2	2020,40(030).3-13,37	情报学/国家安全/总体国家安全观/情报方法/情报工作技术方法		\n1.习近平谈治国理政.北京:外文出版社\n2.杨建林.情报学学科建设值的主要问题与发...

有了前面英文文献数据的处理分析基础，中文文献数据的操作相对简单，只需要把 lang 参数赋值为 'chinese' 。留意此处 mode 参数的赋值，只要是对应的字段是文本数据，均可以传入，并不是只限制于 AB 和 TI 字段。

```
In [69]: term_freq_by_text(df_cssci,mode = '来源篇名',lang='chinese',most_common_num=30,output_figure=True)[0]

Building prefix dict from the default dictionary ...
Loading model from cache C:\Users\86177\AppData\Local\Temp\jieba.cache
Loading model cost 0.726 seconds.
Prefix dict has been built successfully.
```

```
Out[69]: [('国家', 850),        ('我国', 43),
          ('安全', 777),        ('制度', 43),
          ('战略', 152),        ('体系', 40),
          ('中国', 145),        ('发展', 36),
          ('美国', 140),        ('国际', 35),
          ('安全观', 131),       ('情报', 33),
          ('总体', 95),         ('时代', 32),
          ('研究', 90),         ('政策', 31),
          ('新', 62),          ('理论', 28),
          ('问题', 57),         ('思想', 27),
          ('审查', 52),         ('建设', 25),
          ('视角', 52),         ('教育', 24),
          ('影响', 48),         ('思考', 23),
          ('分析', 45),         ('经济', 23),
          ('治理', 43),         ('利益', 22)]
```

绘制词云图结果如下：

```
In [70]: term_freq_by_text(df_cssci,mode = '来源篇名',lang='chinese',most_common_num=30,output_figure=True)[1].render_notebook()
```

Out[70]:

在 CSSCI 中文文献数据中，并没有摘要字段，因此为展示提取中文文献标题和摘要中的核心词的操作，需要从数据库中提取 CNKI 中文文献数据。也是只展示前两行文献记录。

```
In [71]: df_cnki = pd.read_sql_table('cnki',connect,schema='Scientometrics')
         df_cnki.head(2)
```

Out[71]:

Reference Type	Auhor	Author Address	Title	Journal Name	Keywords	Abstract	Pages	ISBN/ISSN	Notes	URL
Journal Article	张正鹃黄宏杰王博杰缦亚海曲涵嵘东献李蔡普满李靖	北京中医药大学东直门医院中国科学院中医药信息研究所北京中医药大学东方医院广西壮族自...	基于VOSviewer和CiteSpace的白芍总苷研究热点可视化分析	中国中医药信息杂志	白芍总苷;VOSviewer;CiteSpace;可视化分析	目的分析白芍总苷研究现状和热点,为白芍总苷研究的临床应用提供参考。方法计算机检索中国知识资源总库...	1-7	1005-5304	11-3519/R	https://kns.cnki.net/kcms/detail/11.3519.R.202...
Journal Article	党真杨明义张加琼	中国科学院水利部水土保持研究所黄土高原土壤侵蚀与旱地农业国家重点实验室;中国科学院大学;西北...	基于文献计量学分析沙黄源研究进展与热点	水土保持研究	泥沙来源;土壤侵蚀;可视化分析;CiteSpace;聚合核识别	明确流域侵蚀泥沙区域泥沙来源对揭示水土保持科学布局有着重要意义。为了更好地掌握泥沙来源研究的发展动态...	1-8	1005-3409	61-1272/P	https://kns.cnki.net/kcms/detail/61.1272.P.202... 10.13...

对于 CNKI 文献中的摘要进行词频统计，只需要把摘要的对应字段传入 mode 参数中。

```
In [72]: term_freq_by_text(df_cnki,mode = 'Abstract',lang='chinese',most_common_num=30,output_figure=True)[0]
Out[72]: [('研究', 14569),      ('方法', 1290),
          ('文献', 3960),       ('发文', 1198),
          ('分析', 3485),       ('作者', 1191),
          ('领域', 3188),       ('核心', 1134),
          ('热点', 2774),       ('我国', 1111),
          ('进行', 2255),       ('数据库', 1103),
          ('发展', 2095),       ('合作', 1088),
          ('机构', 1608),       ('软件', 1075),
          ('可视化', 1519),     ('前沿', 1052),
          ('相关', 1451),       ('期刊', 1041),
          ('主要', 1448),       ('趋势', 1031),
          ('图谱', 1406),       ('篇', 990),
          ('关键词', 1390),     ('方面', 980),
          ('中国', 1342),       ('国内', 933),
          ('知识', 1319),       ('主题', 914)]
```

对于标题和摘要中核心词的词频统计，需要把两者对应字段名称修改为 TI 和 AB 之后再传入 mode 参数。

```
In [73]: #如果要统计中文中摘要和标题中的关键词频，只需要将摘要和标题的字段名称修改一下即可
         df_cnki['AB'] = df_cnki['Abstract']
         df_cnki['TI'] = df_cnki['Title']
```

```
In [74]: term_freq_by_text(df_cnki,mode = 'AB+TI',lang='chinese',most_common_num=30,output_figure=True)[1].render_notebook()
Out[74]:
```

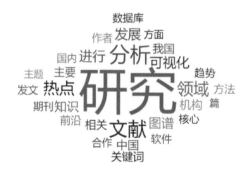

7.2.2　中英文文献标题及摘要可读性指标分析与可视化

新建一个 Python3 文件，导入需要使用的 Python 模块，并将程序连接到 Mysql 数据库（也可以按照 4.4 章节进行本地文献数据的读取）。分别读入 CNKI 和 Scopus 文献数据，为方便阅读，只显示前两行记录。

```
In [3]: df_cnki = pd.read_sql_table('cnki',connect,schema='Scientometrics')
        df_cnki.head(2)
```

Out[3]:

	index	Reference Type	Auhor	Author Address	Title	Journal Name	Keywords	Abstract	Pages	ISBN/ISSN	Notes	U
0	0	Journal Article	张正 缐,高 安杰, 王梅 杰,程 曲涛 顺,张 献之, 廖亭 瀛,亭 靖	北京中医 药大学东 直门医 院,中国 中医科学 院中医药 信息研究 所,北京 中医药大 学东方医 院,广西 壮族自	基于 VOSviewer 和 CiteSpace 的白芍总 苷研究热 点可 视化分析	中国中 医药信 息杂志	白芍总 苷;VOSviewer;CiteSpace; 可视化分析	目的分析 白芍总苷 研究现状 及热点, 为白芍总 苷研究及 应用提供 参考,方 法计算机 检索中国 知网中国 生物医 学...	1-7	1005-5304	11- 3519/R	https://kns.cnki.net/kcms/detail/11.3519.R.20
1	1	Journal Article	宽真, 杨明 义,张 加琼	中国科学 院水利部 水土保持 研究所, 土壤侵 蚀与旱 地农业 国家重点 实验室, 中国科学 院大学, 西北...	基于文献计 量学分析沙 尘来源研究 进展与热点	水土 保持研究	泥沙来源;土壤侵蚀;可视 化分析;CiteSpace;聚省调 纹识别	明确流域 或区域泥 沙源对 水土保持 措施科学 布局有重 要意义。 为了更好 地来懂泥 沙来源研 究的发展 动态...	1-6	1005-3409	61- 1272/P	https://kns.cnki.net/kcms/detail/61.1272.P.20

```
In [4]: df_scopus = pd.read_sql_table('scopus',connect,schema='Scientometrics')
        df_scopus.head(2)
```

Out[4]:

	index	Authors	Author(s) ID	Title	Year	Source title	Volume	Issue	Art. No.	Page start	...	ISBN	CODEN	PubMed ID	Language of Original Document	Abbreviated Source Title
0	0	Galickas D., Flaherty G.T.	57420732500;6603837153;	Is there an association between article citati...	2021	Journal of travel medicine	28	8	None	None	...	None	None	34414442.0	English	J Travel Med
1	1	Yan W., Zhang Y.	56306725200;57200294189,	Participation, academic influences and interac...	2021	Canadian Journal of Information and Library Sc...	44	2-3	None	31	...	None	None	NaN	English	Can. J. Inf. Libr. Sci

（1）文本可读性指标原理以及计算流程。句子可读性的评估借助 cntext 模块下面的 readability 函数完成。对于中英文献，可读性指标的计算公式不同，其中，英文文献可读性指标 [1] 的计算公式为：

$$english\_readability = 4.71 \times (characters/words) +$$

$$0.5 \times (words/sentences) - 21.43$$

中文文献的可读性指标 [2] 有三个，计算公式为：

readability1 ——每个分句中的平均字数；

readability2 ——每个句子中副词和连词所占的比例；

readability3 ——参考 Fog Index， readability3=(readability1+readability2)/2。

下面先用示例介绍 readability 函数计算的原理，理解输出结果，随后再应用

[1] ZHANG B H. Analysis of text readability of college english course books[J]. Open Access Library Journal, 2021, 8: 1–14.

[2] 徐巍,姚振晔,陈冬华.中文年报可读性：衡量与检验[J].会计研究,2021(3):28–44.

于文献数据处理分析。英文句子为："Shanghai Maritime University is a university with shipping, logistics and maritime characteristics. I really like this place." 中文句子为："上海海事大学是一所具有航运、物流、海洋特色专业的高校。我很是喜欢这里。"句子可读性指标求解代码及输出结果如下。

```
In [5]: text1 = 'Shanghai Maritime University is a university with shipping, logistics and maritime characteristics. I really like this place.'
        ct.readability(text=text1, lang='english')

Out[5]: {'readability': 15.778333333333336}

In [6]: text2 = '上海海事大学是一所具有航运、物流、海洋特色的高校。我很是喜欢这里。'

        ct.readability(text=text2, lang='chinese')

        Building prefix dict from the default dictionary ...
        Loading model from cache C:\Users\86177\AppData\Local\Temp\jieba.cache
        Loading model cost 0.655 seconds.
        Prefix dict has been built successfully.

Out[6]: {'readability1': 16.0,
         'readability2': 0.17619047619047618,
         'readability3': 8.088095238095239}
```

通过调用该函数的帮助文档，可以快速查看函数的理论依据和对应的参数解释。调用的方式是在英文输入法的 ? 后添加函数名后运行便会弹出函数的详细介绍。

```
In [7]: ?ct.readability
```

```
Signature: ct.readability(text, zh_advconj=None, lang='chinese')
Docstring:
text readability, the larger the indicator, the higher the complexity of the article and the worse the readability.
:param text: text string
:param zh_advconj Chinese conjunctions and adverbs, receive list data type. By default, the built-in dictionary of cntext is used
:param language: "chinese" or "english"; default is "chinese"
------------
【English readability】english_readability = 4.71 x (characters/words) + 0.5 x (words/sentences) - 21.43;
【Chinese readability】 Refer 【徐巍,姚振晔,陈冬华.中文年报可读性：衡量与检验[J].会计研究,2021(03):28-44.】
                readability1 ——每个分句中的平均字数
                readability2 ——每个句子中副词和连词所占的比例
                readability3 ——参考Fog Index，readability3=(readability1+readability2)×0.5
                以上三个指标越大，都说明文本的复杂程度越高，可读性越差。
File:       d:\miniconda\lib\site-packages\cntext\stats.py
Type:       function
```

前述公式介绍了中英文可读性指标的计算依据，函数调用后直接输出结果，但是并没有涉及计算流程，可通过修改函数中的源代码进行计算流程详细变量的输出以及结果的验证。首先针对英文文献，只需要统计文本数据中的句子数量、字符数量和单词个数即可（计算中的单词个数是在实际单词个数的基础上加1，目的是避免空句子或者是无法识别为句子时分母为 0 程序运行报错的现象，对于中文文献的单词个数也是同理），然后利用公式代入变量求解可读性指标。

```
In [8]:  def english_readability(text):
             text = text.lower()
             #将浮点数、整数替换为num
             text = re.sub('\d+\.\d+|\.\d+', 'num', text)
             num_of_characters = len(text)
             #英文分词
             rgx = re.compile("(?:(?:[^a-zA-Z]+')|(?:'[^a-zA-Z]+))|(?:[^a-zA-Z']+)")
             num_of_words = len(re.split(rgx, text))
             #分句
             num_of_sentences = len(re.split('(?<!\w\.\w.)(?<![A-Z][a-z]\.)(?<=\.|\?)\s', text))
             ari = (
                 4.71 * (num_of_characters / num_of_words)
                 + 0.5 * (num_of_words / num_of_sentences)
                 - 21.43
             )
             print('{}\n文本数据中的\n\n字符数：{}\n单词个数：{}\n句子个数：{}\n\n最终求解的可读性指标：{}'.
                   format(text,num_of_characters,num_of_words,num_of_sentences,ari))
```

```
In [9]:  english_readability(text1)

         shanghai maritime university is a university with shipping, logistics and maritime characteristics. 1 really like this place.
         文本数据中的

         字符数：125
         单词个数：18
         句子个数：2

         最终求解的可读性指标：15.778333333333336
```

```
In [10]:  4.71*(125/18)+0.5*(18/2)-21.43
Out[10]:  15.778333333333336
```

由于中文文献计算的可读性指标 2 中涉及中文的副词和连词，readability 函数针对这一指标添加了 zh_advconj 参数，该参数默认赋值为 None，表示程序运行是默认加载 cntext 模块中的中文副词和连词停用词词典。可以使用 ct.load_pkl_dict() 方法调用内置的停用词词典。

```
In [11]:  #加载中文副词和连词的 停用词
          ADV_words = ct.load_pkl_dict(file='ADV_CONJ.pkl')['ADV']
          CONJ_words = ct.load_pkl_dict(file='ADV_CONJ.pkl')['CONJ']
```

```
In [12]:  print('中文副词停用词列表：\n{}\n\n连词停用词列表：\n{}'.format(ADV_words,CONJ_words))

          中文副词停用词列表：
          ['都', '全', '单', '共', '光', '尽', '净', '仅', '就', '只', '一共', '一起', '一同', '一道', '一齐', '一概', '一味', '统统', '总共',
          '仅仅', '惟独', '可', '倒', '一定', '必定', '必然', '却', '就', '幸亏', '难道', '何尝', '偏偏', '索性', '简直', '反正', '多亏',
          '也许', '大约', '恐怕', '敢情', '不', '没', '没有', '别', '刚', '恰好', '正', '将', '老是', '总是', '早就', '已经', '正在', '立刻',
          '马上', '起初', '原先', '一向', '永远', '从来', '偶尔', '随时', '忽然', '很', '极', '最', '太', '更', '更加', '格外', '十分', '极其',
          '比较', '相当', '精微', '略微', '多么', '仿佛', '渐渐', '百般', '特地', '互相', '擅自', '几乎', '逐渐', '逐步', '猛然', '依然', '仍',
          '当然', '毅然', '果然', '差点儿']

          连词停用词列表：
          ['乃', '乍', '与', '无', '且', '不', '为', '共', '其', '况', '厥', '则', '那', '兼', '凭', '即', '却', '今', '以', '令', '会', '任',
          '但', '使', '便', '俏', '借', '俄', '俊', '单', '迨', '或', '若', '连', '迫', '将', '并', '且', '带', '句',
          '同', '向', '和', '唯', '嘻', '嘛', '宁', '如', '就', '抑', '浸', '纵', '维', '缘', '坐', '因', '惟', '既', '子', '寡', '然', '载',
          '旋', '或', '所', '既', '斯', '更', '是', '暨', '必', '忍', '总', '纵使', '纵然', '纵令', '再说', '虚词', '至于', '至若', '至乎',
          '如', '只有', '只要', '至乃', '致使', '自然', '再不', '于是乎', '又且', '又其', '因而', '因为', '以致', '以至', '是以',
          '是故', '以及', '以下', '以为', '虚字', '满儿', '勿然', '万一', '无论', '忘其', '亡其', '倘然', '倘使', '所以', '顺随', '庶几', '顺接',
          '是故', '是以', '甚至', '设或', '便乃', '便俄', '别管', '不', '不论', '不拘', '不问', '不但', '不过', '不管', '不',
          '料', '诚然', '词类', '除非', '但凡', '从而', '得到', '当使', '分句', '而亦', '而乃', '尔其', '而且', '反而', '而或', '否则', '固然',
          '故尔', '果然', '或曰', '或是', '或者', '何况', '及至', '及以', '既然', '即使', '譬如义', '加以', '加之', '尽管', '借加', '借令', '尽
          管', '借使', '就是', '可是', '况乎', '况于', '连绝', '况且', '哪怕', '乃至', '譬如', '不则', '不乃', '且夫', '然则', '然而', '任凭',
          '如其', '如果']
```

中文文献计算流程中的变量输出和结果验证，首先需要把副词和连词停用词词典进行集合去重，形成一个新的数据集；其次需要对中文的句子数量和句子中字数量进行统计；再次是对句子中的数据进行文本分词；接着是对分词计数，以及分词结果在内置副词和连词词典中的停用词进行计数；最后是利用得到的结果

生成中文文献可读性的三个指标结果。

```
In [13]: def chinese_readability(text):
             adv_conj_words = set(ADV_words + CONJ_words)
             zi_num_per_sent = []
             adv_conj_ratio_per_sent = []
             text_adv_conj =[]
             text = re.sub('\d+\.\d+|\.\d+', 'num', text)
             # 【分句】
             sentences = ct.stats.cn_seg_sent(text)
             for sent in sentences:
                 adv_conj_num = 0
                 zi_num_per_sent.append(len(sent))
                 words = list(jieba.cut(sent))
                 count = 0
                 item_adv_conj = []
                 for w in words:
                     if w in adv_conj_words:
                         adv_conj_num+=1
                         item_adv_conj.append(w)
                         text_adv_conj.extend(item_adv_conj)
                         count+=1
                 adv_conj_ratio_per_sent.append(adv_conj_num/(len(words)+1))
                 print('句子{}：{}\n共有字数：{}其中分词数量为：{}，具体为：{}\n副词和连词数量为：{}，具体为：{}\n'.
                     format(count,sent,len(sent),len(words),words,adv_conj_num,item_adv_conj))
             readability1 = np.mean(zi_num_per_sent)
             readability2 = np.mean(adv_conj_ratio_per_sent)
             readability3 = (readability1+readability2)*0.5
             print('-'*80)
             print('最终指标：\nreadability1:{}\treadability2:{}\treadability3:{}'.format(readability1,readability2,readability3))
```

```
In [14]: chinese_readability(text2)
         句子1：上海海事大学是一所具有航运、物流、海洋特色的高校
         共有字数：24
         其中分词数量为：14，具体为：['上海', '海事', '大学', '是', '一所', '具有', '航运', '、', '物流', '、', '海洋', '特色', '的', '高校']
         副词和连词数量为：1，具体为：['是']

         句子2：我很是喜欢这里
         共有字数：8
         其中分词数量为：6，具体为：['我', '很', '是', '喜欢', '这里', '。']
         副词和连词数量为：2，具体为：['很', '是']

         _____

         最终指标：
         readability1:16.0        readability2:0.17619047619047618        readability3:8.088095238095239
```

借助计算流程中输出的变量结果，进行中文指标的核验，手动计算结果无误。

```
In [15]: # readability1指标：两个句子，一个24字数，一个8字数，平均每句15.5个字数
         print((24+8)/2)
         # readability2指标：第一个句子中连词和副词1个，分词数量14个，第二个句子中连词和副词2个，分词数量6个
         print(((1/(14+1))+(2/(6+1)))/2)
         # readability3 指标：前面两指标求平均
         print((((24+8)/2) + (((1/(14+1))+(2/(6+1)))/2)) /2)

         16.0
         0.17619047619047618
         8.088095238095239
```

如果需要进行中文副词和连词的自定义或者扩充，可以修改 zh_advconj 参数。下面对于该参数的使用结合实例进行说明：

a) 当只传入一个空列表时，程序还是会按照内置的副词和连词停用词词典进行数据的处理；

b) 当传入的列表中的元素在句子的分词中时，程序会以传入的这个列表中的元素作为副词和连词的停用词词典，比如这里传入的"上海"是在第一句的分词结果中；

167

c) 当传入的列表中的元素不在句子的分词中时，此时计算的结果为 0，原因在于"上海海事大学"是一个词汇，与两字句子中的分词结果都不相匹配；

d) 可以将补充的副词和连词放在列表中扩充内置副词和连词停用词词典。添加的列表中的元素可能会与内置的副词和连词重复，借助集合去重后再以列表的方式进行传入。

```
In [16]: text2 = '上海海事大学是一所具有航运、物流、海洋特色的高校。 我很是喜欢这里。'
         ct.readability(text=text2, zh_advconj=[], lang='chinese')
Out[16]: {'readability1': 16.0,
          'readability2': 0.17619047619047618,
          'readability3': 8.088095238095239}

In [17]: ct.readability(text=text2, zh_advconj=['上海'], lang='chinese')
Out[17]: {'readability1': 16.0,
          'readability2': 0.03333333333333333,
          'readability3': 8.016666666666667}

In [18]: #核实无误
         (1/(14+1) + 0)/2
Out[18]: 0.03333333333333333

In [19]: ct.readability(text=text2, zh_advconj=['上海海事大学'], lang='chinese')
Out[19]: {'readability1': 16.0, 'readability2': 0.0, 'readability3': 8.0}

In [20]: ct.readability(text=text2, zh_advconj=list(set(ADV_words + CONJ_words+['上海'])), lang='chinese')
Out[20]: {'readability1': 16.0,
          'readability2': 0.2095238095238095,
          'readability3': 8.104761904761904}

In [21]: # 核实无误
         (2/(14+1) + +(2/(6+1)))/2
Out[21]: 0.2095238095238095
```

（2）中文文献标题及摘要可读性指标分析与可视化。文献数据分析之前，需要进行数据处理。首先借助数据集中的字段名称查询标题字段（Title）和摘要字段（Abstract）是否存在缺失值，由于有些数据的缺失并不是呈现出空值（比如后续的英文文献数据），所以按照出现的字符的数量进行判断，如果 Abstract 字段的长度小于 50，Title 字段的长度小于 5，则认为存在缺失值，实际输出中并未有查询结果输出，说明中文文献数据中预分析的两个字段无缺失值。

```
In [22]: df_cnki.columns
```

```
Out[22]: Index(['index', 'Reference Type', 'Auhor', 'Author Address', 'Title',
               'Journal Name', 'Keywords', 'Abstract', 'Pages', 'ISBN/ISSN', 'Notes',
               'URL', 'DOI', 'Database Provider', 'Year', 'Number (Issue)', 'Volume'],
              dtype='object')
```

```
In [23]: df_cnki[df_cnki['Abstract'].str.len()<=50]
         #可以确认中文文献中没有缺失摘要
```

Out[23]:

index	Reference Type	Auhor	Author Address	Title	Journal Name	Keywords	Abstract	Pages	ISBN/ISSN	Notes	URL	DOI	Database Provider	Year	Number (Issue)	Volume

```
In [24]: df_cnki[df_cnki['Title'].str.len()<=5]
```

Out[24]:

index	Reference Type	Auhor	Author Address	Title	Journal Name	Keywords	Abstract	Pages	ISBN/ISSN	Notes	URL	DOI	Database Provider	Year	Number (Issue)	Volume

由于收集的文献中论文所在的期刊类别较多，为更好地展示分析的结果，选择载文量最多的前十名期刊进行分析。

```
In [25]: df_cnki['Journal Name'].unique()
```

```
Out[25]: array(['中国中医药信息杂志', '水土保持研究', '华侨大学学报(哲学社会科学版)', '研究与发展管理',
               '内蒙古大学学报(自然科学版)', '中国老年学杂志', '西南民族大学学报(人文社会科学版)',
               '河南师范大学学报(哲学社会科学版)', '环境科学学报', '中国组织工程研究', '土壤通报', '中国健康心理学杂志',
               '干旱区资源与环境', '会计之友', '湖南大学学报(社会科学版)', '生态学报', '中国儿童保健杂志',
               '实验技术与管理', '护理研究', '外语教学理论与实践', '外国语文', '环境科学研究', '世界地理研究',
               '安全与环境学报', '食品科学', '科技管理研究', '草业学报', '世界科学技术-中医药现代化', '环境工程',
               '中国中药杂志', '中国科技期刊研究', '计算机工程', '中国科学院大学学报', '现代城市研究', '化学工业与工程',
               '中国现代应用药学', '中国骨质疏松杂志', '包装工程', '海南大学学报(人文社会科学版)', '时珍国医国药', '铁道科学与工程学报',
               '南水北调与水利科技(中英文)', '统计与信息论坛', '图书馆理论与实践', 'Chinese Journal of Structural Chemistry', '华中农业大学学报', '中国岩矢杂志',
               'Chinese Journal of Structural Chemistry', '华中农业大学学报', '中国岩矢杂志',
               '计算机工程与应用', '中国医院药学杂志', '中国农业资源与区划', '民俗研究', '消费经济', '中国医学科学院学报',
               '环境工程技术学报', '中国生物化学与分子生物学报', '西安建筑科技大学学报(自然科学版)', '现代化工', '金融发展研究',
               '经济地理', '现代预防医学', '护理学报', '高分子材料科学与工程', '管理案例研究与评论', '中国健康教育',
               '科研管理', '新闻爱好者', '测绘科学', '世界民族', '华中师范大学社会科学学报', '湖南师范大学社会科学学报',
               '物理教学', '消防科学与技术', '中国水土保持科学(中英文)', '生态经济', '草业科学', '图书馆工作与研究',
               '自然灾害学报', '地理科学', '土壤', '成人教育', '现代肿瘤医学', '民族学刊', '农业环境科学学报',
               '数字印刷', '医学与社会', '黑龙江高教研究', '生物医学工程学杂志', '极地研究', '干旱区地理', '比较教育研究',
               '新疆师范大学学报(哲学社会科学版)', '成都体育学院学报', '安全与环境工程', '皮革科学与工程', '西部林业科学',
               '肿瘤防治研究', '管理现代化', '江苏大学学报(社会科学版)', '中国农业大学学报', '社会建设',
```

```
In [26]: df_cnki['Journal Name'].value_counts()[:10]
```

```
Out[26]: 科技管理研究           59
         世界科学技术-中医药现代化  42
         现代情报           41
         情报杂志           34
         情报科学           33
         生态学报           25
         中国组织工程研究       23
         图书情报工作         23
         图书馆工作与研究       18
         图书馆            18
         Name: Journal Name, dtype: int64
```

借助读入的第一条文献记录标题进行测试，函数处理文本分词以及可读性指标均无误。

```
In [27]: s = '基于VOSviewer和CiteSpace的白芍总苷研究热点可视化分析'
         ct.readability(text=s, lang='chinese')
```

```
Out[27]: {'readability1': 35.0,
          'readability2': 0.08333333333333333,
          'readability3': 17.541666666666668}
```

```
In [28]: chinese_readability(s)
```

```
句子1:基于VOSviewer和CiteSpace的白芍总苷研究热点可视化分析
共有字数：35
其中分词数量为：11，具体为：['基于', 'VOSviewer', '和', 'CiteSpace', '的', '白芍', '总苷', '研究', '热点', '可视化', '分析']
副词和连词数量为：1，具体为：['和']
```

```
最终指标：
readability1:35.0     readability2:0.08333333333333333     readability3:17.541666666666668
```

　　将指标应用于前十名载文期刊的标题字段，探究不同期刊文献标题的可读性。以"科学管理研究"这一期刊名为例，先将其对应的文本可读性三个指标转化为 DataFrame 数据类型，方便后续的分析与可视化操作（为展示方便，输出结果只截取部分）。

```
In [29]: journal_list = df_cnki['Journal Name'].value_counts()[:10].index
```

```
In [30]: journal_list
```

```
Out[30]: Index(['科技管理研究', '世界科学技术-中医药现代化', '现代情报', '情报杂志', '情报科学', '生态学报', '中国组织工程研究',
               '图书情报工作', '图书馆工作与研究', '图书馆'],
              dtype='object')
```

```
In [31]: df_cnki[df_cnki['Journal Name'] == '科技管理研究']['Title'].apply(ct.readability)
```

```
Out[31]: 33     ['readability1': 25.0, 'readability2': 0.07142...
         104    ['readability1': 29.0, 'readability2': 0.06666...
         105    ['readability1': 29.0, 'readability2': 0.08333...
         223    ['readability1': 27.0, 'readability2': 0.0, 'r...
         224    ['readability1': 29.0, 'readability2': 0.0, 'r...
         263    ['readability1': 33.0, 'readability2': 0.0625,...
         289    ['readability1': 34.0, 'readability2': 0.05555...
         333    ['readability1': 23.0, 'readability2': 0.07692...
         334    ['readability1': 23.0, 'readability2': 0.07692...
```

　　借助 to_list() 方法将数据构成列表套字典的数据格式，该格式符合 DataFrame 数据类型创建的要求。

```
In [32]: pd.DataFrame(df_cnki[df_cnki['Journal Name'] == '科技管理研究']['Title'].apply(ct.readability).to_list())
```

Out[32]:

	readability1	readability2	readability3
0	25.0	0.071429	12.535714
1	29.0	0.066667	14.533333
2	29.0	0.083333	14.541667
3	27.0	0.000000	13.500000
4	29.0	0.000000	14.500000
5	33.0	0.062500	16.531250
6	34.0	0.055556	17.027778
7	23.0	0.076923	11.538462
8	23.0	0.076923	11.538462
9	27.0	0.066667	13.533333
10	43.0	0.052632	21.526316

　　a）按照各指标的均值进行分析。首先计算出"科学管理研究"期刊的三个可读性指标均值并将结果转化为 DataFrame 类型数据，然后借助 for 循环对提取的前十名期刊的文献数据进行遍历，最后把各期刊的指标均值合并成为一个表格，即是最终输出结果。

```
In [33]: pd.DataFrame(df_cnki[df_cnki['Journal Name'] == '科技管理研究']['Title'].apply(ct.readability).to_list()).mean().to_dict()
```

```
Out[33]: {'readability1': 24.593220338983052,
 'readability2': 0.03757431164249611,
 'readability3': 12.315397325312773}
```

```
In [34]: (pd.DataFrame([pd.DataFrame(df_cnki[df_cnki['Journal Name'] == '科技管理研究']['Title']
                              .apply(ct.readability)
                              .to_list())
                    .mean()
                    .to_dict()], index=['科技管理研究']))
```

Out[34]:

	readability1	readability2	readability3
科技管理研究	24.59322	0.037574	12.315397

```
In [35]: df1 = pd.DataFrame()
for i in df_cnki['Journal Name'].value_counts()[:10].index:
    df_ = (pd.DataFrame([pd.DataFrame(df_cnki[df_cnki['Journal Name'] == i]['Title']
                                  .apply(ct.readability)
                                  .to_list())
                        .mean()
                        .to_dict()], index=[i]))
    df1 = pd.concat([df1, df_])
df1
```

Out[35]:

	readability1	readability2	readability3
科技管理研究	24.593220	0.037574	12.315397
世界科学技术·中医药现代化	28.214286	0.015500	14.114893
现代情报	26.097561	0.039965	13.068763
情报杂志	25.323529	0.044183	12.683856
情报科学	21.090909	0.045712	10.568311
生态学报	25.000000	0.039780	12.519890
中国组织工程研究	30.260870	0.036425	15.148647
图书情报工作	21.000000	0.034096	10.517048
图书馆工作与研究	26.111111	0.018982	13.065047
图书馆	24.500000	0.066506	12.283253

由于中文期刊名称的字数过多，直接绘制图形会使得 x 轴便签中的字符过长，可以对期刊名称进行简写命名，以此方式防止标签"踩踏"。

```
In [36]: df1['x_index'] = ['J'+str(i) for i in range(len(df1))]
df1
```

Out[36]:

	readability1	readability2	readability3	x_index
科技管理研究	24.593220	0.037574	12.315397	J0
世界科学技术·中医药现代化	28.214286	0.015500	14.114893	J1
现代情报	26.097561	0.039965	13.068763	J2
情报杂志	25.323529	0.044183	12.683856	J3
情报科学	21.090909	0.045712	10.568311	J4
生态学报	25.000000	0.039780	12.519890	J5
中国组织工程研究	30.260870	0.036425	15.148647	J6
图书情报工作	21.000000	0.034096	10.517048	J7
图书馆工作与研究	26.111111	0.018982	13.065047	J8
图书馆	24.500000	0.066506	12.283253	J9

利用表中数据绘制研究领域内发文量前十名期刊的可读性三大指标的对比图（由于绘制的代码较多，可以参照补充代码文件，这里只展示输出结果）。从图 7.1 可以看出，由于 readability2 对应数值较小，而 readability3 是基于 readability1 和 readability2 的算数平均数，所以绘制的图形中 readability1 和 readability3 的折线趋势一致。通过改变 readability3 指标的 y 轴取值范围，使得左侧 readability1 指标的 y 轴刻度与 readability3 指标的 y 轴成比例，则后绘制的图线（readability3 指标）会覆盖之前绘制的图线（readability1 指标），如图 7.2 所示。

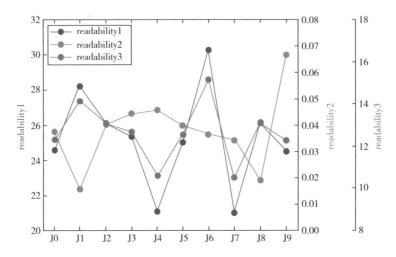

图 7.1　研究领域发文量前十名期刊（1）

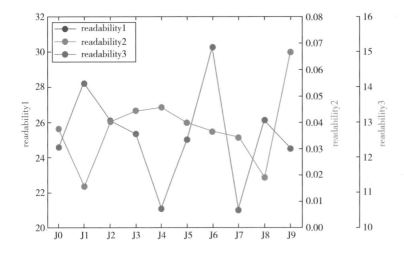

图 7.2　研究领域发文量前十名期刊（2）

图 7.1 和图 7.2 绘制图形时按照期刊的载文量多少进行排序，也可以按照某一可读性指标排序，比如 readability3 指标，图 7.3 上侧是按照 readability3 指标排序的数据表，下侧是数据图。

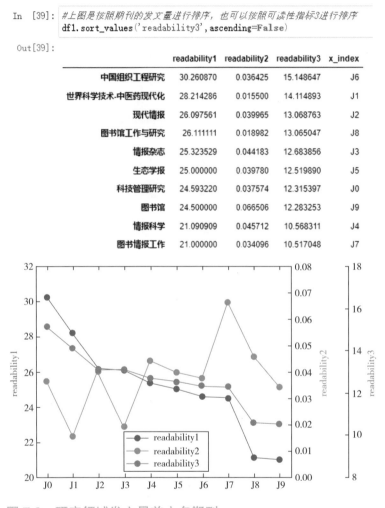

```
In  [39]:  #上图是按照期刊的发文量进行排序，也可以按照可读性指标3进行排序
           df1.sort_values('readability3', ascending=False)
```

Out[39]:

	readability1	readability2	readability3	x_index
中国组织工程研究	30.260870	0.036425	15.148647	J6
世界科学技术-中医药现代化	28.214286	0.015500	14.114893	J1
现代情报	26.097561	0.039965	13.068763	J2
图书馆工作与研究	26.111111	0.018982	13.065047	J8
情报杂志	25.323529	0.044183	12.683856	J3
生态学报	25.000000	0.039780	12.519890	J5
科技管理研究	24.593220	0.037574	12.315397	J0
图书馆	24.500000	0.066506	12.283253	J9
情报科学	21.090909	0.045712	10.568311	J4
图书情报工作	21.000000	0.034096	10.517048	J7

图 7.3　研究领域发文量前十名期刊

b) 考虑全部数据，以指标 readability3 作为代表进行分析。readability3 指标可以看作是 readability1 和 readability2 的综合，使用每一份文献记录标题的 readability3 指标，探究不同期刊的论文可读性。依次提取论文所属期刊（发文量前 10 的期刊）的名称和对应的标题可读性指标，构成数据表，最终共 316 条文献记录。

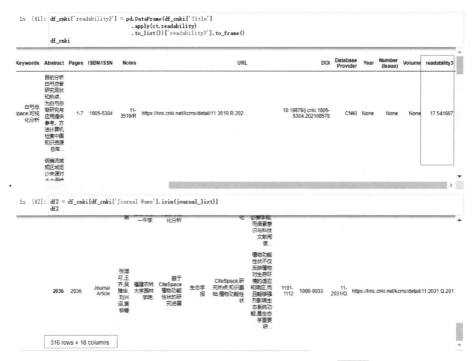

```
In [41]: df_cnki['readability3'] = pd.DataFrame(df_cnki['Title']
                                    .apply(ct.readability)
                                    .to_list())['readability3'].to_frame()
         df_cnki
```

```
In [42]: df2 = df_cnki[df_cnki['Journal Name'].isin(journal_list)]
         df2
```

316 rows × 18 columns

绘制不同期刊发文标题可读性指标的箱型图，借助 order 参数可以进行输出类别期刊的排序，图 7.4 以不同期刊发文标题可读性指标的中位数作为排序依据。对比前面 7.1 中按照标题可读性指标绘制的折线图，前三名发文标题可读性强的期刊和最后两名可读性弱的期刊一致，中间五个期刊的顺序有所差别。

```
In [43]: orde_index = df2.groupby('Journal Name').agg(['readability3':'median']).sort_values('readability3').index
```

```
In [44]: sns.boxplot(y='Journal Name', x='readability3', data=df2, order=orde_index)
         plt.xlabel('中文文献标题可读性指标readability3')
```

```
Out[44]: Text(0.5, 0, '中文文献标题可读性指标readability3')
```

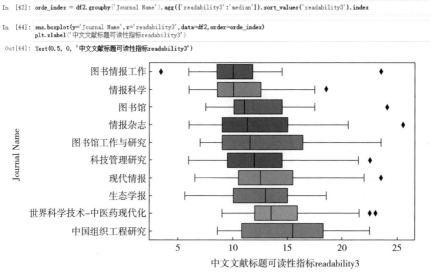

图 7.4 中文文献标题可读性指标 readability3

　　各期刊整体上的文献可读性指标 readability3 数值是在 8~18 区间，其中"图书馆情报工作"期刊中发布的一篇文章的可读性指标 readability3 低于 5，属于最容易阅读的文献标题，可以借助文献筛选功能准确地找到该篇文献对应的记录。同理，也可以查找"图书情报"期刊中发布的一篇最难阅读的文献标题。

　　对于摘要可读性指标的分析与可视化，可以直接调用对标题分析的代码，只需要修改对应的字段名称即可。这里考虑全部数据，以指标 readability3 作为代表进行分析。首先获取摘要可读性指标 readability3 并筛选前 10 名发文期刊数据。

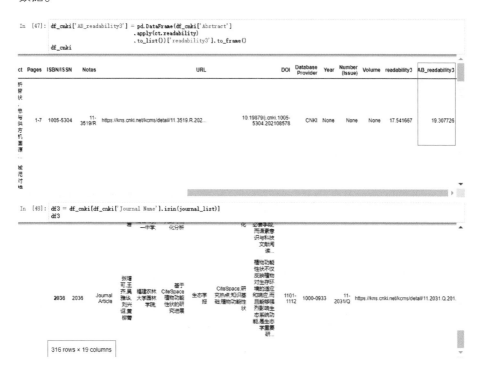

依旧按照可读性指标 readability3 中位数进行排列，对比中文文献中摘要与标题的可读性指标结果。从图 7.5 中可以发现：摘要的可读性要比标题差，最直接的反应是摘要的词汇量要远多于标题，大部分论文摘要的可读性指标 readability3 取值范围在 30 至 70 之间（数据聚集在中位数旁边），也有部分期刊存在着离群值。

```
In  [49]: orde_index = df3.groupby('Journal Name').agg({'AB_readability3':'median'}).sort_values('AB_readability3').index
          sns.boxplot(y='Journal Name',x='AB_readability3',data=df3,order=orde_index)
          plt.xlabel('中文文献摘要可读性指标readability3')
Out[49]: Text(0.5, 0, '中文文献摘要可读性指标readability3')
```

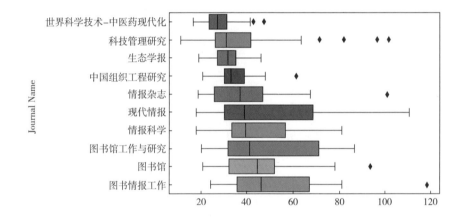

图 7.5　中文文献摘要可读性指标 readability3

采用筛选方式对摘要中的离群值进行筛选查找，比如查找可读性指标大于 115 的文献摘要信息。

```
In  [50]: df3[df3['AB_readability3']>115]['Abstract'].values
Out[50]: array(['选取1999-2010年期间Web of Science有关国际空间站的主题数据,分别使用Spss 17、Ucinet和CiteSpace Ⅱ等软件,采用基于高频词的因子分析法、基于高频词的战略坐标图法和基于CiteSpace突发词的图谱法等探测方法,对国际空间站前沿进行探测,并对比实验效果,发现因子分析可客观地探测热点主题,战略坐标图可确定热点中的潜在主题领域,CiteSpace则可直观地展示主题演变情况,而综合利用这三种方法可以更为全面地捕捉到国际空间站研究领域的前沿热点。'],
         dtype=object)
```

（3）外文文献标题及摘要可读性指标分析与可视化。中文文献中探究不同期刊的文献可读性，外文文献中尝试探究对不同文献可读性的分析。首先对年份字段进行唯一值的查看，文献数据发表在 2012—2021 年，接着逐条对文献数据进行可读性指标数据的获取。

```
In [51]: #中文文献中探究了不同期刊的文献可读性，外文文献中尝试探究不同年份文献可读性的分析
         df_scopus['Year'].unique()

Out[51]: array([2021, 2020, 2019, 2018, 2017, 2016, 2015, 2014, 2013, 2012],
               dtype=int64)

In [52]: df_scopus[df_scopus['Year'] == 2012]['Title'].apply(ct.readability,args=('','english'))
         #ct.readability中有三个参数，args中参数第一个''就是给zh_adjconj参数赋值，'english'就是给lang参数赋值

Out[52]: 1337              {'readability': 18.04}
         1338       {'readability': 27.25730769230769}
         1339       {'readability': 20.226666666666667}
         1340       {'readability': 13.42333333333334}
         1341       {'readability': 20.89363636363636}
         1342              {'readability': 19.32}
         1343       {'readability': 13.097999999999999}
         1344       {'readability': 13.097999999999999}
         1345              {'readability': 16.54}
         1346       {'readability': 6.620000000000001}
         1347       {'readability': 23.46272727272727}
         1348              {'readability': 20.82}
         Name: Title, dtype: object
```

提取输出的可读性指标数据中的数值，并进一步将提取的结果赋值到创建的新字段，从而组合成新表。为展示方便，最终表格输出结果中只展示前两条文献记录。

```
In [53]: df_scopus[df_scopus['Year'] == 2012]['Title'].apply(ct.readability,args=('','english')).apply(lambda x:x['readability'])

Out[53]: 1337    18.040000
         1338    27.257308
         1339    20.226667
         1340    13.423333
         1341    20.893636
         1342    19.320000
         1343    13.098000
         1344    13.098000
         1345    16.540000
         1346     6.620000
         1347    23.462727
         1348    20.820000
         Name: Title, dtype: float64

In [54]: df_scopus['TI_readability'] = df_scopus['Title'].apply(ct.readability,args=('','english')).apply(lambda x:x['readability'])
         df_scopus['AB_readability'] = df_scopus['Abstract'].apply(ct.readability,args=('','english')).apply(lambda x:x['readability'])
         df_scopus.head(2)
```

Out[54]:

Source title	Volume	Issue	Art. No.	Page start	...	PubMed ID	Language of Original Document	Abbreviated Source Title	Document Type	Publication Stage	Open Access	Source	EID	TI_readability	AB_readability
urnal of travel edicine	28	8	None	None	...	34414442.0	English	J Travel Med	Article	Final	All Open Access, Bronze, Green	Scopus	2-s2.0-85123228114	16.857857	2.736000
nadian urnal of mation Library Sc...	44	2-3	None	31	...	NaN	English	Can. J. Inf. Libr. Sci.	Article	Final	All Open Access, Green	Scopus	2-s2.0-85123381854	33.035455	22.577714

按照年份进行升序排列，并将年份字段转化为字符串数值类型，否则绘图时，系统会把年份当成数值从而导致绘制 2 000 多个刻度格。可以和中文文献分析时一样用中位值进行输出图形的排序，也可以使用默认排序。由输出的结果可以发现，外文文献的标题可读性在 20 左右，且 2019—2021 年论文的标题大量出现可读性较差的现象。

```
In [55]: df4 = df_scopus.sort_values('Year')
         df4['Year'] = df4['Year'].map(str)
```

```
In [56]: #按照中位数进行排序
         # order_index = df4.groupby('Year').agg({'TI_readability':'median'}).sort_values('TI_readability').index
         # sns.boxplot(y='Year', x='TI_readability', data=df4, order=order_index )

         #默认按照年份进行排序
         sns.boxplot(y='Year', x='TI_readability', data=df4)
```

Out[56]: <AxesSubplot:xlabel='TI_readability', ylabel='Year'>

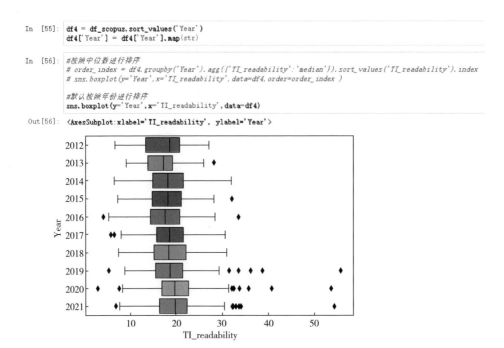

对于外文文献中摘的可读性，直接使用数据集以及 Year 和 AB_readability
两个字段能直接出图。输出结果显示，2012 年出版的文献总体的可读性较强，但
在 2012 年之后，可读性指标的中位数发生较大幅度的增长，且之后的每年中都
存在少量的离群值（可能出现缺失值）。

```
In [57]: sns.boxplot(y='Year', x='AB_readability', data=df4)
```

Out[57]: <AxesSubplot:xlabel='AB_readability', ylabel='Year'>

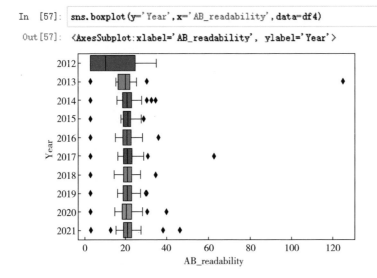

　　利用 AB_readability 的最小值，筛选出易读文献中的记录，输出结果表明，外文文献中存在摘要缺失的情况（这也正是在中文文献分析之前，按照出现的字符个数的多少进行判断而不是依据空值判断缺失值发生的原因）。进一步探究是否只有时间久远的年份才会出现论文文献中摘要的缺失，统计结果显示，早期论文文献的缺失值相对于近年较少，且目前该领域的摘要缺失数量正随着年份增加。

```
In [58]: df_scopus['AB_readability'].min()
Out[58]: 2.735999999999997
```

```
In [59]: df_scopus[df_scopus['AB_readability']<=3]['Abstract']
         #没有摘要
Out[59]: 0       [No abstract available]
         3       [No abstract available]
         20      [No abstract available]
         39      [No abstract available]
         40      [No abstract available]
                          ...
         1342    [No abstract available]
         1343    [No abstract available]
         1344    [No abstract available]
         1345    [No abstract available]
         1347    [No abstract available]
         Name: Abstract, Length: 133, dtype: object
```

```
In [60]: df_scopus[df_scopus['AB_readability']<=3]['Year'].value_counts()
         #这种现象并不是只在早些年的期刊中出现，最近年限中没有摘要的文献反而更多
Out[60]: 2020    22
         2021    21
         2019    20
         2017    17
         2016    13
         2015    11
         2018    10
         2013     7
         2014     6
         2012     6
         Name: Year, dtype: int64
```

　　同理，检验文献记录中标题是否也有缺失值，筛选结果显示无异常数据。

```
In [61]: df_scopus[df_scopus['TI_readability']<=3]['Title']
         #说明标题没有缺失
Out[61]: 399    Who's Paying Attention?
         Name: Title, dtype: object
```

　　根据需要，可以将没有摘要的文献剔除后，重新绘制图形。

```
In [62]: df_scopus_finished = df_scopus[df_scopus['Abstract'] != '[No abstract available]']
         df_scopus_finished.head(2)
         #此时计算的文献中的标题还有摘要就正常
```

Out[62]:

	index	Authors	Author(s) ID	Title	Year	Source title	Volume	Issue	Art. No.	Page start	...	PubMed ID	Language of Original Document	Abbrev Source
1	1	Yan W., Zhang Y.	56306725200;57200294189;	Participation, academic influences and interac...	2021	Canadian Journal of Information and Library Sc...	44	2-3	None	31	...	NaN	English	Can. Lit
2	2	Watson R., Younas A., Rehman S.A. Ali P.A.	7403652994;57195465605;56999931100;6603725270,	Clarivate listed nursing journals in 2020: Wha...	2021	Frontiers of Nursing	8	4	None	429	...	NaN	English	Front.

2 rows × 57 columns

In [63]:
```
df_scopus_finished = df_scopus_finished.sort_values('Year')
df_scopus_finished['Year'] = df_scopus_finished['Year'].map(str)
sns.boxplot(y='Year', x='AB_readability', data=df_scopus_finished)
```

Out[63]: <AxesSubplot:xlabel='AB_readability', ylabel='Year'>

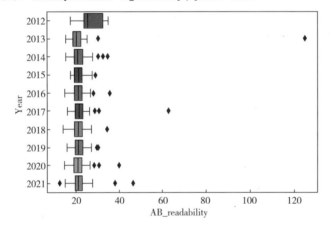

图形输出结果中，有一个异常点显示可读性指标数值达到 120 以上，借助数据筛选可以获取对应的文献信息。筛选出的文献属于会议论文集，包含两卷，两卷摘要相同（输出结果只截取部分）。

In [64]: `df_scopus_finished[df_scopus_finished['AB_readability']>120]`

Out[64]:

urce title	Volume	Issue	Art. No.	Page start		PubMed ID	Language of Original Document	Abbreviated Source Title	Document Type	Publication Stage	Open Access	Source	EID	TI_readability	AB_readability
ceedings ISSI 2013 - 14th mational	2	None	None	None	...	NaN	English	Proc. ISSI 2013 - 14th Intl. Soc. Scientometri...	Conference Review	Final	None	Scopus	2-s2.0-84897710526	21.0725	124.755761
ceedings ISSI 2013 - 14th mational	1	None	None	None	...	NaN	English	Proc. ISSI 2013 - 14th Intl. Soc. Scientometri...	Conference Review	Final	None	Scopus	2-s2.0-84897596722	21.0725	124.751495

In [65]: `df_scopus_finished[df_scopus_finished['AB_readability']>120]['Abstract'].values[0]`

Out[65]: The proceedings contain 251 papers. The special focus in this conference is on Scientometrics and Informetrics. The topics include: Social network analysis; academic career structures historical overview Germany 1850–2013; academic research performance evaluation in business and management using journal quality citing methodologies; analysis of journal impact factor research in time; the analysis of research themes of open access in china; analysis of the web of science funding acknowledgement information for the design of indicators on external funding attraction; analyzing the citation characteristics of books; the application of citation-based performance classes to the disciplinary and multidisciplinary assessment in national comparison; approach to identify SCI covered publications within non-patent references in patents; assessing international cooperation in ST through bibliometric methods (RIP); assessing obliteration by incorporation in a full-text database; assessing the mendeley readership of social sciences and humanities research; association between quality of clinical practice guidelines and citations given to their references; author name co-mention analysis; building a multi-perspective scientometric approach on tentative governance of emerging technologies; career aging and cohort succession in the scholarly activities of sociologists; citation impact prediction of scientific papers based on features; an indicator to select a subset of elite papers, based on citers; collaborative innovative networks; comparative study on structure and correlation among bibliometrics co-occurence networks at author-level; comparing book citations in humanities journals to library holdings; a comparison of two highly detailed, dynamic, global models and maps of science; a comprehensive index to assess a single academic paper in the context of citation network (RIP); the construction of the academic world-system; construction of typology of sub-disciplines based on knowledge integration; correlation among the scientific

7.2.3　中英文文献标题及摘要用词情感分析与可视化

新建一个 Python3 文件，参照 7.2.2 节，导入需要使用的 Python 模块，并将程序连接到 Mysql 数据库（也可以进行本地文献数据的读取，仍旧使用 CNKI 和 Scopus 数据库）。将 Scopus 数据库中数据摘要字段为空的文献记录进行剔除，读取数据输出结果如下：

文本数据中用词的情感分析需要将文本数据进行分词，然后对分词后的结果进行词性标注，最后根据词性的类别统计各类别的分词结果。随着文本挖掘技术的发展，已经出现了一些比较成熟的词典，其中已经标注好分词对应的词性，我们在使用时加载即可使用。书中对于用词的情感分析是基于 cntext 模块下面的 sentiment 函数完成。该函数可根据需要切换数据分析的对象（中文或者英文），也可加载内置的中英文词典（中文或者英文），函数使用手册如下。

该函数的功能是计算每个情感类别词在文本中出现的次数，其中没有考虑强度副词和否定词汇对情绪的混合影响。第一个参数 text 为传入的文本数据，第二个参数 diction 是指定加载的词典，第三个参数 lang 默认为分析中文数据。

```
In [5]: ?ct.sentiment
```

```
Signature: ct.sentiment(text, diction, lang='chinese')
Docstring:
calculate the occurrences of each sentiment category words in text;
the complex influence of intensity adverbs and negative words on emotion is not considered.
:param text:  text sring
:param diction:  sentiment dictionary;
:param lang: "chinese" or "english"; default lang="chinese"

diction = {'category1': 'category1 emotion word list',
           'category2': 'category2 emotion word list',
           'category3': 'category3 emotion word list',
           ...
           }
:return:
File:       d:\miniconda\lib\site-packages\cntext\stats.py
Type:       function
```

具体的内置词典共有 14 个，去掉停用词词典（STOPWORDS.pkl）和副词连词词典（ADV_CONJ.pkl），剩余 12 个关于文本数据情感分析的词典。

```
In [6]: ct.dict_pkl_list()
Out[6]: ['ADV_CONJ.pkl',
         'AFINN.pkl',
         'ANEW.pkl',
         'ChineseFinancialFormalUnformalSentiment.pkl',
         'Chinese_Loughran_McDonald_Financial_Sentiment.pkl',
         'DUTIR.pkl',
         'geninqposneg.pkl',
         'HOWNET.pkl',
         'HuLiu.pkl',
         'Loughran_McDonald_Financial_Sentiment.pkl',
         'LSD2015.pkl',
         'NRC.pkl',
         'sentiws.pkl',
         'STOPWORDS.pkl']
```

```
In [7]: len(ct.dict_pkl_list())
Out[7]: 14
```

这里列举其中 4 个情感分析的可加载词典，见表 7.1，全部的词典介绍可以参照 cntext 模块的中文文档 ❶。

---

❶ Cntext 模块中文使用文档：https://github.com/hiDaDeng/cntext/blob/main/chinese_readme.md。

表 7.1　4 个情感分析的可加载词典

序号	词典加载格式	词典	语言	功能
1	DUTIR.pkl	DUTIR（大连理工大学情感本体库）	中文	其中文本情感类别：哀、好、惊、惧、乐、怒、恶
2	HOWNET.pkl	Hownet（知网词典）	中文	正向（Positive）、负向（Negative）
3	NRC.pkl	NRC Word-Emotion Association Lexicon	英文	细粒度情感词典（和 DUTIR 类似）
4	sentiws.pkl	SentimentWortschatz (SentiWS)	英文	正向（Positive）、负向（Negative）

（1）文本数据用词情感分析。通过 load_pkl_dict() 方法可以加载 cntext 中内置的词典，传入的参数即为词典对应的 pkl 格式的字符串，加载到 python 中词典对应的是基础数据类型中的字典数据类型，该字典中包含三个键值对，可借助字典的键进行内容（值）的索引。NRC 词典中键对应的内容是文本情感类别及单词组成的字典（字典数据类型中可以嵌套字典），其中，该字典包含 anger（愤怒）、anticipation（期待）、disgust（厌恶）、fear（恐惧）、joy（喜悦）、negative（消极）、positive（积极）、sadness（悲伤）、surprise（惊讶）、trust（信任）类别的词汇。而提取 Refer 和 Desc 键对应的内容，会输出当前词典来源以及描述，NRC 情感词典是英语单词八种基本情绪与两种情绪（消极与积极）的关联组成的列表，其中的词性标注是通过人员手动完成的。

```
In [8]:  #第一种英文词典
         ct.load_pkl_dict('NRC.pkl').keys()

Out[8]:  dict_keys(['NRC', 'Refer', 'Desc'])

In [9]:  ct.load_pkl_dict('NRC.pkl')['NRC'].keys()

Out[9]:  dict_keys(['anger', 'anticipation', 'disgust', 'fear', 'joy', 'negative', 'positive', 'sadness', 'surprise', 'trust'])

In [10]:  ct.load_pkl_dict('NRC.pkl')['Refer']

Out[10]:  'Crowdsourcing a Word-Emotion Association Lexicon, Saif Mohammad and Peter Turney, Computational Intelligence, 29 (3), 436-465, 2013.'

In [11]:  ct.load_pkl_dict('NRC.pkl')['Desc']

Out[11]:  'The NRC Emotion Lexicon is a list of English words and their associations with eight basic emotions (anger, fear, anticipation, trust, surprise, sadness, joy, and disgust) and two sentiments (negative and positive). The annotations were manually done by crowdsourcing.'
```

这里以一个具体语句为示例，说明 sentiment 函数的使用方式。

```
In [12]:  text = 'What a happy day!'
          ct.sentiment(text=text,
                       diction=ct.load_pkl_dict('NRC.pkl')['NRC'],
                       lang='english')
```

```
Out[12]:  {'anger_num': 0,
           'anticipation_num': 1,
           'disgust_num': 0,
           'fear_num': 0,
           'joy_num': 1,
           'negative_num': 0,
           'positive_num': 1,
           'sadness_num': 0,
           'surprise_num': 0,
           'trust_num': 1,
           'stopword_num': 1,
           'word_num': 5,
           'sentence_num': 1}
```

在输出文本分词后各类词性数量的基础上，如果想要知道与每一类词性相对应的单词是哪些，可以借助 for 循环、if 语句和 jieba 模块 ❶ 对文本数据进行分词结果的判断，从最后输出的结果中可以看到此词典中把 happy 划分到多种词性中（信任、积极和期望三类）。

```
In [13]:  for i in ct.load_pkl_dict('NRC.pkl')['NRC']['trust']:
              if i in list(jieba.cut(text)):
                  print(i)

          Building prefix dict from the default dictionary ...
          Loading model from cache C:\Users\86177\AppData\Local\Temp\jieba.cache
          Loading model cost 0.576 seconds.
          Prefix dict has been built successfully.

          happy
```

```
In [14]:  for i in ct.load_pkl_dict('NRC.pkl')['NRC']['positive']:
              if i in list(jieba.cut(text)):
                  print(i)

          happy
```

```
In [15]:  for i in ct.load_pkl_dict('NRC.pkl')['NRC']['anticipation']:
              if i in list(jieba.cut(text)):
                  print(i)

          happy
```

除了加载内置的词典，该函数和文本数据可读性函数 readability 一样，也可以自定义词典。需要注意的是，自定义字典中的键要尽量与词典中的键保持一致，不然可能无法对输出的结果进行理解。

---

❶　jieba 模块的基本使用流程：https://blog.csdn.net/lys_828/article/details/110070519。

```
In [16]: #和文本数据可读性模块readability一样, 也可以自定义词典

         text = 'What a happy day!'

         diction = {'Pos' : ['happy', 'good'],
                    'Neg' : ['bad', 'terrible'],
                    'Adv' : ['very']}

         ct.sentiment(text=text,
                      diction=diction,
                      lang='english')
```

```
Out[16]: {'Pos_num': 1,
          'Neg_num': 0,
          'Adv_num': 0,
          'stopword_num': 1,
          'word_num': 5,
          'sentence_num': 1}
```

```
In [17]: #需要注意, 自定义时候字典的键需要是已经在加载的词典ct.load_pkl_dict('NRC.pkl')['NRC']中的

         text = 'What a happy day!'

         diction = {'abc' : ['happy', 'good'],
                    'ABC' : ['bad', 'terrible'],
                    'CBA' : ['very']}

         ct.sentiment(text=text,
                      diction=diction,
                      lang='english')
```

```
Out[17]: {'abc_num': 1,
          'ABC_num': 0,
          'CBA_num': 0,
          'stopword_num': 1,
          'word_num': 5,
          'sentence_num': 1}
```

　　不同的词典中，单词词性的标注可能不同。除第一种词典外，也可加载第二种词典。第二种词典没有对八种基本情绪进行标注，而是只标注积极和消极词汇。此外，对于同一个句子，两个词典进行分词结果的处理也不一致。

```
In [18]: #第二种英文词典
         ct.load_pkl_dict('sentiws.pkl').keys()
```

```
Out[18]: dict_keys(['sentiws'])
```

```
In [19]: ct.load_pkl_dict('sentiws.pkl')['sentiws'].keys()
```

```
Out[19]: dict_keys(['negative', 'positive'])
```

```
In [20]: text = 'What a happy day!'
         ct.sentiment(text=text,
                      diction=ct.load_pkl_dict('sentiws.pkl')['sentiws'],
                      lang='english')
```

```
Out[20]: {'negative_num': 0,
          'positive_num': 0,
          'stopword_num': 1,
          'word_num': 5,
          'sentence_num': 1}
```

可以通过查看各词典积极词汇词库中的单词进一步核实，比如，happy 一词在第一种词典中被划分为积极词汇，但在第二种字典中没有被划分到积极词汇中。

```
In [21]:  ct.load_pkl_dict('sentiws.pkl')['sentiws']['positive']
          #所有的正向词汇

Out[21]:  ['abgemacht',
           'abgesichert',
           'abgestimmt',
           'abmach',
           'abmache',
           'abmachen',
           'abmachest',
           'abmachet',
           'abmachst',
           'abmacht',
           'abmachte',
           'abmachten',
           'abmachtest',
           'abmachtet',
           'Abmachung',
           'Abmachungen',
           'abschließen',
           'Abschluß',
           'Abschlüße',
```

```
In [22]:  'happy' in ct.load_pkl_dict('sentiws.pkl')['sentiws']['positive']

Out[22]:  False
```

```
In [23]:  'happy' in ct.load_pkl_dict('NRC.pkl')['NRC']['positive']

Out[23]:  True
```

中文词典的加载和英文词典的加载类似。DUTIR 词典和 NRC 词典的结构组成一致，导入 Python 环境中，字典数据中均包含词典的来源和描述，以及划分好的各类词性和单词。

```
In [24]:  #第一种中文词典
          ct.load_pkl_dict('DUTIR.pkl').keys()

Out[24]:  dict_keys(['DUTIR', 'Referer', 'Desc'])
```

```
In [25]:  ct.load_pkl_dict('DUTIR.pkl')['DUTIR'].keys()

Out[25]:  dict_keys(['乐', '好', '怒', '哀', '惧', '恶', '惊'])
```

```
In [26]:  ct.load_pkl_dict('DUTIR.pkl')['Referer']

Out[26]:  '徐琳宏,林鸿飞,潘宇,等.情感词汇本体的构造[J]. 情报学报, 2008, 27(2): 180-185.'
```

```
In [27]:  ct.load_pkl_dict('DUTIR.pkl')['Desc']

Out[27]:  '大连理工大学情感本体库,细粒度情感词典。含七大类情绪,依次是哀, 好, 惊, 惧, 乐, 怒, 恶'
```

使用中文词典，进行文本数据的情感分析操作和英文词典一致。

```
In [28]: import cntext as ct

         text = '我今天得奖了，很高兴，我要将快乐分享大家。'

         ct.sentiment(text=text,
                      diction=ct.load_pkl_dict('DUTIR.pkl')['DUTIR'],
                      lang='chinese')
```

```
Out[28]: {'乐_num': 2,
          '好_num': 0,
          '怒_num': 0,
          '哀_num': 0,
          '惧_num': 0,
          '恶_num': 0,
          '惊_num': 0,
          'stopword_num': 8,
          'word_num': 14,
          'sentence_num': 1}
```

```
In [29]: list(jieba.cut(text))
```

```
Out[29]: ['我', '今天', '得奖', '了', '，', '很', '高兴', '，', '我要', '将', '快乐', '分享', '大家', '。']
```

```
In [30]: for i in ct.load_pkl_dict('DUTIR.pkl')['DUTIR']['乐']:
             if i in list(jieba.cut(text)):
                 print(i)

         快乐
         高兴
```

自定义词典中，仍然需要强调使用的键要和词典中的键尽量保持一致。

```
In [31]: diction = {'pos': ['高兴', '快乐', '分享'],
                    'neg': ['难过', '悲伤'],
                    'adv': ['很', '特别']}

         text = '我今天得奖了，很高兴，我要将快乐分享大家。'
         ct.sentiment(text=text,
                      diction=diction,
                      lang='chinese')
```

```
Out[31]: {'pos_num': 3,
          'neg_num': 0,
          'adv_num': 1,
          'stopword_num': 8,
          'word_num': 14,
          'sentence_num': 1}
```

```
In [32]: diction = {'乐': ['高兴', '快乐', '分享'],
                    '悲': ['难过', '悲伤'],
                    '副词': ['很', '特别']}

         text = '我今天得奖了，很高兴，我要将快乐分享大家。'
         ct.sentiment(text=text,
                      diction=diction,
                      lang='chinese')
```

```
Out[32]: {'乐_num': 3,
          '悲_num': 0,
          '副词_num': 1,
          'stopword_num': 8,
          'word_num': 14,
          'sentence_num': 1}
```

第二种中文词典 HOWNET 加载后的结果和英文词典 sentiws 类似，但是在对应的情感词性分类中，除了词性的积极或消极标注外，还增添了否定词汇、程度词汇、比较词汇等词性标注。

```
In [33]:  #第二种中文词典
          ct.load_pkl_dict('HOWNET.pkl').keys()
```
```
Out[33]:  dict_keys(['HOWNET'])
```

```
In [34]:  ct.load_pkl_dict('HOWNET.pkl')['HOWNET'].keys()
```
```
Out[34]:  dict_keys(['deny', 'ish', 'more', 'neg', 'pos', 'very'])
```

```
In [35]:  text = '我今天得奖了，很高兴，我要将快乐分享大家。'

          ct.sentiment(text=text,
                       diction=ct.load_pkl_dict('HOWNET.pkl')['HOWNET'],
                       lang='chinese')
```
```
Out[35]:  {'deny_num': 0,
           'ish_num': 0,
           'more_num': 0,
           'neg_num': 0,
           'pos_num': 3,
           'very_num': 1,
           'stopword_num': 8,
           'word_num': 14,
           'sentence_num': 1}
```

```
In [36]:  for i in ct.load_pkl_dict('HOWNET.pkl')['HOWNET']['pos']:
              if i in list(jieba.cut(text)):
                  print(i)

          快乐
          得奖
          高兴
```

（2）针对英文文献数据进行用词情感分析。以 NRC 词典为例，对前面文献数据记录中前十条记录进行用词情感分析，并将结果转化为 DataFrame 数据类型。

```
In [37]:  #使用NRC.pkl词库
          pd.DataFrame(df_scopus['Abstract'][:10].apply(ct.sentiment,args=(ct.load_pkl_dict('NRC.pkl')['NRC'],'english')).to_list())
```

Out[37]:

...ipation_num	disgust_num	fear_num	joy_num	negative_num	positive_num	sadness_num	surprise_num	trust_num	stopword_num	word_num	sentence_num
1	0	0	0	0	6	0	0	5	24	70	4
2	0	0	1	0	14	0	1	4	117	314	16
0	0	1	2	2	11	1	1	10	97	255	13
6	0	6	2	10	23	7	0	12	131	387	17
2	0	1	1	0	17	1	1	6	75	193	9
4	0	0	4	6	21	0	1	12	151	376	17
0	0	0	1	0	18	0	1	6	77	204	11
1	1	2	1	3	4	1	1	2	43	127	8
10	0	4	3	6	28	4	0	21	120	313	13
6	1	4	2	4	12	3	2	5	107	348	16

封装 get_sentiment_num_and_content() 函数，对词汇进行所属情感类别计数并归类到对应的情感分类列表。

```
In [38]:   #对每一类出现的单词进行单独归类
           def get_sentiment_num_and_content(text, diction, lang='chinese'):
               keys = diction.keys()
               dic = ct.sentiment(text=text,
                            diction=diction,
                            lang=lang)
               txt_cut = list(jieba.cut(text))
               for key in keys:
                   if dic[f'{key}_num']==0:
                       dic[f'{key}_content'] = []
                   else:
                       dic[f'{key}_content'] =[i for i in diction[key] if i in txt_cut]
               return dic
```

```
In [39]:   text = 'What a happy day!'
           diction = ct.load_pkl_dict('NRC.pkl')['NRC']
           get_sentiment_num_and_content(text, diction, lang='english')
```

```
Out[39]:   {'anger_num': 0,
            'anticipation_num': 1,
            'disgust_num': 0,
            'fear_num': 0,
            'joy_num': 1,
            'negative_num': 0,
            'positive_num': 1,
            'sadness_num': 0,
            'surprise_num': 0,
            'trust_num': 1,
            'stopword_num': 1,
            'word_num': 5,
            'sentence_num': 1,
            'anger_content': [],
            'anticipation_content': ['happy'],
            'disgust_content': [],
            'fear_content': [],
            'joy_content': ['happy'],
            'negative_content': [],
            'positive_content': ['happy'],
            'sadness_content': [],
            'surprise_content': [],
            'trust_content': ['happy']}
```

（3）针对中文文献数据进行用词情感分析。利用 HOWNET 词典，将封装好的函数直接应用在中文文献中，成功输出词性所属情感类别计数和收集情感类别词汇列表。

```
In [40]:   text = '我今天得奖了，很高兴，我要将快乐分享大家。'

           ct.sentiment(text=text,
                        diction=ct.load_pkl_dict('HOWNET.pkl')['HOWNET'],
                        lang='chinese')
```

189

```
Out[40]:  {'deny_num': 0,
           'ish_num': 0,
           'more_num': 0,
           'neg_num': 0,
           'pos_num': 3,
           'very_num': 1,
           'stopword_num': 8,
           'word_num': 14,
           'sentence_num': 1}
```

```
In [41]:  text = '我今天得奖了，很高兴，我要将快乐分享大家。'
          diction = ct.load_pkl_dict('HOWNET.pkl')['HOWNET']
          get_sentiment_num_and_content(text, diction, lang='chinese')
```

```
Out[41]:  {'deny_num': 0,
           'ish_num': 0,
           'more_num': 0,
           'neg_num': 0,
           'pos_num': 3,
           'very_num': 1,
           'stopword_num': 8,
           'word_num': 14,
           'sentence_num': 1,
           'deny_content': [],
           'ish_content': [],
           'more_content': [],
           'neg_content': [],
           'pos_content': ['快乐', '得奖', '高兴'],
           'very_content': ['很']}
```

进一步，把单条文本数据的处理方式应用到整个字段中。以 CNKI 的文献数据为例，进行摘要用词的情感分析。考虑到测试计算机的性能，使用前 100 条数据，并借助魔法函数 %%time（这行代码需要放在每个代码单元最顶格的位置）进行程序执行成功的计时，方便后续对比不同机器上的执行时间。输出结果显示，当前计算机使用了 38.9 秒提取前 100 条数据的不同词性单词的汇总及单词内容。

```
In [42]:  %%time
          #以知网的词库进行文献摘要的情感分析

          demo_ab = pd.DataFrame(df_cnki['Abstract'][:100].apply(get_sentiment_num_and_content, args=(diction, 'chinese')).to_list())
          demo_ab = pd.concat([df_cnki[:100], demo_ab], axis=1)

          Wall time: 38.9 s
```

```
In [43]:  demo_ab.head(1)
```

Out[43]:

	Pages	ISBN/ISSN	...	very_num	stopword_num	word_num	sentence_num	deny_content	ish_content	more_content	neg_content	pos_content	very_content
	1-7	1005-5304	...	0	67	215	11	[]	[]	[进一步]	[类别]	[对, 和, 量, 增加, 核心, 进行, 资源, 热点, 基础]	[]

通过收集字段中所有出现过的单词，可以统计使用不同词性下单词出现的频次和占文献数据中统计样本的比例。否定副词和程度副词作为修饰词，在评论文本的态度倾向中也起着关键作用，否定副词在 HOWNET 词典中标记为 deny，程度副词标记为 very。两类词性单词出现的频次、含有这两类词性单词的文献数量、两类词性单词数量与统计样本的全部分词结果的占比、含有此两类类词性单词的文献数量与统计样本中的文献数量占比结果输出如下（其他类型的单词也可按照此方法进行统计）：

```
In [44]: txt = ''
         for i in demo_ab.Abstract[:100]:
             txt += i+' '

         print(len(txt))
         print(len(list(jieba.cut(txt))))
         txt_cut_num = len(list(jieba.cut(txt)))

         40409
         21454
```

```
In [45]: np.concatenate(demo_ab.deny_content)

Out[45]: array(['未', '不', '不', '没有', '不', '没有', '非', '未', '不', '非'], dtype='<U32')
```

```
In [46]: deny_num = len(np.concatenate(demo_ab['deny_content']))
         demo_ab['deny_content_str'] = demo_ab['deny_content'].map(str)
         deny_record_num = len(demo_ab[demo_ab['deny_content_str']!='[]'])

         print('否定词汇频次: {}\n否定词汇占全部分词的比例:{:.4f}%'.format(deny_num, deny_num/txt_cut_num*100))
         print('含有否定词汇的文献数量: {}\n否定词汇出现的文献数量占统计样本文献数量的比例:{:.2f}%'.format(deny_record_num, deny_record_num))


         否定词汇频次: 10
         否定词汇占全部分词的比例:0.0466%
         含有否定词汇的文献数量: 9
         否定词汇出现的文献数量占统计样本文献数量的比例:9.00%
```

```
In [47]: print(np.concatenate(demo_ab.very_content))

         ['多' '可' '多' '老' '多' '可' '多' '可' '尤其' '可' '可' '多' '可' '多' '多' '多' '多'
          '尤其' '可' '多' '尤其' '多' '可' '多' '多' '多' '多' '多' '多' '多' '多' '多'
          '特别' '多' '可' '可' '多' '多' '可' '尤其' '多' '特别' '多' '可' '多' '多' '多'
          '多' '多' '可' '很' '多' '可' '多' '多' '可' '可' '可']
```

```
In [48]: very_num = len(np.concatenate(demo_ab.very_content))
         demo_ab['very_content_str'] = demo_ab['very_content'].map(str)
         very_record_num = len(demo_ab[demo_ab['very_content_str']!='[]'])

         print('程度词汇频次: {}\n程度词汇占全部分词的比例:{:.4f}%'.format(very_num, very_num/txt_cut_num*100))
         print('含有程度词汇的文献数量: {}\n程度词汇出现的文献数量占统计样本文献数量的比例:{:.2f}%'.format(very_record_num, very_record_num))

         程度词汇频次: 64
         程度词汇占全部分词的比例:0.2983%
         含有程度词汇的文献数量: 51
         程度词汇出现的文献数量占统计样本文献数量的比例:51.00%
```

对于中英文文献的标题的情感分析，也可以参考以上的分析过程。此外，还可探究不同词性单词汇总数量占统计样本的比例。其中各词性字段在 demo_ab 数据集中是按照顺序进行排列的，因此可以直接按照位置通过切片获取各词性字段的名称以及不同词性单词的汇总数量。

```
In [49]: demo_ab.columns
```

```
Out[49]:  Index(['index', 'Reference Type', 'Auhor', 'Author Address', 'Title',
                'Journal Name', 'Keywords', 'Abstract', 'Pages', 'ISBN/ISSN', 'Notes',
                'URL', 'DOI', 'Database Provider', 'Year', 'Number (Issue)', 'Volume',
                'deny_num', 'ish_num', 'more_num', 'neg_num', 'pos_num', 'very_num',
                'stopword_num', 'word_num', 'sentence_num', 'deny_content',
                'ish_content', 'more_content', 'neg_content', 'pos_content',
                'very_content', 'deny_content_str', 'very_content_str'],
               dtype='object')
```

```
In [50]:  x = demo_ab.columns[demo_ab.columns.to_list().index('deny_num'):demo_ab.columns.to_list().index('very_num')+1]
          x
```

```
Out[50]:  Index(['deny_num', 'ish_num', 'more_num', 'neg_num', 'pos_num', 'very_num'], dtype='object')
```

```
In [51]:  y = [demo_ab[i].sum() for i in x]
          y
```

```
Out[51]:  [10, 21, 153, 419, 2577, 83]
```

最后，借助交互式饼图展示各部分的数量及占比。鼠标放置在扇形区域会自动显示值标签和所占比例，点击右侧图例可以实现筛选指定词性类别单词的数量和占比显示。

```
In [52]:  from plotly.offline import iplot
          colors = ['aliceblue','coral','deeppink','honeydew','pinkred','olive']
          figure = go.Pie(labels=x, values=y, hoverinfo='label+percent', textinfo='value', marker=dict(colors =colors,
                                                                                    line=dict(color='#000000', width=3)))
          iplot([figure])
```

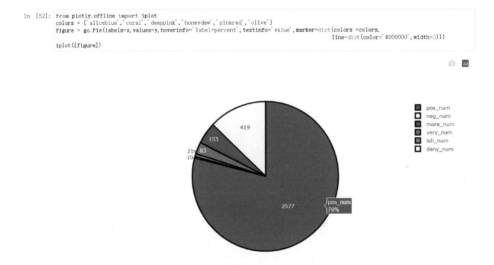

（4）中英文文献摘要句数统计分析。7.2.1 节对英文文献标题的分词数量进行词频统计与可视化，文献标题基本上都是由一句话组成，而中英文文献中的摘要往往是由多语句和多词汇组成，对其中语句数量和单词频次的统计具有一定的意义。调用 sentiment 函数后，会自动输出传入文本数据中的单词数量和句子的数量，对应的变量分别为 word_num 和 sentence_num，可以基于这两变量绘制统计分布密度图。

首先，针对中文文献中的摘要数据进行语句数量和单词数量的分布探究，输出结果如下。

In [53]: #中文文献

```
import plotly.figure_factory as ff
x = demo_ab['word_num']
y = demo_ab['sentence_num']
fig = ff.create_2d_density(x, y, point_size=4, title='文献摘要分词数量与语句数量密度图')
iplot(fig)
```

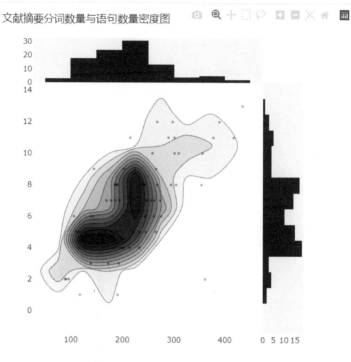

文献摘要分词数量与语句数量密度图

图中正上方的直方图按照数值 50 进行数据分箱，代表着 x 轴文献中摘要的单词数量分布，文献中单词的数据集中分布在 100~249 区间，少量的文献摘要单词数量超过 300 和低于 100；右侧的直方图按照数值 1 进行分箱，代表着 y 轴文献中的句子数量分布，文献中句子的数量集中在 4~8 区间内，少量文献句子数量分别在该区间的两侧。结合中间的等值线区域的颜色和散点分布，可以看出中文文献中单词数量和语句数量出现了两个高峰（即中文文献摘要中单词数量和语句数量的对应关系），一处是在单词数量 100~200 区间与语句数量 4~5 区间的范围中，另一处是在单词数量 200~250 区间和语句数量 6~9 区间的范围中。

fig.update_layout() 方法可丰富图形中的信息设置，比如显示 x 轴和 y 轴的标签信息。将所需要修改的设置传入字典 dict() 中即可（标签的字体、颜色、尺寸、距离轴的距离等）。

```
In [54]: fig.update_layout(
             xaxis = dict(
                     title=dict(
                             text='文献摘要分词数量', # 标题的文字
                             font = dict(
                                     family = 'Times New Roman',  # 字体 比如罗马字体
                                     size = 15,   # 标题大小
                                     color = 'black',   # 在此处可以只设置标题的颜色
                                     ),
                             standoff = 20,  # 设置标题和标签的距离, 大于等于0的数字, 注意标题是不会超出页边的
                     )
             ),
             yaxis = dict(
                     title=dict(
                             text='文献摘要语句数量', # 标题的文字
                             font = dict(
                                     family = 'Times New Roman',   # 字体 比如罗马字体
                                     size = 15,   # 标题大小
                                     color = 'black',   # 在此处可以只设置标题的颜色
                                     ),
                             standoff = 8,  # 设置标题和标签的距离, 大于等于0的数字, 注意标题是不会超出页边的
                     )
             )
         )
         iplot(fig)
```

文献摘要分词数量与语句数量密度图

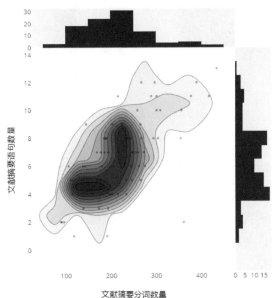

采用同样的方法，对外文文献摘要进行语句数量和单词数量的分布探究。

```
In [55]: #英文文献
         diction = ct.load_pkl_dict('NRC.pkl')['NRC']
         df_scopus_100 = df_scopus[:100].reset_index(drop=True)   #因为去除摘要缺失值后, 数据的编号发生变化, 高频重置索引后再合并
         demo_ab_en = pd.DataFrame(df_scopus_100['Abstract'].apply(get_sentiment_num_and_content, args=(diction,'english')).to_list())
         demo_ab_en = pd.concat([df_scopus_100, demo_ab_en], axis=1)

In [56]: x = demo_ab_en['word_num']
         y = demo_ab_en['sentence_num']
         fig = ff.create_2d_density(x,y,point_size=7,title='文献摘要分词数量与语句数量密度图')
         iplot(fig)
```

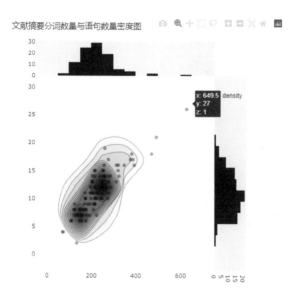

从图上方和右侧的直方图可以分析，外文文献摘要数据的语句数量（集中于 6~15 数值区间）和单词数量（集中于 100~300 数值区间）分布，虽然中间的等高线图呈现两个高峰，但是线条过于密集，可借助右上方的缩放工具（Zoom in 和 Zoom out）和移动工具（Pan）进行局部细节放大。输出结果如图 7.6 和图 7.7 所示。

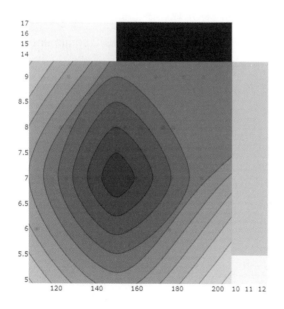

图 7.6　文献摘要分词数量与语句数量密度图

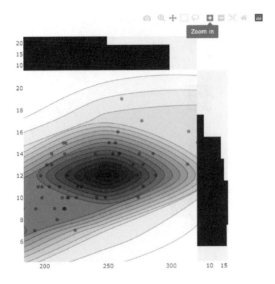

图 7.7　文献摘要分词数量与语句数量密度图

图 7.6 为等值线第一个高峰区域，代表着单词数量在 120~180 区间、语句数量在 5.5~9 区间；图 7.7 为等值线第二个高峰区域，代表着单词数量在 200~300 区间和语句数量在 9~14 区间。

（5）英文文献数据情感效价。在 sentiment 函数中，默认所有情感词权重均为 1，只需要统计文本中情感词的个数，即可得到文本情感得分。sentiment_by_valence 函数考虑了词语的效价（valence），其使用方式和 sentiment 函数一致，只不过需注意的是词典参数中需要传入带有效价标注的词典。这里以内置的 concreteness.pkl 词典为例，进行简单示例的应用（需要 cntext 版本在 1.7.7 以上）。

```
In [57]:  !pip install cntext==1.7.7
          Requirement already satisfied: cntext==1.7.7 in d:\miniconda\lib\site-packages (1.7.7)
```

首先查看 concreteness.pkl 词典的基础信息，包含词典的来源方式、简单描述，以及约 4 万词汇的效价标注信息。

```
In [58]:   concreteness = ct.load_pkl_dict('concreteness.pkl')
           concreteness.keys()
Out[58]:   dict_keys(['Referer', 'Desc', 'Concreteness'])
In [59]:   concreteness['Referer']
Out[59]:   'Brysbaert, M., Warriner, A. B., & Kuperman, V. (2014). Concreteness ratings for 40 thousand generally known English word lemma
           s. Behavior Research Methods. 46. 904-911'
In [60]:   concreteness['Desc']
Out[60]:   '语言具体性词典，具体性计算应用案例可参考Packard, Grant, and Jonah Berger. "How concrete language shapes customer satisfactio
           n." *Journal of Consumer Research* 47, no. 5 (2021): 787-806.'
In [61]:   concreteness_df = concreteness['Concreteness']
           concreteness_df
```

```
Out[61]:
              word     valence
      0    roadsweeper    4.85
      1    traindriver    4.54
      2    tush           4.45
      3    hairdress      3.93
      4    pharmaceutics  3.77
      ...
   39949   unenvied       1.21
   39950   agnostically   1.20
   39951   conceptualistic 1.18
   39952   conventionalism 1.18
   39953   essentialness  1.04

39954 rows × 2 columns
```

文本数据的情感效价的计算流程。单文本数据可以直接传入 text 参数中，然后指定带有效价的词典和文献类型（目前内置词典中只包含英文文献词汇的效价标注信息，暂无中文文献的词汇的效价标注信息）。以 "I'll go look for that" 和 "I like here" 两个简单的句子为例，设置好对应的参数后，程序会给定一个评估的分数。为进一步理解该函数的计算过程，可将封装的计算步骤拆解。根据比对两个句子计算拆解的输出结果和函数调用后的输出结果，可以发现计算文本数据的效价时，只采用在 concreteness.pkl 词典中的单词（即在 concreteness_df 数据集 word 字段中的词汇），而对不在此字段的单词予以忽略（效价赋值为 0），此外，函数调用输出的结果保留两位小数。

```
In [62]: reply = "I'll go look for that"
         score=ct.sentiment_by_valence(text=reply, diction=concreteness_df, lang='english')
         score
Out[62]: 1.86

In [63]: for i in reply.split():
             if i in concreteness_df['word'].values:
                 print(concreteness_df[concreteness_df['word']==i].values[0])

         ['go' 3.15]
         ['look' 2.96]
         ['for' 1.63]
         ['that' 1.54]

In [64]: #只考虑在concreteness_df中的词汇,并对结果保留两个小数
         (3.15+2.96+1.63+1.54)/5
Out[64]: 1.8559999999999999

In [65]: txt = 'I like here'
         score=ct.sentiment_by_valence(text=txt, diction=concreteness_df, lang='english')
         score
Out[65]: 2.98

In [66]: for i in txt.split():
             if i in concreteness_df['word'].values:
                 print(concreteness_df[concreteness_df['word']==i].values[0])

         ['I' 3.93]
         ['like' 1.89]
         ['here' 3.13]

In [67]: (3.93+1.89+3.13)/3
Out[67]: 2.983333333333333
```

　　对于多文本数据，可以参考之前用词情感分析的操作，直接将该函数应用于字段中（比如这里选用的是标题，也可选取摘要），并将计算的结果与原数据集进行合并，输出结果如下（共 100 条数据，为阅读方便，只显示部分字段和记录）：

```
In [68]: demo_title = pd.DataFrame(df_scopus['Title'][:100].apply(ct.sentiment_by_valence, args=(concreteness_df,'english')).to_list())
         demo_title.columns=['valence']
         demo_title = pd.concat([df_scopus_100, demo_title], axis=1)
         demo_title
```

Out[68]:

Source title	Volume	Issue	Art. No.	Page start	...	CODEN	PubMed ID	Language of Original Document	Abbreviated Source Title	Document Type	Publication Stage	Open Access	Source	EID	valence
Canadian Journal of Information and Library Sc.	44	2-3	None	31	...	None	NaN	English	Can. J. Inf. Libr. Sci.	Article	Final	All Open Access, Green	Scopus	2-s2.0-85123381854	0.46
Frontiers of Nursing	8	4	None	429	...	None	NaN	English	Front. Nurs.	Article	Final	All Open Access, Gold, Green	Scopus	2-s2.0-85123838303	2.22
Indian Journal of Anaesthesia	65	12	None	868	...	None	NaN	English	Indian J. Anaesth.	Article	Final	All Open Access, Gold, Green	Scopus	2-s2.0-85122239746	1.54
JMIR Mental Health	8	12	e32948	None	...	None	NaN	English	JMIR Ment. Heal.	Review	Final	All Open Access, Gold, Green	Scopus	2-s2.0-85122027808	0.52
Journal of Korean Medical Science	36	48	e330	None	...	JKMSE	34904408.0	English	J. Korean Med. Sci.	Article	Final	All Open Access, Gold, Green	Scopus	2-s2.0-85121811374	0.52

7.3　文本主题挖掘与可视化

　　本节分三部分介绍文本主题挖掘与可视化：①利用 Jieba 进行文献记录的主题标签提取，并计算标签与文献记录关键词相似度；②使用 Sklearn 进行文献记录主题挖掘（NMF 和 LDA 模型）；③使用 Gensim 进行文献记录主题挖掘（LDA 模型），并结合 pyLDAvis 模块进行交互可视化展示。

7.3.1　文献记录的摘要主题标签提取，标签与关键词相似度计算

　　以 WOS 文献数据为例，借助 mk 模块读取数据。首先去除文本数据停用词，加载 cntext 中内置的停用词典，选择英文停用词。输出结果显示该停用词词典共 361 个单词，数据类型为列表（为展示方便，只输出前 50 个单词）。除加载该词典外，也可以自定义词典或者加载其他词典。

```
In [1]: import metaknowledge as mk
        RC = mk.RecordCollection(r'D:\python科学计量可视化\数据\Demo data\Python-Wos', cached = True)

In [2]: import cntext as ct
        stopwords = ct.load_pkl_dict('STOPWORDS.pkl')
        stopwords['STOPWORDS'].keys()
        #已经封装了中文和英文的停用词

Out[2]: dict_keys(['chinese', 'english'])

In [3]: english_stopwords = stopwords['STOPWORDS']['english']
        print(len(english_stopwords), english_stopwords[:50])
        #属于一个列表结构

        361 ['upon', 'wouldn', "isn't", 'nothing', 'these', 'everywhere', 'aren', 'below', 'no', 'nevertheless', 'few', 'quite', 'over', 'som
        ewhere', 'will', 'own', 'none', "needn't", 'nowhere', 'himself', 'bottom', 'top', 'became', "she's", 'mightn', 'which', 'often', "yo
        u're", "mustn't", 'being', 'should', 'm', 'name', 'their', 'eleven', 'further', 'doesn', 'us', "shan't", 'give', 'hers', 'made', 't
        o', 'latterly', 'becomes', 'isn', 'ain', 'ourselves', 'forty', 'she']
```

mk 模块中的 forNLP() 方法可将导入的 RecordCollection 数据类型直接转化为方便进行 nlp（natural language processing）处理的数据格式。该方法中第一个参数是可以指定处理后的数据保存的文件地址，剩下的参数均是对数据的处理。比如，lower 参数赋值为 True 表示所有的单词都是小写，removeNumbers 赋值为 True 是去除数值，参数 dropList 通过指定赋予的列表数据，可以实现对文献中摘要数据进行去除停用词的处理，即凡是在 dropList 列表中的词，经过调用 forNLP() 方法后，文献摘要中将不包含该列表中的内容。

```
In [4]: raw = RC.forNLP('topic_model.csv', lower=True, removeNumbers=True, dropList=english_stopwords,
                removeNonWords=True, removeWhitespace=True)

In [5]: import pandas as pd
        df = pd.DataFrame(raw)
        df.head()

Out[5]:
```

	id	year	title	keywords	abstract
0	WOS:000354489600001	2015	Statistical relationships between journal use...	USAGE	in study analysed statistical association ejou...
1	WOS:000331559800024	2014	H-Classics: characterizing the concept of cita...	TOP-CITED ARTICLES|SCIENCE|BEHAVIOR|WORKS	citation classics identify highly cited papers...
2	WOS:000323389100019	2013	Multi-source, multilingual information extract...		
3	WOS:000571691800006	2020	Open access initiatives in European universiti...	IMPACT|GOLD	in paper authors analyse open access oa output...
4	WOS:000427479800003	2018	Double rank analysis for research assessment	BIBLIOMETRIC INDICATORS|CITATION DISTRIBUTIONS...	reliable methods assessment research success d...

如果需要详细了解 forNLP() 方法的使用，可以调用该方法的帮助文档，查看该方法的描述和参数使用说明。

```
Signature:
RC.forNLP(
    outputFile=None,
    extraColumns=None,
    dropList=None,
    lower=True,
    removeNumbers=True,
    removeNonWords=True,
    removeWhitespace=True,
    removeCopyright=False,
    stemmer=None,
)
Docstring:
Creates a pandas friendly dictionary with each row a `Record` in the `RecordCollection` and the columns fields natural language processing uses (id, tit
le, publication year, keywords and the abstract). The abstract is by default is processed to remove non-word, non-space characters and the case is lower
ed.

# Parameters
```

文献摘要缺失值如何处理呢？在处理 Scopus 文献数据过程中，发现有些文献记录中摘要缺失，但是在字段中并不是空值，对于英文文献的数据缺失值查找，建议使用字符长度进行判断。比如，筛选出字符长度低于 20 的文献记录，共找到 480 篇文献，而字符计数的结果的唯一值经过核实只有 0，说明通过字符长度低于 20 的筛选条件获得的数据均属于缺失摘要的数据。

```
In [5]: import pandas as pd
        df = pd.DataFrame(raw)
        df.head()
```

Out[5]:

	id	year	title	keywords	abstract
0	WOS:000354489600001	2015	Statistical relationships between journal use ...	USAGE	in study analysed statistical association ejou...
1	WOS:000331559800024	2014	H-Classics: characterizing the concept of cita...	TOP-CITED ARTICLES|SCIENCE|BEHAVIOR|WORKS	citation classics identify highly cited papers...
2	WOS:000323389100019	2013	Multi-source, multilingual information extract...		
3	WOS:000571691800006	2020	Open access initiatives in European universiti...	IMPACT|GOLD	in paper authors analyse open access oa output...
4	WOS:000427479800003	2018	Double rank analysis for research assessment	BIBLIOMETRIC INDICATORS|CITATION DISTRIBUTIONS...	reliable methods assessment research success d...

```
In [6]: #缺失值处理
        df['abstract_num'] = df['abstract'].apply(lambda x: len(x))
        df[df['abstract_num']<20]
```

Out[6]:

	id	year	title	keywords	abstract	abstract_num
2	WOS:000323389100019	2013	Multi-source, multilingual information extract...			0
16	WOS:000298325300008	2012	What was wrong with Australia's journal ranking?			0
21	WOS:000465239900010	2019	The Internet of Things			0
24	WOS:000442670600030	2018	MHq indicators for zero-inflated count data - ...	CITATION		0
26	WOS:000288525000015	2011	The Tuning of Place: Sociable Spaces and Perva...			0
...	...	...	...	...	...	...
6271	WOS:000378777500021	2016	Grand challenges in data integration-state of ...			0
6280	WOS:000307730000016	2012	Designing Culture: The Technological Imaginati...			0
6300	WOS:000562564200001	2021	The digital divide	CONNECTION|INTERNET		0
6306	WOS:000513990400001	2020	Data selves: More-than-human perspectives			0
6340	WOS:000335582300001	2014	Untitled			0

480 rows × 6 columns

```
In [7]: df[df['abstract_num']<20]['abstract_num'].unique()
```
Out[7]: array([0], dtype=int64)

进一步，提取摘要为空的文献数据记录，通过反向设置筛选条件从而实现数据中缺失值的剔除，最终得到的数据集为 5 878 条数据记录。

```
In [8]: df = df[df['abstract_num']>=20]
        df
```

Out[8]:

	id	year	title	keywords	abstract	abstract_num
0	WOS:000354489600001	2015	Statistical relationships between journal use ...	USAGE	in study analysed statistical association ejou...	1663
1	WOS:000331559800024	2014	H-Classics: characterizing the concept of cita...	TOP-CITED ARTICLES|SCIENCE|BEHAVIOR|WORKS	citation classics identify highly cited papers...	824
3	WOS:000571691800006	2020	Open access initiatives in European universiti...	IMPACT|GOLD	in paper authors analyse open access oa output...	1234

4	WOS:000427479800003	2018	Double rank analysis for research assessment	BIBLIOMETRIC INDICATORS|CITATION DISTRIBUTIONS...	reliable methods assessment research success d...	946
5	WOS:000539970600005	2020	Italian sociologists: a community of disconnec...	RESEARCH COLLABORATION|GENDER-DIFFERENCES|SOCI...	examining coauthorship networks key study scie...	928
...	...	...	...	...	...	...
6353	WOS:000325475300008	2013	A bibliometric investigation on China-UK colla...	CO-AUTHORSHIP|INTERNATIONAL COLLABORATION|SCIE...	based data web science international collabora...	1187
6354	WOS:000344225200003	2014	Community, Tools, and Practices in Web Archivi...	EVOLUTION	the web encourages constant creation distribut...	915
6355	WOS:000418020600013	2017	Improving fitness: Mapping research priorities...	SCIENCE|BIBLIOMETRICS|TECHNOLOGY|CITATION|POLICY	science policy increasingly shifting emphasis ...	845
6356	WOS:000412527000032	2017	Quantifying the effect of editor-author relati...	JOURNALS|GATEKEEPERS	in article study extent academic peer review p...	1123
6357	WOS:000426807700021	2018	Predicting the research output/growth of selec...	RESEARCH OUTPUT|ECONOMIC-GROWTH|PUBLICATION	the study aims forecast research output select...	1683

5878 rows × 6 columns

借助 jieba 模块对处理好的摘要文本数据进行主题标签的提取，提取的原理是基于 TF-IDF 算法。比如，使用第一条文献记录中的摘要数据，设定提取的主题标签数量，假定为 10，输出结果如下：

```
In [9]: import jieba.analyse
        txt = df['abstract'].values[0]

        print(jieba.analyse.extract_tags(txt, topK=10))
        txt

Building prefix dict from the default dictionary ...
Loading model from cache C:\Users\86177\AppData\Local\Temp\jieba.cache
Loading model cost 0.628 seconds.
Prefix dict has been built successfully.

['articles', 'citation', 'journals', 'assigned', 'distributions', 'strategies', 'subfields', 'published', 'different', 'number']
Out[9]: 'in data sets articles classified subfields journals published the problem journals assigned single subfield assigned several this articl
e discusses multiplicative fractional strategy deal situation the empirical studies different aspects citation distributions strategies n
amely number articles mean citation rate broad shape distribution characterization terms size scaleinvariant indicators high low impact p
resence extreme distributions is distributions behave differently rest we found that despite large differences number articles according
strategies similarity citation characteristics articles published journals assigned subfields guarantees choosing strategies lead radical
ly different picture practical applications nevertheless characterization citation excellence highimpact indicator considerably differ de
pending choice'
```

进一步，借助 cntext 模块中的计算文本相似度的函数，进行文献记录摘要主题标签与关键词的相似度的计算。提取的摘要主题标签存放在列表中，相似度的计算需要比对的对象均为字符串，可以使用 join 的方法将列表转化为字符串；而关键词中的数据类型本身是字符串，但是存在 | 分割，可以按照此分割依据将关键词数据转化成与摘要数据相同格式的字符串数据类型。对于计算文本相似度的方式，cntext 中内置四种方法，分别是基于 cos 余弦相似的 cosine_sim() 方法、jaccard 相似的 jaccard_sim() 方法、最小编辑距离相似的 minedit_sim() 方法以及更改变动算法的 simple_sim() 方法。

```
In [10]: df['keywords'].values[0]

Out[10]: 'CITATION DISTRIBUTIONS|UNIVERSALITY|IMPACT'

In [11]: s1 = ' '.join(jieba.analyse.extract_tags(txt, topK=10))
         s2 = ' '.join(df['keywords'].values[0].lower().split('|'))

In [12]: s1

Out[12]: 'articles citation journals assigned distributions strategies subfields published different number'
```

```
In  [13]:  s2
Out[13]:  'citation distributions universality impact'

In  [14]:  ct.cosine_sim(s1,s2)
Out[14]:  '0.32'

In  [15]:  ct.jaccard_sim(s1,s2)
Out[15]:  '0.17'

In  [16]:  ct.minedit_sim(s1,s2)
Out[16]:  '14.00'

In  [17]:  ct.simple_sim(s1,s2)
Out[17]:  '0.96'
```

单条文献记录中摘要主题标签与关键词相似度计算成功后，接下来，将计算流程应用在整个数据集。整个过程分为两步：第一步，提取数据集中所有摘要中的主题标签；第二步，实现主题标签与关键词的相似度计算，并将结果与数据集进行合并。

在第一步中，首先需要解决一个提取主题标签数量设置的问题。前面在生成主题标签时，topK 是任意指定为 10，用来进行可行性的测试。该参数的设置需要有一定依据，可以按照比对的对象（文献记录关键词）的数量指定，获取文献记录关键词中最多的关键词数量作为摘要主题生成的标签数量。然后，将提取摘要标签的流程应用于整个数据集。

```
In  [18]:  #查看关键词中最多的个数
          df['keywords'].apply(lambda x: len(x.split('|'))).max()
          #关键词中最多的个数是恰巧10个，那么主题词也依照10个生成，进行比对
Out[18]:  10

In  [19]:  df['top_tags'] = df['abstract'].apply(lambda x: jieba.analyse.extract_tags(x, topK=10))
          df
```

Out[19]:

	id	year	title	keywords	abstract	abstract_num	top_tags
0	WOS:000310550000007	2012	Multiplicative and fractional strategies when ...	CITATION DISTRIBUTIONS|UNIVERSALITY|IMPACT	in data sets articles classified subfields jou...	835	[articles, citation, journals, assigned, distr...
1	WOS:000533832300003	2020	References to literature from the business sec...	KNOWLEDGE PRODUCTION|INDUSTRY|SCIENCE|CITATION...	expansion government rd budgets promoting elec...	1691	[patents, ev, charging, patent, knowledge, bus...
2	WOS:000323388800007	2013	On ranking relevant entities in heterogeneous ...	RETRIEVAL	a new challenge accessing multiple relevant en...	976	[entities, bibliographic, network, information...
3	WOS:000419516900001	2018	Toward an Anatomy of IR System Component Perfo...	SIZE	information retrieval ir systems prominent mea...	1122	[ir, components, methodology, systems, evaluat...
4	WOS:000386373000009	2016	Effect of high energy physics ...	SCIENTIFIC COLLABORATION|BIG SCIENCE|IMPACT...	we analyze effect high energy ...	435	[rankings, effect, science, output, ...

在第二步中，首先将按照四种文本相似度计算的流程封装为函数，然后用两条数据测试其可行性，正确无误后应用于整个数据集。由于数据较多，文本数据的处理过程花费的时间也会增加，可以记录程序执行该步骤的时间。

```
In [20]: def get_similarity(ab_txt,kw_txt):
             s1 = ' '.join(jieba.analyse.extract_tags(ab_txt, top=10))
             s2 = ' '.join(kw_txt.lower().split('|'))

             return ['cosine_sim':float(ct.cosine_sim(s1,s2)),
                     'jaccard_sim':float(ct.jaccard_sim(s1,s2)),
                     'minedit_sim':float(ct.minedit_sim(s1,s2)),
                     'simple_sim':float(ct.simple_sim(s1,s2))]

         get_similarity(s1,s2)
```

```
Out[20]: ['cosine_sim': 0.32,
          'jaccard_sim': 0.17,
          'minedit_sim': 14.0,
          'simple_sim': 0.96]
```

```
In [21]: #数据量多时，可以使用部分数据进行测试
         pd.DataFrame(df[:2].apply(lambda x: get_similarity(x.abstract,x.keywords),axis=1).tolist())
```

Out[21]:

	cosine_sim	jaccard_sim	minedit_sim	simple_sim
0	0.32	0.17	14.0	0.96
1	0.20	0.11	20.0	0.96

```
In [22]: %%time
         df_sim = pd.DataFrame(df.apply(lambda x: get_similarity(x.abstract,x.keywords),axis=1).tolist())
```

Wall time: 25 s

其次，将求解出来的文本相似度与原数据集进行合并，在此过程中可以查看各相似度结果字段的最大值，从而了解摘要主题标签与关键词之间的相似性最大可以达到什么程度。

```
In [23]: df_sim
```

Out[23]:

	cosine_sim	jaccard_sim	minedit_sim	simple_sim
0	0.32	0.17	14.0	0.96
1	0.20	0.11	20.0	0.96
2	0.00	0.00	19.0	0.95
3	0.00	0.00	19.0	0.95
4	0.20	0.11	12.0	0.96
...	...	...	...	...
5873	0.10	0.05	17.0	0.96
5874	0.00	0.00	19.0	0.95
5875	0.00	0.00	12.0	0.96
5876	0.00	0.00	19.0	0.94
5877	0.18	0.08	22.0	0.95

5878 rows × 4 columns

```
In [24]: df_sim.max()
```

```
Out[24]: cosine_sim     0.61
         jaccard_sim    0.44
         minedit_sim   64.00
         simple_sim     0.98
         dtype: float64
```

```
In [25]: df = df.reset_index(drop=True)
         df = pd.concat([df,df_sim],axis=1)
         df
```

Out[25]:

	title	keywords	abstract	abstract_num	top_tags	cosine_sim	jaccard_sim	minedit_sim	simple_sim
	lultiplicative d fractional egies when	CITATION DISTRIBUTIONS|UNIVERSALITY|IMPACT	in data sets articles classified subfields jou...	835	[articles, citation, journals, assigned, distr...	0.32	0.17	14.0	0.96
	ferences to rature from e business sec...	KNOWLEDGE PRODUCTION|INDUSTRY|SCIENCE|CITATION...	expansion government rd budgets promoting elec...	1691	[patents, ev, charging, patent, knowledge, bus...	0.20	0.11	20.0	0.96

最后，以余弦相似度的结果为例进行可视化展示（也可以选取其他计算相似度的结果）。当鼠标放在图中非数据点区域时，会自动显示整个数据分布的相关统计量，相似度匹配的结果最大达到 0.61，最低一条关键词都没有匹配（有些文献中的关键词量少，或者只有一个，整体相似度偏低）。

```
In [26]:  #以余弦相似度为例进行结果展示
          from plotly.offline import iplot
          import plotly.graph_objs as go

          data = []
          data.append(
                  go.Box(
                  x=df['cosine_sim'],
                  text=df['title'],
                  hoverinfo='text+x',
                  )
          )

          fig = go.Figure(data=data)
          iplot(fig)
```

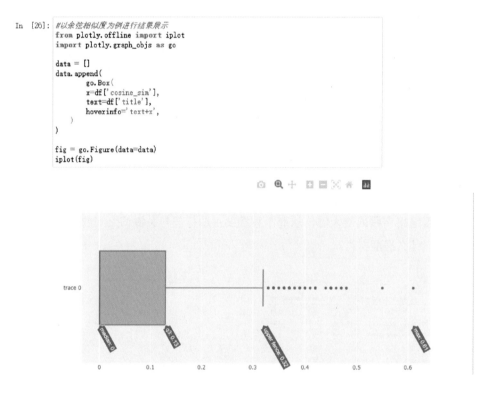

如果鼠标放置在对应的数据点上，会显示相似度值和对应的文献标题。

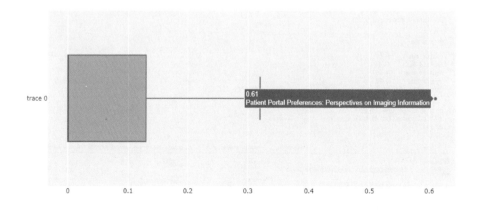

由于已经将计算的文本相似度与原数据集合并，因此可以借助筛选条件，获取对应文献中具体的摘要主题标签和关键词进行对比。输出结果中，上方的列表是文献关键词的信息，下方的列表是摘要主题标签信息。

```
In [27]: for i in df[df['cosine_sim']==0.61][['keywords','top_tags']].iloc[0]:
             if type(i) == str:
                 print(i.lower().split('|'))
             else:
                 print(i)

['health information', 'cancer-patients', 'medical-records', 'lung-cancer', 'internet', 'behavior', 'access', 'care', 'experiences',
'needs']
['patients', 'information', 'patient', 'needs', 'lung', 'cancer', 'medical', 'portal', 'found', 'access']
```

7.3.2 基于 Sklearn 模块文本数据主题挖掘（NMF 和 LDA 模型）

为方便进行运算，将数据剔除空值后转化为 numpy[1] 的 array 的数组类型。数据类型转化完毕后核实数据量，与 7.3.1 小节进行筛选排除的结果一致。

```
In [28]: import numpy as np
         documents = [i for i in raw['abstract'] if i !='']
         docs = np.asarray(documents)
         docs
         #剔除空值，将列表数据转化为numpy的array数组类型数据，提升运算速度
```

```
Out[28]: array(['the years seen growing interest main path analysis scholars wide spectrum disciplines humon doreian introduced method effective technique mapping technolo p
         xploring scientific knowledge flows conducting literature reviews nevertheless issues broadly discussed applying method including handling citation data choosing p
         ht schema search options interpretation resulting paths this note aims deepen discussions concludes suggestions strategies applying main path analysis',
         'scientists collaborate increasingly global scale does trend hold bibliometric relations direct citations cocitations shared references this study examines
         ons publications published journal scientometrics  different measures mean geographical distance and tested if citation links consideration indication and increas
         nces relation weak tendency increasing and observed one major factor lack growth mean distances form distribution citation links distances our data suggest interac
         ously short long distances',
         'this study explores  steps  main library classification systems library congress classification dewey decimal classification universal decimal classificati
         edge first mapped knowledge covered  systems ve pillars knowledge map human knowledge comprises  pillars evaluative model ve mapped subjectbased classes subclasse
         cal structures then zoomed  pillars analyzed systems cover  knowledge domains finally focused  library systems based way covers  knowledge domains evident failed a
         ally present contemporary human knowledge they unsystematic biased  and  levels hierarchical structures incomplete',
         ...,
         'research development activities regarded influencing factors future country large investments research yield tremendous outcome terms countrys overall weal
         public financial resources countries limited calls wise targeted investment scientific publications considered main outputs research investment although general tr
         cations increasing detailed analysis required monitor research trends assess line research priorities country such focused monitoring shed light scientific activit
         ion new research areas helping governments adjust priorities required but monitoring output funded research manually expensive difficult subjective using structura
         evaluated trends academic research performed federally funded canadian researchers timeframe  covering research publications the proposed approach makes possible
         ically monitor research projects set documents related research activities funding proposals largescale our results confirm accordance performed federally funded r
```

```
In [29]: len(docs)
```

```
Out[29]: 5878
```

sklearn 模块 [2] 中封装了大量模型，比如，书中使用的 NMF[3] 和 LDA 模型。在使用模型前，需要将文本数据进行 TF-IDF 算法转化为特征矩阵，传入模型中即可。进行文本数据转化之前，首先需要人为指定参数 topics 和参数 top_words，即模型训练完成后生成的主题数量和每个主题中包含的单词数量。测试案例中指定了生成 50 个主题，每个主题中包含 10 个单词。

---

[1] numpy 功能介绍及应用：https://blog.csdn.net/lys_828/article/details/109849483。

[2] sklearn 模块官方网址：https://scikit-learn.org/stable/。

[3] Cédric Févotte. Algorithms for Nonnegative Matrix Factorization with the β-Divergence[J]. Neural Computation, 2011, 23(9)：2421-2456.

第一步是加载 TF-IDF 算法特征矩阵转化器，将文本数据转化为 tfidf 特征矩阵。

```
In [30]:  topics = 50
          top_words = 10
```

```
In [31]:  from sklearn.feature_extraction.text import TfidfVectorizer
          from sklearn.decomposition import NMF, LatentDirichletAllocation

          tfidf_vectorizer = TfidfVectorizer()
```

```
In [32]:  tfidf = tfidf_vectorizer.fit_transform(docs)
```

然后，初始化 NMF 模型，并将训练过后的 tfidf 特征矩阵传入模型中。代码执行第 33 步封装函数 print_top_words() 用于打印每个主题对应的 top_words 的格式输出。NMF() 函数中的参数设置，第一个参数指定生成的主题数量，第二个参数指定一个随机状态，以保证每次执行后生成的结果一致，方便对比。

```
In [33]:  def print_top_words(model, feature_names, top_words):
              for topic_idx, topic in enumerate(model.components_):
                  print("Topic #%d:" % topic_idx)
                  print(" ".join([feature_names[i]
                                  for i in topic.argsort()[:-top_words - 1:-1]]))
              print()
```

```
In [34]:  %%time
          nmf = NMF(n_components=topics, random_state=1).fit(tfidf)

          Wall time: 22 s
```

```
In [35]:  tfidf_feature_names = tfidf_vectorizer.get_feature_names()
          print_top_words(nmf, tfidf_feature_names, top_words)

          Topic #0:
          research field analysis bibliometric areas area the output fields study
          Topic #1:
          information health behavior use seeking digital sources needs article theory
          Topic #2:
          collaboration international collaborations collaborative coauthorship domestic patterns partners collaborate collaborators
          Topic #3:
          patent patents technological citations office value uspto applications inventions family
          Topic #4:
          journals published publishing journal if access open predatory publish jcr
          Topic #5:
          quality quantity wikipedia assessment conferences conference reputation metrics different standard
```

用同样的方式，将经过 TF-IDF 算法处理过后的文本数据传入 LDA 模型 [1] 中进行训练。由于使用 LDA 模型训练会相对比较慢，可以设定一些加快模型训练的参数，比如 learning_method 默认参数是 batch，可以指定为 ONLINE 加快模型的训练速度，其中 max_iter（最大的迭代次数）和 learning_offset（降低迭代的权重）可以搭配 ONLINE 模式进行使用（为展示方便，输出结果中只截取部分内容）。

---

[1] "Online Learning for Latent Dirichlet Allocation"：https://github.com/blei-lab/onlineldavb。

```
In [36]:  tfidf_vectorizer = TfidfVectorizer()
          tfidf = tfidf_vectorizer.fit_transform(docs)
```

```
In [37]:  %%time
          lda = LatentDirichletAllocation(n_components=topics, max_iter=5,
                                          learning_method='online',
                                          learning_offset=50.,
                                          random_state=0)
          lda.fit(tfidf)
```

```
Wall time: 27.2 s
```

```
Out[37]:  LatentDirichletAllocation(learning_method='online', learning_offset=50.0,
                                    max_iter=5, n_components=50, random_state=0)
```

```
In [38]:  tf_feature_names = tfidf_vectorizer.get_feature_names()
          print_top_words(lda, tf_feature_names, top_words)
```

```
Topic #0:
quantity quality trend researchers bursty funding dcm impact tct publications
Topic #1:
below header ontoneo medicalimage obstetrics neonatal scenes imageusers specificlevel scenerelated
Topic #2:
heartbeat nonbiomedical heartbeats honored laureates nobel raans scientists sleeping biomedical
Topic #3:
ril cheminformatics foreground actornetwork contextcentered contexthas endless fieldcentrality tenets digital
Topic #4:
research the citation information scientific journals data science we papers
Topic #5:
archetypoids archetypoid madap eurocentric tho mekong pseudolikelihood unification spacetype qbetaealpha
```

7.3.3　基于 Gensim 模块的文本数据主题挖掘与 pyLDAvis 的交互可视化

（1）基于 Gensim 模块的文本数据主题挖掘：

第一步，加载停用词。除使用 cntext 中内置的停用词词典外，也可以安装第三方模块 stop-words，该模块中包含 174 个英文停用词，进一步将两个停用词模块进行合并，最终将停用词表拓展至包含停用词 390 个。

```
In [39]:  from stop_words import get_stop_words
          stopwords = get_stop_words('en')
          print(len(stopwords), stopwords[:50])
```

```
174 ['a', 'about', 'above', 'after', 'again', 'against', 'all', 'am', 'an', 'and', 'any', 'are', 'aren't', 'as', 'at', 'be', 'because', 'been', 'before', 'being', 'below', 'between', 'both', 'but', 'by', 'can't', 'cannot', 'could', "couldn't", 'did', "didn't", 'do', 'does', "doesn't", 'doing', "don't", 'down', 'during', 'each', 'few', 'for', 'from', 'further', 'had', "hadn't", 'has', "hasn't", 'have', "haven't", 'having']
```

```
In [40]:  #cntext内置停用词
          print(len(english_stopwords), english_stopwords[:50])
```

```
361 ['upon', 'wouldn', "isn't", 'nothing', 'these', 'everywhere', 'aren', 'below', 'no', 'nevertheless', 'few', 'quite', 'over', 'somewhere', 'will', 'own', 'none', 'needn't', 'nowhere', 'himself', 'bottom', 'top', 'became', "she's", 'mightn', 'which', 'often', "you're", "mustn't", 'being', 'should', 'm', 'name', 'their', 'eleven', 'further', 'doesn', 'us', "shan't", 'give', 'hers', 'made', 'to', 'latterly', 'becomes', 'isn', 'ain', 'ourselves', 'forty', 'she']
```

```
In [41]:  stopwords_2 = list(set(stopwords+english_stopwords))
          print(len(stopwords_2), stopwords_2[:50])
```

```
390 ["aren't", 'toward', 'else', 'theirs', "what's", 'throughout', 'someone', 'onto', 'namely', 'whatever', 'almost', 'before', "that'll", "weren't", 'twenty', "she's", 'has', 'around', 'since', 'her', 'rather', 'three', 'against', 'two', 'hereupon', 'sometimes', 'per', 'to', 'none', "why's", 'yours', 'behind', 'former', 'whole', "he'll", 'already', 'besides', 'mustn', 'keep', "you'd", 'because', 'until', 'have', 'see', 'anything', 'becomes', 'could', 'quite', 'latter', "don't"]
```

第二步，去除停用词，并提取文本数据的所有单词，形成列表。借助 RC.forNLP() 方法直接在文本数据中过滤掉停用词。每一条文献记录中的摘要单词按照空格分隔，将字符串类型数据转化成列表类型数据，最后所有的文献记录集中在一起，组成一个大列表，因此，清洗完毕后的数据 cleaned_tokens 属于双层列表结构（为展示方便，输出结果中只截取部分内容）。

```
In [42]: raw = RC.forNLP('gensim_model.csv', lower=True, removeNumbers=True, dropList=stopwords_2,
             removeNonWords=True, removeWhitespace=True)
```

```
In [43]: cleaned_tokens = [i.split() for i in raw['abstract'] if i !='']
         cleaned_tokens
```

```
Out[43]: [['in',
           'position',
           'article',
           'synthesize',
           'knowledge',
           'gaps',
```

第三步，构建语料库和转化数据类型。把筛选完毕后的文本数据形成语料库，顺带转化成方便模型进行运算处理的 numpy 的 array 数组类型。

```
In [44]: import gensim
         from gensim import corpora, models
         dictionary = corpora.Dictionary(cleaned_tokens)
```

```
In [45]: array = np.asarray(cleaned_tokens)
```

```
In [46]: corpus = [dictionary.doc2bow(word) for word in array]
```

第四步，将语料库中的文本数据转化为文本向量。

```
In [46]: corpus = [dictionary.doc2bow(word) for word in array]
```

第五步，加载创建 LDA 模型，传入向量化后的文本语料库，指定生成主题数量和构建单词 ID 向单词映射的字典（也是最初未向量化的语料库）。

```
In [47]: %%time
         ldamodel = gensim.models.ldamodel.LdaModel(corpus=corpus, num_topics=50, id2word = dictionary,random_state=24)

         Wall time: 6.74 s
```

第六步，打印指定主题数量和对应的高频单词。

```
In [48]: ldamodel.print_topics(num_topics=10, num_words=5)
Out[48]: [(8,
          '0.022*"patients" + 0.015*"translational" + 0.015*"doi" + 0.013*"convergence" + 0.012*"standards"'),
          (33,
          '0.042*"citation" + 0.020*"books" + 0.020*"references" + 0.014*"cocitation" + 0.010*"documents"'),
          (41,
          '0.020*"information" + 0.019*"search" + 0.014*"users" + 0.011*"relevance" + 0.009*"the"'),
          (27,
          '0.023*"research" + 0.019*"articles" + 0.016*"the" + 0.011*"citation" + 0.008*"analysis"'),
          (3,
          '0.025*"research" + 0.014*"the" + 0.013*"information" + 0.009*"science" + 0.008*"analysis"'),
          (36,
```

```
'0.033*"citations" + 0.021*"papers" + 0.018*"the" + 0.015*"citation" + 0.014*"number"'),
(9,
'0.035*"search" + 0.033*"query" + 0.030*"queries" + 0.024*"image" + 0.022*"retrieval"'),
(20,
'0.020*"publications" + 0.012*"the" + 0.010*"year" + 0.010*"number" + 0.009*"distribution"'),
(43,
'0.019*"research" + 0.018*"the" + 0.014*"social" + 0.012*"data" + 0.010*"this"'),
(47,
'0.013*"data" + 0.011*"research" + 0.011*"keywords" + 0.010*"the" + 0.009*"in"')]
```

第七步，如有需要，可以保存语料库和训练完毕的模型。

```
In [49]:  dictionary.save('paper_abstracts.dict')
          ldamodel.save('paper_abstracts_lda.model')
```

（2）文本数据主题挖掘与 pyLDAvis 的交互可视化：

安装 pyLDAvis 第三方模块后，加载模块中的用于对 gensim_models 进行分析的子模块 gensimvis，构建可视化需要的数据，需要传入的三个参数分别为创建的模型、向量化语料库、未向量化的语料库。

```
In [50]:  #需要先安装 pyLDAvis库, pip install pyLDAvis
          import pyLDAvis.gensim_models as gensimvis
          import pyLDAvis
          vis_data = gensimvis.prepare(ldamodel, corpus, dictionary)
```

直接调用 pyLDAvis 模块中的展示子模块 display，将可视化结果内嵌到 notebook 中。

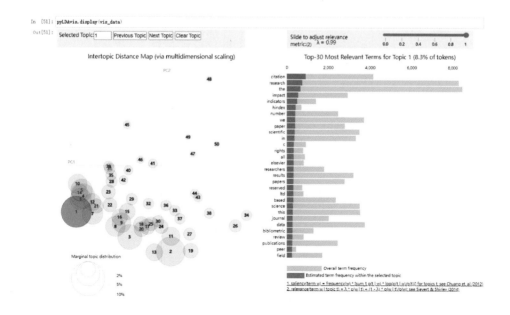

科学文献知识网络分析

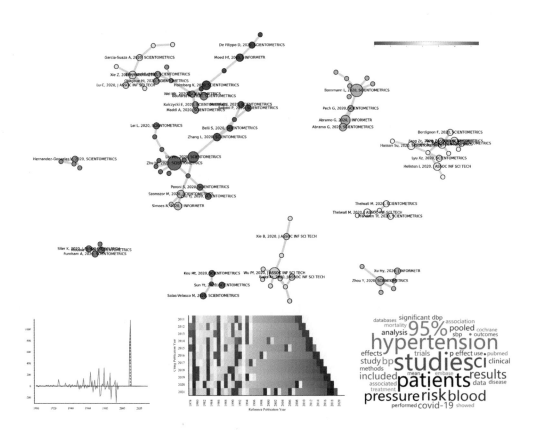

8.1 网络分析基础

8.1.1 知识网络分析基础

从分析的角度来看，社会网络通常分为两大类：个体网络（也称自我中心网络 ego-centric network）与整体网络（也称社会中心网络 socio-centric network）。科学文献知识网络分析也可按照此标准进行个人网络和整体网络的划分。个体网络是指网络中只有一个核心行动者，其余行动者都与此相关联，比如某位高产作者的知识网络，见图 8.1。而整体网络中不存在以某一成员为核心的结构，而是侧重于一个群体或者组织的关联，比如某研究领域内的知识网络，见图 8.2。

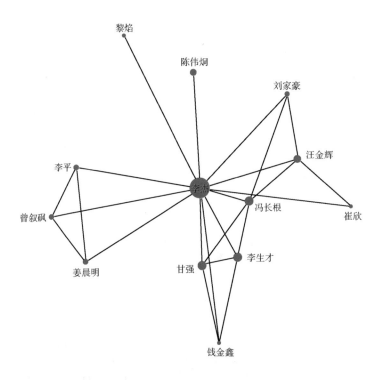

图 8.1　某作者的知识网络

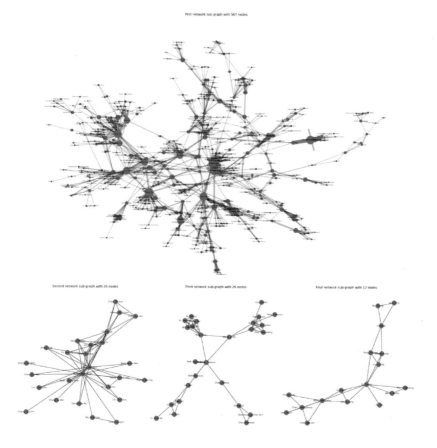

图 8.2　某研究领域的知识网络

　　社会网络分析主要有两大要素：①行动者，其在网络中的位置被称作结点或者节点（node）；②关系，即行动者之间的关联，在网络中使用连线（edge）表示。科学文献知识网络也是由节点和关系构成，其中的节点不限于人员，也可以是研究机构或者研究学者所在的国家或者地区等非人员属性的信息。networkx 是一个基于 Python 语言开发用于绘制知识网络图的模块，内置很多常用的网络图和复杂的网络分析算法，后续的网络图绘制都是基于此模块。

8.1.2　知识网络图构成

　　（1）简单网络图绘制。由于不同的项目会用到不同版本的模块，在 Python

编程中可能出现版本模块冲突或者不匹配的现象，为了保证代码执行结果的可复现性，在进行绘制图形前，了解使用模块的版本信息就是一项重要的步骤，具体的代码操作和输出结果如下：

```
In [1]:  import matplotlib, networkx, sys, seaborn, plotly, pandas, numpy
         print('python的版本为：', sys.version)
         print('networkx模块的版本为：', networkx.__version__)
         print('matplotlib模块的版本为：', matplotlib.__version__)
         print('pandas模块的版本为：', pandas.__version__)
         print('seaborn模块的版本为：', seaborn.__version__)
         print('plotly模块的版本为：', plotly.__version__)
         print('numpy模块的版本为：', numpy.__version__)

         python的版本为：  3.8.8 (default, Apr 13 2021, 15:08:03) [MSC v.1916 64 bit (AMD64)]
         networkx模块的版本为：  2.8.7
         matplotlib模块的版本为：  3.4.1
         pandas模块的版本为：  1.2.4
         seaborn模块的版本为：  0.11.1
         plotly模块的版本为：  5.17.0
         numpy模块的版本为：  1.20.1
```

最简单的网络图绘制：可借助 nx.Gragh() 先创建一个空白图；接着使用 add_edges_from() 添加连线与节点信息，或在创建图形的同时把连线和节点信息填充完整；最后使用 nx.draw(G) 绘制网络图，程序会默认布局和画布。

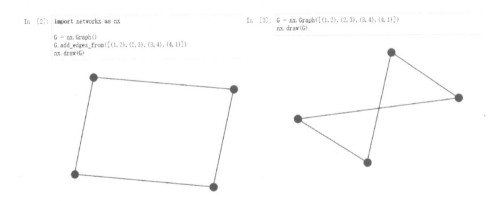

```
In [2]: import networkx as nx

        G = nx.Graph()
        G.add_edges_from([(1,2),(2,3),(3,4),(4,1)])
        nx.draw(G)
```

```
In [3]: G = nx.Graph([(1,2),(2,3),(3,4),(4,1)])
        nx.draw(G)
```

（2）完整的网络图绘制。一个完整的知识网络图包含三部分：

　　a）画布，用于放置绘制的网络图，控制图像的大小；

　　b）图像，网络图的核心，设置节点和连线；

　　c）布局，其中包含如何设置节点布局和网络图布局。

画布的大小借助 plt.figure() 方法中的 figsize 参数指定，传入的具体参数需要是一个元组数据类型，包含两个元素，分别代表图像的宽（ width ）和高（ height ），单位为英尺（inches）；

　　节点布局中借助 nx.draw() 方法中的第二个位置参数 pos 指定，需传入的具体参数为字典数据类型，其中字典中的键是绘制网络图中的节点，值是各个节点的坐标；

　　节点标签信息的显示借助 with_labels=True 参数指定，nx.draw() 绘制图形时程序默认不显示节点标签。

　　除直接使用 nx.draw() 绘制图形外，还可以使用拥有更多绘图参数的 nx.draw_networkx() 方法，此方法默认显示节点标签和坐标轴信息（即画布）。

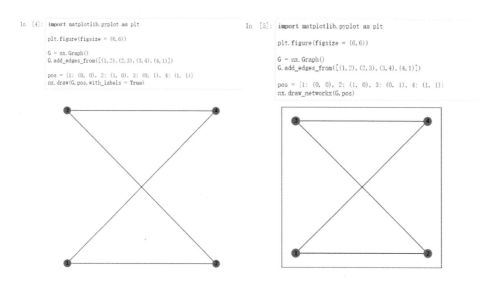

```
In [4]: import matplotlib.pyplot as plt

        plt.figure(figsize = (6,6))

        G = nx.Graph()
        G.add_edges_from([(1,2),(2,3),(3,4),(4,1)])

        pos = {1: (0, 0), 2: (1, 0), 3: (0, 1), 4: (1, 1)}
        nx.draw(G,pos,with_labels = True)
```

```
In [5]: import matplotlib.pyplot as plt

        plt.figure(figsize = (6,6))

        G = nx.Graph()
        G.add_edges_from([(1,2),(2,3),(3,4),(4,1)])

        pos = {1: (0, 0), 2: (1, 0), 3: (0, 1), 4: (1, 1)}
        nx.draw_networkx(G,pos)
```

　　在 nx.draw_networkx() 基础上，还有一些针对具体的节点、连线、标签、布局等方面的快速绘制的方法，比如：

- nx.draw_networkx_nodes()

- nx.draw_networkx_edges()

- nx.draw_networkx_labels()

- nx.draw_spring()

- nx.shell_layout()

　　……

每种方法中具体的参数较多且有所不同，这里以实例演示介绍上述列举方法中各自常用的一些参数。

绘制节点时，主要是 node_size 节点大小、nodelist 需要绘制的节点构成的列表、node_color 节点颜色等的设置；

绘制连线时，主要是 alpha 线条的透明度、width 线条的粗细、edge_color 线条颜色（默认是黑色，下图未进行修改）等设置；

标签信息中主要是字体的设置，font_size 代表标签的字体大小。

这些方法的前两个参数一样，代表着网络图和节点布局；然后，网络图的布局是借助最后四行代码完成，其中，plt.gca() 获取整个坐标轴（即画布），ax.margins() 设置网络图与画布之间的相对距离，plt.axis('off') 关闭坐标轴中的轴刻度显示，plt.show() 显示最终图像。

```
In [6]: import matplotlib.pyplot as plt

        plt.figure(figsize = (6,6))

        G = nx.Graph([(1,2),(2,3),(3,4),(4,1)])
        pos = {1: (0, 0), 2: (1, 0), 3: (0, 1), 4: (1, 1)}
        nx.draw_networkx_nodes(G, pos, node_size=1000, nodelist=[1, 2], node_color="green")
        nx.draw_networkx_nodes(G, pos, node_size=1000, nodelist=[3, 4], node_color="red")

        nx.draw_networkx_edges(G, pos, alpha=0.5, width=6)
        nx.draw_networkx_labels(G, pos, font_size=20)

        ax = plt.gca()
        ax.margins(0.1) #此处是设置图像距离画布的之间的布局
        plt.axis("off")
        plt.show()
```

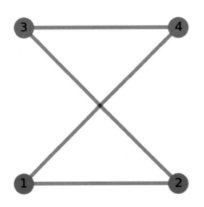

上述示例中只有四个节点，可以单独进行具体位置的指定，但是，项目研究

中往往节点的数量众多，一一指定节点坐标较为麻烦，因此，可以用到 networkx 模块中自带的布局算法。nx.spring_layout() 模拟网络的力向表示，将边缘视为弹簧保持节点关闭，同时将节点视为排斥对象，模拟排斥持续进行，直到位置接近平衡。nx.shell_layout() 将所有的节点以同心圆的方式进行放置。

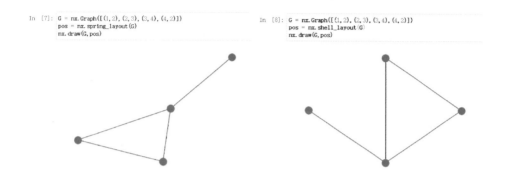

```
In [7]: G = nx.Graph([(1, 2), (2, 3), (3, 4), (4, 2)])
        pos = nx.spring_layout(G)
        nx.draw(G, pos)
```

```
In [8]: G = nx.Graph([(1, 2), (2, 3), (3, 4), (4, 2)])
        pos = nx.shell_layout(G)
        nx.draw(G, pos)
```

这两种布局算法较为常用，也被进一步简化封装到网络图的绘制方法中，直接使用 nx.draw_spring() 和 nx.draw_shell() 即可完成相应布局网络图的绘制。除了这两种布局算法外，其余布局算法可以参照 networkx 官方手册中的 Graph layout 章节。❶

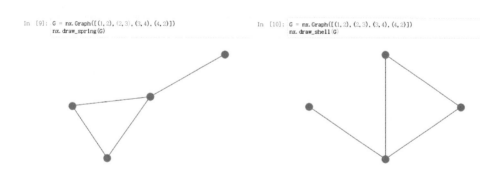

```
In [9]: G = nx.Graph([(1, 2), (2, 3), (3, 4), (4, 2)])
        nx.draw_spring(G)
```

```
In [10]: G = nx.Graph([(1, 2), (2, 3), (3, 4), (4, 2)])
         nx.draw_shell(G)
```

8.1.3 知识网络图中的术语

（1）术语和统计量概念。

群体（group）和子群（subgroup）：由全部的节点和连线构成的网络图称

---

❶ 网络图节点布局: https://networkx.org/documentation/stable/reference/drawing.html#module-networkx.drawing.layout。

为群体，子群属于群体下面的一个子集。

度（degree）：是指与某节点相连接的线条数目，又称关联度。节点度为零的节点称为孤立点（isolate）。此外基于节点度，还有四个常用的指标进行评价网络中节点特征，具体介绍见表 8.1。

表 8.1　节点特征评价的四个常用指标

中文名称	英文名称	功能描述
度中心性	Centrality	反映节点在网络结构中的位置或者优势的差异，一个节点的度越大，意味着这个节点的中心度越强，该节点在网络中越重要
接近中心性	Closeness Centrality	反映某一节点与网络中的其他节点之间的关系密切程度
中介中心性	Betweenness Centrality	反映某一节点与其他节点之间的间隔程度，指的是一个节点充当其他两个节点之间最短路径的"桥梁"次数，次数越多，说明该节点的间距中心度越大
特征向量中心性	Eigenvector Centrality	一个节点的重要性既取决于其邻居节点的度，也取决于其邻居节点的重要性。换言之，在一个网络中，如果一个人拥有很多重要的朋友，那么他也将是非常重要的

注：特征向量中心性和度中心性不同，一个度的中心性高即意味着拥有很多连接的节点，但特征向量中心性不一定高。同理，特征向量中心性高并不意味着它的节点度中心性高，拥有很少但很重要的连接者也可以拥有高特征向量中心性。

自循环（self edges/self loops）：节点自己与自己相连。

密度（density）：反映网络关系的密切程度，即密度越大，表明各个节点之间的关系越密切。

网络传递性（transitivity）：反映节点聚集程度的系数，一个网络有一个值，用于衡量网络的复杂程度，值越大，说明交互关系越大，网络越复杂。

（2）获取术语信息实例。networkx 模块中也包含很多自动生成网络的算法，借助 nx.gnp_random_graph() 方法以概率 p=0.02 生成 100 个以二项分布为特征的网络图，为保证每次代码执行后生成相同的节点和连线数据相同，指定随机种子 seed 参数，从而实现计算的统计量一致。

```
In [11]: G = nx.binomial_graph(100, 0.02, seed=24)
         nx.draw(G)
```

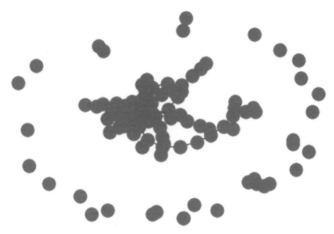

图像中的节点和连线信息是通过生成的图像对象 G，然后以 G.nodes() 和 G.edges() 方式获取的，剩下的孤立点、自循环、网络密度及网络传递性都是通过 networkx 下面自带的方法获取的，代码操作及输出结果如下。对于上述六项网络图的基础信息，单独查看均需要执行一次代码；后续为方便使用，可以把获取此六项数据的过程封装为一个函数，以便后续查看知识网络图基础信息时可以直接调用输出结果。

```
In [12]: len(G.nodes())
Out[12]: 100
```

```
In [15]: len(list(nx.selfloop_edges(G)))
Out[15]: 0
```

```
In [13]: len(G.edges())
Out[13]: 85
```

```
In [16]: nx.density(G)
Out[16]: 0.01717171717171717
```

```
In [14]: len(list(nx.isolates(G)))
Out[14]: 21
```

```
In [17]: nx.transitivity(G)
Out[17]: 0.020689655172413793
```

```
In [18]:  def graphStats(G):
              basic_info = f'''
          Nodes: {len(G.nodes())}
          Edges: {len(G.edges())}
          Isolates: {len(list(nx.isolates(G)))}
          Self loops: {len(list(nx.selfloop_edges(G)))}
          Density: {nx.density(G):.8f}
          Transitivity: {nx.transitivity(G):.8f}
              '''

              return basic_info

          print(graphStats(G))


          Nodes: 100
          Edges: 85
          Isolates: 21
          Self loops: 0
          Density: 0.01717172
          Transitivity: 0.02068966
```

（3）最大子群和网络图孤立点的识别。借助 nx.connected_components() 方法可以快速获取构成网络图的各个子群的节点数据，借助 for 循环推导式可以快速统计每个子群的节点数量及对应的节点信息（输出结果中只有一个集合元素的节点就是孤立点）。使用默认调用方法时返回的结果是由每个子群构成的节点组成的集合数据类型，进一步，添加一个对集合进行计数的输出结果，从而完成对网络图中子群的节点构成和节点数量的统计。

```
In [19]:  print([c for c in nx.connected_components(G)])

          [{0, 1, 2, 3, 4, 5, 6, 7, 8, 9, 10, 12, 13, 14, 15, 16, 20, 23, 25, 26, 27, 28, 29, 31, 32, 33, 35, 37, 39, 40, 47, 48, 50, 51, 52, 5
          4, 56, 59, 60, 62, 63, 64, 66, 67, 68, 69, 70, 71, 72, 73, 75, 77, 79, 80, 81, 82, 85, 86, 88, 89, 91, 92, 93, 94, 95, 96, 97, 99},
          {34, 38, 11, 44, 84}, {17}, {18}, {74, 19}, {21}, {22}, {24}, {30}, {36}, {41}, {42, 46}, {43}, {45}, {49}, {76, 53}, {55}, {57}, {5
          8}, {61}, {65}, {78}, {83}, {87}, {90}, {98}]

In [20]:  print([(len(c), c) for c in nx.connected_components(G)])

          [(68, {0, 1, 2, 3, 4, 5, 6, 7, 8, 9, 10, 12, 13, 14, 15, 16, 20, 23, 25, 26, 27, 28, 29, 31, 32, 33, 35, 37, 39, 40, 47, 48, 50, 51,
          52, 54, 56, 59, 60, 62, 63, 64, 66, 67, 68, 69, 70, 71, 72, 73, 75, 77, 79, 80, 81, 82, 85, 86, 88, 89, 91, 92, 93, 94, 95, 96, 97, 9
          9}), (5, {34, 38, 11, 44, 84}), (1, {17}), (1, {18}), (2, {74, 19}), (1, {21}), (1, {22}), (1, {24}), (1, {30}), (1, {36}), (1, {4
          1}), (2, {42, 46}), (1, {43}), (1, {45}), (1, {49}), (2, {76, 53}), (1, {55}), (1, {57}), (1, {58}), (1, {61}), (1, {65}), (1, {78}),
          (1, {83}), (1, {87}), (1, {90}), (1, {98})]
```

最大子群的识别是基于获取子群节点数量最大值时对应的网络。首先借助 max() 方法获取最大值对应的集合数据，接着借助 G.subgraph() 方法生成最大子群，最后使用绘图函数可视化网络图。

核心代码：max((G.subgraph(c) for c in nx.connected_components(G)), key=len)

```
In [21]:  print(max([c for c in nx.connected_components(G)], key=len))

          {0, 1, 2, 3, 4, 5, 6, 7, 8, 9, 10, 12, 13, 14, 15, 16, 20, 23, 25, 26, 27, 28, 29, 31, 32, 33, 35, 37, 39, 40, 47, 48, 50, 51, 52, 5
          4, 56, 59, 60, 62, 63, 64, 66, 67, 68, 69, 70, 71, 72, 73, 75, 77, 79, 80, 81, 82, 85, 86, 88, 89, 91, 92, 93, 94, 95, 96, 97, 99}

In [22]:  H = max((G.subgraph(c) for c in nx.connected_components(G)), key=len)

In [23]:  plt.figure(figsize=(6,6))
          nx.draw_spring(H, with_labels=True)
```

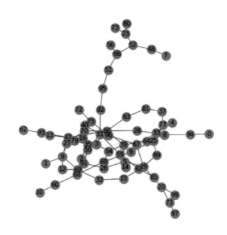

网络图孤立点的识别是借助 nx.isolate() 方法，待传入网络图对象 G 后，程序会自动输出该网络图中的孤立点信息，结果是由各孤立点组成的集合数据。

```
In [30]: print(list(nx.isolates(G)))
         [17, 18, 21, 22, 24, 30, 36, 41, 43, 45, 49, 55, 57, 58, 61, 65, 78, 83, 87, 90, 98]
```

（4）网络图节点度信息的统计。获取任意某一节点度的数值时，只需要将对应的节点名称传入图形对象 degree() 方法中即可，比如，这里验证 66 和 56 节点度的数值，输出的结果和生成的最大子群中对应节点周围的连线数量一致。进一步，可以求解网络图中所有节点的中心度的指标信息，每个指标在 networkx 模块中都有对应的方法，各个方法调用后返回的结果均是字典，字典中的键是节点的名称，字典中的值对应着各个指标下求解的数值。这里需要注意，当网络图中节点数量较多时，求解特征向量中心度可能会报错迭代次数，无法求解 PowerIterationFailedConvergence:（'power iteration failed to converge within 100 iterations'），此时可以增加 max_iter 数值（默认算法迭代数值是 100 次）。

* 求解节点的度：degree()

* 求解节点中心度：nx.degree_centrality()

* 求解特征向量中心度：nx.eigenvector_centrality()

* 求解间距中心度：nx.betweenness_centrality()

* 求解紧密中心度：nx.closeness_centrality()

```
In  [25]: H. degree(66)
Out[25]: 3

In  [26]: H. degree(56)
Out[26]: 1

In  [27]: deg = nx. degree_centrality(H)
          eig = nx. eigenvector_centrality(H, max_iter=500)
          bet = nx. betweenness_centrality(H)
          clo = nx. closeness_centrality(H)
```

为方便查看和进一步应用求解的各指标数据，可将结果转化成为 pandas 模块中的 DataFrame 数据类型。首先将获得的四个指标变量以列表形式传入 pd.DataFrame() 中，由于默认生成的 DataFrame 中字典的键（即节点名称）是作为列名，而行名（索引 index）是默认的排序的数值，可以指定索引 index 数据为四个指标名称组成的列表，在生成数据后完成行和列的转置操作，最终实现行数据为每个节点的四个中心度指标的信息。左下方提示的 68 rows 说明最大子群中的所有节点（即 68 个节点）的中心度信息都已统计完成。进一步，将获取网络图节点中心度相关的操作也进行封装，方便在日后分析时直接调用。

```
In  [28]: import pandas as pd
          pd. DataFrame([deg, eig, bet, clo], index=['degree', 'eigenvector', 'betweenness', 'closeness']). T
Out[28]:
```

	degree	eigenvector	betweenness	closeness
0	0.014925	0.011267	0.000000	0.127619
1	0.014925	0.105864	0.000000	0.150901
2	0.029851	0.110116	0.017111	0.165025
3	0.029851	0.049311	0.030228	0.170918
4	0.014925	0.035677	0.000000	0.159905
...	...	...	...	...
94	0.029851	0.034357	0.029851	0.145969
95	0.029851	0.005195	0.236092	0.141949
96	0.044776	0.128404	0.104138	0.201201
97	0.014925	0.015729	0.000000	0.143777
99	0.014925	0.042802	0.000000	0.166667

68 rows × 4 columns

```
In  [29]: def degreeStats(Graph):
              import pandas as pd

              deg = nx. degree_centrality(Graph)
              eig = nx. eigenvector_centrality(Graph, max_iter=500)
              bet = nx. betweenness_centrality(Graph)
              clo = nx. closeness_centrality(Graph)
```

```
df = pd.DataFrame([deg, eig, bet, clo],index=['degree', 'eigenvector', 'betweenness', 'closeness']).T
    return df

degreeStats(H)
```

Out[29]:

	degree	eigenvector	betweenness	closeness
0	0.014925	0.011267	0.000000	0.127619
1	0.014925	0.105864	0.000000	0.150901
2	0.029851	0.110116	0.017111	0.165025
3	0.029851	0.049311	0.030228	0.170918
4	0.014925	0.035677	0.000000	0.159905
...	...	...	...	...
94	0.029851	0.034357	0.029851	0.145969
95	0.029851	0.005195	0.236092	0.141949
96	0.044776	0.128404	0.104138	0.201201
97	0.014925	0.015729	0.000000	0.143777
99	0.014925	0.042802	0.000000	0.166667

68 rows × 4 columns

8.2　创建和处理知识网络的方法

　　mk 是基于 networkx 模块进一步封装的 Python 第三方模块，即在进行知识网络绘制和分析时，不仅可以使用 networkx 模块中原有的各种方法，也可以使用 mk 中的高阶方法。mk 中有 10 种网络数据生成器（Generator），具体介绍见表 8.2。虽然很多方法在处理数据和绘制网络图的过程逻辑一致，但是研究人员对于呈现的网络需求可能不同。比如在进行共被引网络（co-citation networks）分析时，连线的权重值为 1 的边通常被认为是噪音数据，研究者也可根据设置的节点阈值进行节点过滤。

表 8.2　mk 中的 10 种网络数据生成器

数据生成器	应用于数据集	使用方式
Co-author	RecordCollection	RC.networkCoAuthor()
Co-investigator	GrantCollection	GC.networkCoInvestigator()
Institutions	GrantCollection	GC.networkCoInvestigatorInstitution()
Citation	RecordCollection	RC.networkCitation()

数据生成器	应用于数据集	使用方式
Co-citation	RecordCollection	RC.networkCoCitation()
Bib coupling	RecordCollection	RC.networkBibCoupling()
One-node	RecordCollection, GrantCollection	RC.networkOneMode()
Two-node	RecordCollection, GrantCollection	RC.networkTwoMode()
Multi-node	RecordCollection, GrantCollection	RC.networkMultiMode()
Multi-level	RecordCollection, GrantCollection	RC.networkMultiLevel()

注：补充文件中包含了各个方法中所有参数的功能说明以及测试结果。

为满足根据某些属性修改网络的需求，mk 中提供了 dropEdges(), dropNodes-ByDegree() 和 dropNodesByCount() 等方法。这三种方法中，第一个参数都是它们将要修改的图形的变量名称。它们修改的方式是在原地修改原始图形，而不是生成新图形，从而能在处理大型网络时提高计算效率，然后有一系列可选参数来控制筛选连线或节点的条件，包括下限和上限阈值、属性的名称以及是否丢弃自循环等。

8.3 知识网络分析

8.3.1 作者合作网络（Co-authorship）

WOS 文献数据收集中，作者的字段有两个（"AU"和"AF"）。在进行作者合作网络数据处理时，为避免作者名称缩写重名的问题，按照作者的全称进行匹配，即采用"AF"字段中的作者姓名进行匹配。

（1）作者合作网络基础信息的获取。新建一个 Python3 文件，导入需要使

用的模块以及 WOS 数据集。通过 RC.networkCoAuthor() 方法快速生成作者合作
网络数据，进一步，借助 mk 中的 graphStats() 方法可以快速获取知识网络中的
基础信息，此方法和前面获取知识网络术语信息示例中封装方法的输出结果的内
容一致，mk 模块也是将六项基础信息的获取方式进行封装。

```
In [1]: import metaknowledge as mk
        import matplotlib.pyplot as plt
        import seaborn as sns
        import networkx as nx

        #需要安装 python-louvain这个库就可以了, 并不是直接安装community
        import community
        import pandas

        # 创建交互图形
        import chart_studio.plotly as py
        import plotly.graph_objs as go


        import warnings
        warnings.filterwarnings("ignore")
```

```
In [2]: import metaknowledge as mk
        RC = mk.RecordCollection(r'D:\python科学计量可视化\数据\Demo data\Python-Wos', cached = True)
        coauth_net = RC.networkCoAuthor()
        print(mk.graphStats(coauth_net))

        Nodes: 9464
        Edges: 17982
        Isolates: 431
        Self loops: 0
        Density: 0.000401573
        Transitivity: 0.472737
```

（2）根据连线精简作者合作网络数据集。输出的知识网络图数据集中共有 9
464 个节点，17 982 条连线，431 个孤立点，无自循环节点 / 连线。如果采用全
部数据集进行可视化展示，图形中节点和连线太多，代码执行时间过长（此时间
与执行代码所在的电脑或者服务器相关，测试电脑运行的时长达到 3 分钟 18 秒），
而且因生成的网络图过密而无法获取有效信息。

```
In [3]: %%time
        nx.draw_spring(coauth_net)

        Wall time: 3min 18s
```

因此，精简网络图中的节点和连线数量是必要操作，具体方式有两种：①减少作者合作网络数据，通过对年份数据进行切片，缩短研究的年限，比如从 10 年的数据集中挑选 5 年的数据；②按照指定过滤的标准对网络图中的节点和连线进行过滤，为提高运算效率，mk 中的 drop 过滤操作是在原图中进行，因此，不需要进行重新赋值变量的操作。其中，前者虽然可以减少数据量，但是可能遗漏掉重要信息，而且还可能存在网络图中节点和连线过密的问题，故主要的方向应该在节点和连线过滤上。比如，按照连线间的最小权重 minWeight 设置为 2，删除自循环的连线 dropSelfLoops，最终得到的数据集中的连线数量较之前减少近 6 倍以上。

```
In [4]: mk.dropEdges(coauth_net, minWeight = 2, dropSelfLoops = True)
        print(mk.graphStats(coauth_net))

        Nodes: 9464
        Edges: 2309
        Isolates: 7672
        Self loops: 0
        Density: 5.15644E-05
        Transitivity: 0.406815
```

（3）作者合作网络子群的识别及可视化。虽然边缘的数量已经减少很多，但要把 2 309 条连线和 9 464 个节点都显示在一张图上，呈现的可视化效果会很差。可以借助最大子群识别方式，获取网络图中关联信息最多的一个网络子群，此时运行绘图代码 nx.draw() 仅需要约 2s 时间即可绘制出图。

```
In [5]: giant_coauth = max((coauth_net.subgraph(c) for c in nx.connected_components(coauth_net)), key=len)
        print(mk.graphStats(giant_coauth))

        Nodes: 567
        Edges: 1049
        Isolates: 0
        Self loops: 0
        Density: 0.00653741
        Transitivity: 0.301594
```

```
In [6]: %%time
        nx.draw(giant_coauth)

        Wall time: 2.15 s
```

获取知识网络子群后，进行网络图可视化，具体美化绘图操作可以从下面三方面进行：

a）网络图节点的大小：比如，作者出现的次数（即节点的计数 count），节点中心度；

b）连线的粗细：比如，作者之间的关联权重（即连线的 weight）；

c）网络布局：比如，各节点之间的距离和整个网络的布局。

借助 RC.networkCoAuthor() 方法生成作者合作网络数据集，节点信息中包含作者计数 count 属性，连线信息中包含作者关联的权重 weight 属性，借助 giant_coauth.nodes.data() 方法和 giant_coauth.edges.data() 方法，可快速查看知识网络子群的节点和连线的全部信息。两者数据结构基本一致，属性信息都在单个元素的最后面以字典的形式进行存放，因此，可借助列表推导式，构建绘制网络图所需的节点大小列表和连线粗细的列表：

a）节点大小获取：[v['count']*5 for k,v in giant_coauth.nodes.data()]；

b）连线粗细获取：[v[-1]['weight'] for v in giant_coauth.edges.data()]。

由于节点和连线信息较多，为方便展示，这里折叠了第 7~9 步的输出结果，第 10 步中的输出只进行部分显示。

```
In [7]: giant_coauth.nodes.data()
                                          ...

In [8]: node_size = [v['count']*5 for k,v in giant_coauth.nodes.data()]
        print(node_size)
                                          ...

In [9]: giant_coauth.edges.data()
                                          ...

In [10]: edge_width = [v[-1]['weight'] for v in giant_coauth.edges.data()]
         print(edge_width)

[2, 4, 2, 2, 8, 2, 2, 3, 2, 2, 2, 2, 2, 2, 2, 6, 2, 2, 2, 2, 6, 13, 2, 3, 2, 2, 3, 4, 2, 3, 5, 4, 2, 2, 3, 4, 2, 2, 2, 5, 6, 2,
2, 2, 2, 2, 5, 4, 2, 2, 3, 2, 2, 3, 5, 5, 6, 2, 6, 3, 2, 6, 4, 2, 2, 2, 2, 2, 2, 2, 7, 4, 2, 4, 2, 4, 2,
2, 2, 3, 2, 6, 2, 5, 2, 83, 14, 2, 20, 5, 7, 3, 2, 3, 3, 5, 3, 2, 2, 2, 2, 3, 2, 25, 4, 2, 2, 2, 3, 2, 6, 3, 2,
3, 5, 3, 7, 3, 7, 5, 2, 3, 2, 2, 2, 2, 3, 4, 2, 2, 2, 2, 2, 2, 2, 2, 3, 4, 3, 2, 2, 4, 3, 3, 3, 2, 2, 2, 2, 3,
```

为方便保存在本地的网络图可视化文件的管理，建议在当前的 Python3 文件路径下创建一个 figures 空文件夹，用于存放图形文件，创建文件夹可以手动创建，也可以使用代码创建。使用代码创建的逻辑即先进行当前路径下是否有指定名称的文件夹的判断 if not os.path.exists()，如果满足此条件，再创建指定文件夹 os.mkdir()，不满足此条件，说明已有指定文件夹不需要重复创建。

节点和连线属性的设置：

a）绘制节点时将节点大小列表变量赋值给 `nx.draw_networkx_nodes()` 中的 `node_size` 参数；

b）绘制连线是将连线粗细列表变量赋值给 `nx.draw_networkx_edges()` 中的 `width` 参数；

c）根据需要可以自行设置透明度 `alpha`、`edge_color` 等参数。

布局的调整：

a）`nx.spring_layout()` 中指定参数 `k`，用于控制节点之间的距离，避免节点在网络图中过于拥挤；

b）参数 `seed` 用于复现代码出图效果，避免每次运行代码出的图形都是不一样的；

c）网络图布局中采用 `margin()` 和 `tight_layout()` 方法调节网络图与画布之间的相对距离。

```
In [11]: import os
         if not os.path.exists('figures'):
             os.mkdir('figures')

         fig = plt.figure(figsize=(20,20))
         pos = nx.spring_layout(giant_coauth, seed=20, k=0.1)
         nx.draw_networkx_nodes(giant_coauth, pos, node_size=node_size)
         nx.draw_networkx_edges(giant_coauth, pos, width=edge_width, alpha=0.3, edge_color='k')

         nx.draw_networkx_labels(giant_coauth, pos, font_size=5)


         ax = plt.gca()
         ax.margins(0.1)
         fig.tight_layout()
         plt.savefig('figures/co-authorship_giant_coauth.png', dpi=300)
         plt.axis('off')
         plt.show()
```

最后利用 `plt.savefig()` 保存整个图像到本地文件中，该方法中的第一个位置参数是保存的文件名称，参数 `dpi` 用来控制图形的分辨率，值越大图像越清晰，图片文件占用的计算机内存也越大。最终输出的图形如图 8.3 所示。

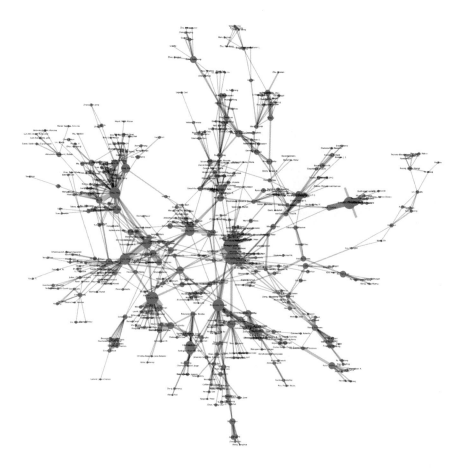

图 8.3　最大子群可视化网络

此外，对于网络图布局可以尝试不同算法，比如采用 nx.spiral_layout() 布局。

```
In  [12]:  fig, ax = plt.subplots(figsize=(20,20))
           pos = nx.spiral_layout(giant_coauth)
           nx.draw_networkx_nodes(giant_coauth, pos, node_size=node_size)
           nx.draw_networkx_edges(giant_coauth, pos, width=edge_width, alpha=0.3, edge_color='k')

           ax.margins(0.1)
           fig.tight_layout()
           plt.savefig('figures/co-authorship-spiral_layout.png', dpi=300)
           plt.axis('off')
           plt.show()
```

输出的网络图可参见图 8.4。

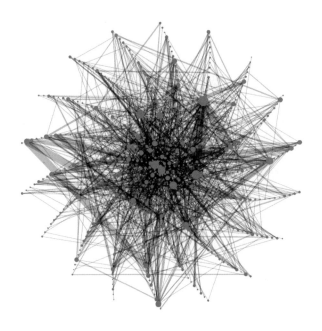

图 8.4　基于 spiral_layout 布局的可视化网络

　　除了知识网络图中的最大子群，其余子群中也包含着知识信息，因此，获取全部子群数据集并可视化网络也是不可或缺的需求。知识网络的子群获取方式即是按照网络图中所有节点的数量进行统计，然后借助 sorted() 方法将结果按照从大到小排序，接着按照需求索引或者切片对应位置的数据即可完成不同子群数据集的获取。第 13 步中输出的全部子群中节点和节点的数量信息，内容较多，折叠输出结果；第 14 步中进行最大子群基础信息的获取，用于比对核实数据；第 15 步查看全部子群中的节点数量，并展示部分输出。

```
In [13]: sub_graphs_ordered = sorted([c for c in nx.connected_components(coauth_net)], key=len, reverse=True)
         sub_graphs_ordered
                                          ...
```

```
In [14]: print(mk.graphStats(coauth_net.subgraph(sub_graphs_ordered[0])))

         Nodes: 567
         Edges: 1049
         Isolates: 0
         Self loops: 0
         Density: 0.00653741
         Transitivity: 0.301594
```

```
In [15]: print([len(i) for i in sub_graphs_ordered])
         #除了最大的子群有567个节点外，剩余的子群中节点相对较少

         [567, 26, 26, 17, 11, 11, 11, 10, 9, 8, 7, 7, 7, 6, 6, 6, 6, 6, 6, 6, 6, 6, 6, 6, 5, 5, 5, 5, 5, 5, 5, 5, 5, 5, 5, 5,
         5, 5, 5, 5, 5, 5, 5, 5, 5, 5, 4, 4, 4, 4, 4, 4, 4, 4, 4, 4, 4, 4, 4, 4, 4, 4, 4, 4, 4, 4, 4, 4, 4, 4, 4, 4, 4, 4, 4,
         4, 4, 4, 4, 4, 4, 4, 4, 4, 4, 4, 4, 4, 4, 4, 4, 3, 3, 3, 3, 3, 3, 3, 3, 3, 3, 3, 3, 3, 3, 3, 3, 3, 3,
```

子群节点数量的输出结果中，最大子群和其余子群之间的节点数量相差甚远，表明知识网络信息主要集中在最大子群上。如有需求，可以根据节点数量进行子群筛选，比如这里将节点数量大于 15 的子群全部挑选出来并最终可视化呈现在一张画布上。

单一子群的数据获取与可视化：

a）对 sub_graphs_ordered 列表进行相应位置的元素取值；

b）使用 subgraph() 方法形成子群网络图数据；

c）借助 nx.draw()/nx.draw_spring() 等方法进行图形可视化。

分别对知识网络节点数量大于 15 的子群中的第二、三、四子群进行数据获取及可视化，代码操作及输出结果如下。

```
In [16]: second_sub = coauth_net.subgraph(sub_graphs_ordered[1])
         nx.draw_spring(second_sub,with_labels=True, font_size = 8)
```

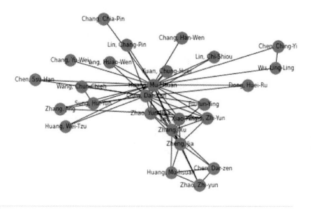

```
In [17]: third_sub = coauth_net.subgraph(sub_graphs_ordered[2])
         nx.draw_spring(third_sub,with_labels=True, font_size = 8)
```

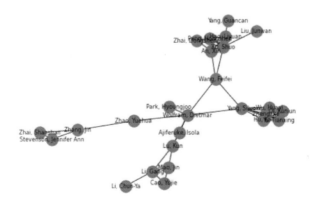

```
In [18]:   four_sub = coauth_net.subgraph(sub_graphs_ordered[3])
           nx.draw_spring(four_sub,with_labels=True, font_size = 8)
```

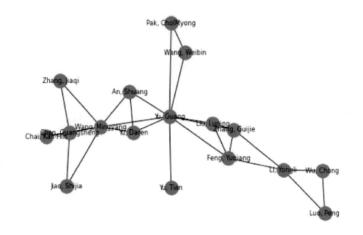

（4）作者合作网络多子群可视化。有时，需要将按照某些指定标准筛选的知识网络子群进行同画布显示，即将满足条件的所有作者合作网络显示在同一张图片上。具体操作涉及画布的设计：画布大小的设置、画布中的布局（几行几列）、指定绘制图像位于某几列某几行、最后把图像放在规划好的行列中。比如，按照标准已经筛选了 4 个知识网络子群，布局方式为 6 行 6 列，图像放置方式为 1 上3 下，即最大子群放置在前 4 行所有列，剩下 3 个子群放在后 2 行，依次每两列放置一个知识网络图。画布的大小尽量使用行和列的公倍数，比如这里 figsize 设置的是 12x12。

```
In [19]:   #设置画布大小
           fig = plt.figure(figsize=(12,12))

           #调整画布中的网络布局，设置为6行6列
           axgrid = fig.add_gridspec(6,6)

           #最大子群放置在前四行和所有列
           ax0 = fig.add_subplot(axgrid[:4, :])

           #剩下的三个子群放在在后两行各两列中
           ax1 = fig.add_subplot(axgrid[4:, :2])
           ax2 = fig.add_subplot(axgrid[4:, 2:4])
           ax3 = fig.add_subplot(axgrid[4:, 4:])
```

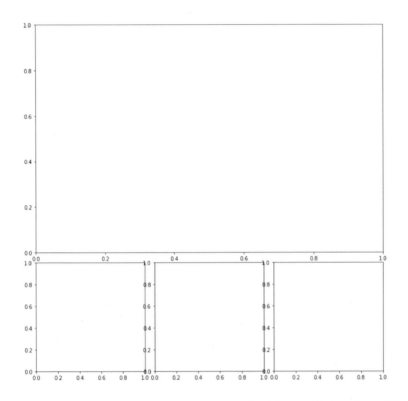

　　接着把绘制知识网络图的代码放置在对应的网格布局中，调整各个网格之间的间距，并保存图像。放置的核心代码参数是 ax，对应的绘制图形代码在对应的 ax 参数中指定，添加各子图的标题和取消子图中的坐标轴信息也是基于各 ax。各个子图之间的距离借助 tight_layout() 方法中的 pad 参数来调整，该值为正表示彼此间距扩大，为负表示彼此间距缩小。这里需要注意，该方法是针对整个画布，即 fig 设置，一个 fig 中包含多个 ax 子图。当绘制的图形较多时，若需要较高的清晰度，可以增大 dpi 参数值，同时配合参数 bbox_inches='tight' 使用。

```
In [20]:  #设置画布大小
          fig = plt.figure(figsize=(20, 20))

          #调整画布中的网络布局，设置为6行6列
          axgrid = fig.add_gridspec(6, 6)

          #最大子群放置在前四行和所有列
          ax1 = fig.add_subplot(axgrid[:4, :])
          pos = nx.spring_layout(giant_coauth, seed=20, k=0.1)
          nx.draw_networkx_nodes(giant_coauth, pos, node_size=node_size, ax=ax1)
          nx.draw_networkx_edges(giant_coauth, pos, width=edge_width, alpha=0.3, edge_color='k', ax=ax1)
          nx.draw_networkx_labels(giant_coauth, pos, font_size=5, ax=ax1)
          ax1.set_title('First network sub-graph with 567 nodes')
          ax1.set_axis_off()
```

```
#剩下的三个子群放在在后两行各两列中
ax2 = fig.add_subplot(axgrid[4:, :2])
second_sub = coauth_net.subgraph(sub_graphs_ordered[1])
nx.draw_spring(second_sub, with_labels=True, font_size = 8, ax=ax2)
ax2.set_title('Second network sub-graph with 26 nodes')
ax2.set_axis_off()

ax3 = fig.add_subplot(axgrid[4:, 2:4])
third_sub = coauth_net.subgraph(sub_graphs_ordered[2])
nx.draw_spring(third_sub, with_labels=True, font_size = 8, ax=ax3)
ax3.set_title('Third network sub-graph with 26 nodes')
ax3.set_axis_off()

ax4 = fig.add_subplot(axgrid[4:, 4:])
four_sub = coauth_net.subgraph(sub_graphs_ordered[3])
nx.draw_spring(four_sub, with_labels=True, font_size = 8, ax=ax4)
ax4.set_title('Four network sub-graph with 17 nodes')
ax4.set_axis_off()

fig.tight_layout(pad=-5)  #使得各个网格之间的布局更紧凑，正值表示间距扩大，负值代表间距缩小
plt.savefig('figures/co-authorship_multi_sub_graphs.png', dpi=600, bbox_inches='tight')
#bbox_inches='tight'是指生成的本地图片中的布局紧，上面的fig.tight_layout是显示在当前notebook的图片布局紧凑
```

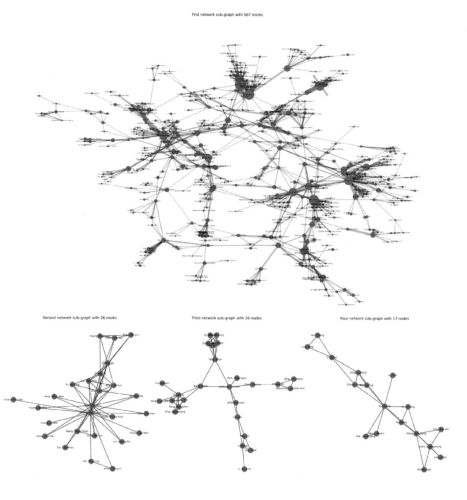

（5）知识网络节点中心度相关指标的求解与可视化。调用封装的

degreeStats() 方法，传入图形对象，即可获取知识网络图中节点中心度相关指标的 DataFrame 数据。比如，传入作者合作网络最大子群的图形对象。

```
In [21]: def degreeStats(Graph):
             import pandas as pd

             deg = nx.degree_centrality(Graph)
             eig = nx.eigenvector_centrality(Graph,max_iter=500)
             bet = nx.betweenness_centrality(Graph)
             clo = nx.closeness_centrality(Graph)

             df = pd.DataFrame([deg, eig, bet, clo],index=['degree', 'eigenvector', 'betweenness', 'closeness']).T

             return df

         degreeStats(giant_coauth)
```

Out[21]:

	degree	eigenvector	betweenness	closeness
Liu, Zeyuan	0.003534	0.000446	0.000000	0.170482
Schlagberger, Elisabeth Maria	0.003534	0.001994	0.000000	0.179398
Velden, Theresa	0.005300	0.000019	0.003534	0.153014
Hug, Sven E.	0.005300	0.002761	0.003534	0.179512
Tahamtan, Iman	0.001767	0.001776	0.000000	0.179341
...	...	...	...	...
Ding, Kun	0.008834	0.000051	0.038181	0.145764
Chen, Jin	0.005300	0.000623	0.077034	0.192125
Zhu, Jia	0.003534	0.003362	0.000000	0.154014
Huang, Yi	0.001767	0.011890	0.000000	0.156874
Sun, Jianjun	0.007067	0.085732	0.015957	0.201927

567 rows × 4 columns

获取整个网络中所有节点的中心度相关指标数据，可直接将 RC.network-CoAuthor() 读入后的网络数据对象传入 degreeStats() 方法中，但是，这样会加大程序的运行时间，并且由于孤立点众多，导致输出的 DataFrame 中很多位置均是 0 或者很小的数值。

```
In [22]: #如果需要全部的网络节点的中心性的求解可以直接传入coauth_net网络图变量

         degreeStats(coauth_net)
         #其实可以发现跟多节点的中心性都是0，再结合前面获取的全部的作者合作网络子群中的节点数量
         # 获取的最大的网络子群基本上可以代表整个网络
```

Out[22]:

	degree	eigenvector	betweenness	closeness
Fanelli, Daniele	0.0	6.065998e-50	0.0	0.0
Zhang, Yongjun	0.0	6.065998e-50	0.0	0.0
Ma, Jialin	0.0	6.065998e-50	0.0	0.0
Wang, Zijian	0.0	6.065998e-50	0.0	0.0

Chen, Bolun	0.0	6.065998e-50	0.0	0.0
...	...	...	...	...
Day, Ronald E.	0.0	6.065998e-50	0.0	0.0
Ma, Yuanye	0.0	6.065998e-50	0.0	0.0
Sumikura, Koichi	0.0	6.065998e-50	0.0	0.0
Pardo, Daniel	0.0	6.065998e-50	0.0	0.0
Israeli, Tamar	0.0	6.065998e-50	0.0	0.0

9464 rows × 4 columns

所以，在进行知识网络中心度相关指标信息的求解的过程中，使用最大子群基本可代表整个网络（本案例中最大子群中节点数量 567，剩余子群节点数量相较很小）。分别选取四个中心度的指标进行可视化绘图，比如，以作者合作网络最大子群中的节点各中心度指标数值排序前五十的数据为例，进行数据可视化。此部分代码具有通用性，只需修改传递的字段名称和轴标题。

```
In [24]: trace = go.Bar(
             x = cent_df_d50.index,
             y = cent_df_d50['degree']
         )

         data = [trace]

         layout = go.Layout(
             yaxis=dict(
                 title='Degree Centrality',
             )
         )

         fig = go.Figure(data=data, layout=layout)
         py.iplot(fig, filename='cent-dist')
```

Out[24]:

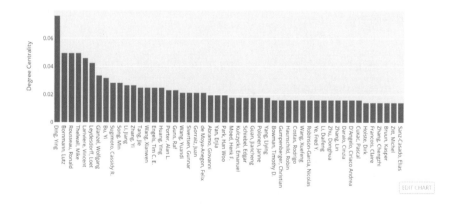

```
In [25]: cent_df_c50 = degreeStats(giant_coauth).sort_values('closeness', ascending = False)[:50]

         trace = go.Bar(
             x = cent_df_c50.index,
             y = cent_df_c50['closeness']
         )

         data = [trace]

         layout = go.Layout(
             yaxis=dict(
                 title='Closeness Centrality',
             )
         )

         fig = go.Figure(data=data, layout=layout)
         py.iplot(fig, filename='cent-dist-c')
```

Out[25]:

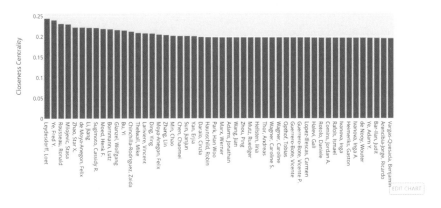

```
In [26]: cent_df_c50 = degreeStats(giant_coauth).sort_values('betweenness', ascending = False)[:50]

         trace = go.Bar(
             x = cent_df_c50.index,
             y = cent_df_c50['betweenness']
         )

         data = [trace]

         layout = go.Layout(
             yaxis=dict(
                 title='Betweenness Centrality',
             )
         )

         fig = go.Figure(data=data, layout=layout)
         py.iplot(fig, filename='cent-dist-b')
```

Out[26]:

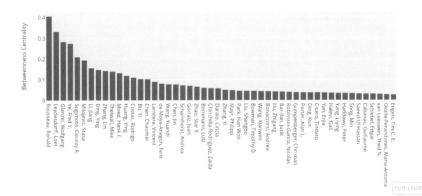

```
In  [27]:   cent_df_c50 = degreeStats(giant_coauth).sort_values('eigenvector', ascending = False)[:50]

            trace = go.Bar(
                x = cent_df_c50.index,
                y = cent_df_c50['eigenvector']
            )

            data = [trace]

            layout = go.Layout(
                yaxis=dict(
                    title='Eigenvector Centrality',
                )
            )

            fig = go.Figure(data=data, layout=layout)
            py.iplot(fig, filename='cent-dist-e')
```

Out[27]:

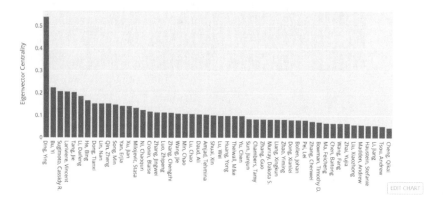

除了对单一中心度指标数据进行可视化外，还可以对比任意两指标数据，根据需要选择动态交互式图形绘制和静态图形绘制。比如，选取 Degree Centrality 和 Betweenness Centrality 进行散点图绘制。

```
In  [28]:   cent_df = degreeStats(giant_coauth)

            trace = go.Scatter(
                x = cent_df['degree'],
                y = cent_df['betweenness'],
                mode = 'markers',
            )

            data = [trace]

            layout = go.Layout(
                xaxis=dict(
                    title='Degree Centrality',
                ),
                yaxis=dict(
                    title='Betweenness Centrality',
                )
            )
            fig = go.Figure(data=data, layout=layout)
            py.iplot(fig, filename='centralities-scatter')
```

Out[28]:

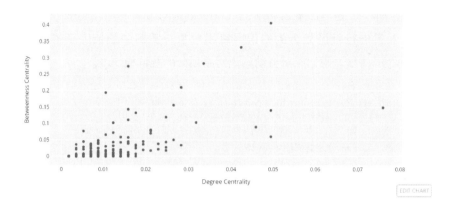

```
In [29]: with sns.axes_style('white'):
             sns.jointplot(x='degree', y='eigenvector', data=cent_df,
                           xlim = (0, .1), ylim = (0, 1),
                           color = 'gray')
         sns.despine()
plt.savefig('figures/cent_scatterplot.png',dpi=300)
```

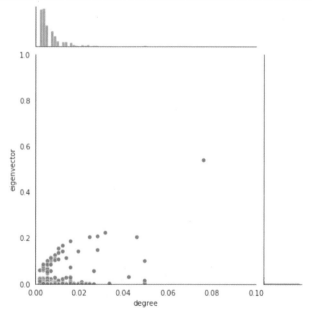

（6）作者合作群体网络可视化。借助 community 模块，可以用 Louvain 算法[1] 快速进行知识网络图社区的划分。安装此模块的方式是 pip install python–

---

❶　Louvain 算法详解：https://zhuanlan.zhihu.com/p/178790546。

louvain，而 不 是 直 接 pip install community。community.best_partition() 方法中传入需进行社区划分的知识网络图对象，案例中是最大子群对象。借助 modularity() 方法，可以求解当前知识网络划分的社群模块度。

```
In  [30]:  partition = community.best_partition(giant_coauth)
           modularity = community.modularity(partition, giant_coauth)
           print('Modularity:', modularity)
```

Modularity: 0.8839354204694985

将划分的社群应用到作者合作网络最大子群的可视化中。将网络图中的节点颜色 node_color 指定为划分的模块数值，借助颜色色谱图，自动分配某一主题中的颜色。

```
In  [31]:  plt.figure(figsize=(12,12))
           colors = [partition[n] for n in giant_coauth.nodes()]
           my_colors = plt.cm.Set2
           nx.draw_spring(giant_coauth, node_color=colors, cmap = my_colors, edge_color = "#D4D5CE", with_labels=True, font_size=6)
           plt.savefig('figures/coauthors_community.png')
```

颜色色谱[1]可以直接进入 matplotlib 中的官网查看详细说明，为方便后续使用，直接给出全部的颜色色谱图主题。颜色色谱图主题也可以借助试错法获得，即可以在赋值 my_colors 变量时传入一个系统中没有的主题，比如使用 plt.cm.12345，运行代码后，报错提醒中会提示主题应该在指定的范围中选取。

```
In [32]: print('Accent', 'Accent_r', 'Blues', 'Blues_r', 'BrBG', 'BrBG_r', 'BuGn', 'BuGn_r', 'BuPu', 'BuPu_r', 'CMRmap', 'CMRmap_r',
         'Dark2', 'Dark2_r', 'GnBu', 'GnBu_r', 'Greens', 'Greens_r', 'Greys', 'Greys_r', 'OrRd', 'OrRd_r', 'Oranges', 'Oranges_r',
         'PRGn', 'PRGn_r', 'Paired', 'Paired_r', 'Pastel1', 'Pastel1_r', 'Pastel2', 'Pastel2_r', 'PiYG', 'PiYG_r', 'PuBu', 'PuBu_r',
         'PuBuGn_r', 'PuBu_r', 'PuOr', 'PuOr_r', 'PuRd', 'PuRd_r', 'Purples', 'Purples_r', 'RdBu', 'RdBu_r', 'RdGy', 'RdGy_r', 'RdPu',
         'RdPu_r', 'RdYlBu', 'RdYlBu_r', 'RdYlGn', 'RdYlGn_r', 'Reds', 'Reds_r', 'Set1', 'Set1_r', 'Set2', 'Set2_r', 'Set3', 'Set3_r',
         'Spectral', 'Spectral_r', 'Wistia', 'Wistia_r', 'YlGn', 'YlGnBu', 'YlGnBu_r', 'YlGn_r', 'YlOrBr', 'YlOrBr_r', 'YlOrRd',
         'YlOrRd_r', 'afmhot', 'afmhot_r', 'autumn', 'autumn_r', 'binary', 'binary_r', 'bone', 'bone_r', 'brg', 'brg_r', 'bwr',
         'bwr_r', 'cividis', 'cividis_r', 'cool', 'cool_r', 'coolwarm', 'coolwarm_r', 'copper', 'copper_r', 'crest', 'crest_r',
         'cubehelix', 'cubehelix_r', 'flag', 'flag_r', 'flare', 'flare_r', 'gist_earth', 'gist_earth_r', 'gist_gray', 'gist_gray_r',
         'gist_heat', 'gist_heat_r', 'gist_ncar', 'gist_ncar_r', 'gist_rainbow', 'gist_rainbow_r', 'gist_stern', 'gist_stern_r',
         'gist_yarg', 'gist_yarg_r', 'gnuplot', 'gnuplot2', 'gnuplot2_r', 'gnuplot_r', 'gray', 'gray_r', 'hot', 'hot_r', 'hsv',
         'hsv_r', 'icefire', 'icefire_r', 'inferno', 'inferno_r', 'jet', 'jet_r', 'magma', 'magma_r', 'mako', 'mako_r',
         'nipy_spectral', 'nipy_spectral_r', 'ocean', 'ocean_r', 'pink', 'pink_r', 'plasma', 'plasma_r', 'prism', 'prism_r', 'rainbow',
         'rainbow_r', 'rocket', 'rocket_r', 'seismic', 'seismic_r', 'spring', 'spring_r', 'summer', 'summer_r', 'tab10', 'tab10_r',
         'tab20', 'tab20_r', 'tab20b', 'tab20b_r', 'tab20c', 'tab20c_r', 'terrain', 'terrain_r', 'turbo', 'turbo_r', 'twilight',
         'twilight_r', 'twilight_shifted', 'twilight_shifted_r', 'viridis', 'viridis_r', 'vlag', 'vlag_r', 'winter', 'winter_r')
```

进一步考虑节点的大小和网络布局，完善作者合作网络最大子群社区可视化结果。比如，使用 CMRmap 颜色主题，节点大小按照作者发文的次数，整体的布局采用的随机种子为 98，单独设置节点和连线。

```
In [33]: fig, ax = plt.subplots(figsize=(20, 20))
         colors = [partition[n] for n in giant_coauth.nodes()]
         my_colors = plt.cm.CMRmap

         pos = nx.spring_layout(giant_coauth, seed=98)

         nx.draw_networkx_nodes(giant_coauth, pos, node_color=colors, node_size=node_size, cmap = my_colors)
         nx.draw_networkx_edges(giant_coauth, pos, edge_color = "#D4D5CE")
         nx.draw_networkx_labels(giant_coauth, pos, font_size=5)

         ax.margins(0.1)
         fig.tight_layout()
         plt.savefig('figures/coauthors_community_with_node_size.png', dpi=300, bbox_inches='tight')
         plt.axis('off')
         plt.show()
```

---

[1] Matplotlib 中的颜色色谱：https://matplotlib.org/users/colormaps.html。

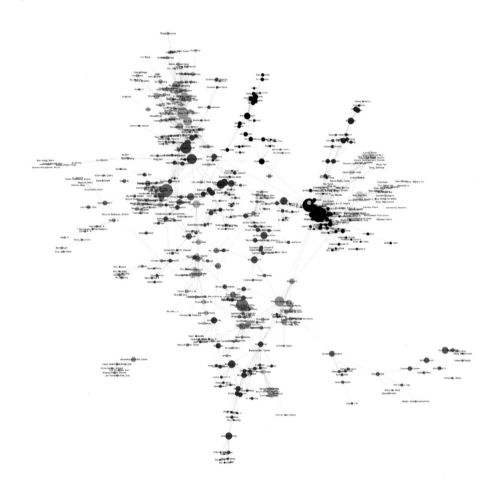

（7）根据节点精简作者合作网络数据集。以上是借助 dropEdges() 方法针对连线精简作者合作网络数据集，此外，mk 中还提供按照节点精简数据集 的 方 法 dropNodesByCount() 和 dropNodesByDegree()。比 如，在获取知识网络最大子群的基础上进一步精简数据集，精简的依据为 minCount=5 和 minDegree=5。

```
In  [34]:   #在获取知识网络最大子群的基础上再进行数据集精简
            G = nx.Graph(giant_coauth)
            mk.dropNodesByCount(G, minCount=5)
            mk.dropNodesByDegree(G, minDegree=5)
            nx.draw(G)
```

节点大小除了按照作者出现的次数进行设置外，也可以按照节点中心度相关的指标数据进行设置，比如选取特征向量中心度的数值大小代替节点大小。核心代码：size=[4000 * eig[node] for node in G]。

```
In [35]:  #除了以作者出现的次数作为节点大小外，也可以使用节点中心度相关的值，比如这里使用特征中心度
          eig = nx.eigenvector_centrality(G, max_iter=500)
          size = [4000 * eig[node] for node in G]
```

```
In [36]:  fig, ax = plt.subplots(figsize=(20, 20))
          pos = nx.spring_layout(G, seed=20, k=0.2)
          nx.draw_networkx_nodes(G, pos, node_size=size)
          nx.draw_networkx_edges(G, pos, width=[v[-1]['weight'] for v in G.edges.data()]
                                 , alpha=0.3, edge_color='k')

          nx.draw_networkx_labels(G, pos, font_size=5)

          ax.margins(0.1)
          fig.tight_layout()
          plt.savefig('figures/co-authorship_with_eig_centrality.png', dpi=300)
          plt.axis('off')
          plt.show()
```

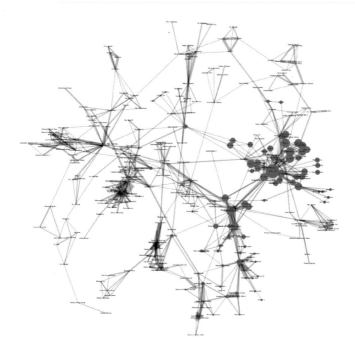

按照知识网络图社区划分、颜色色谱图选择、节点大小和布局的设置（对应步骤中的 37~39），可绘制出进一步删减后的作者合作群体网络，见图 8.5。

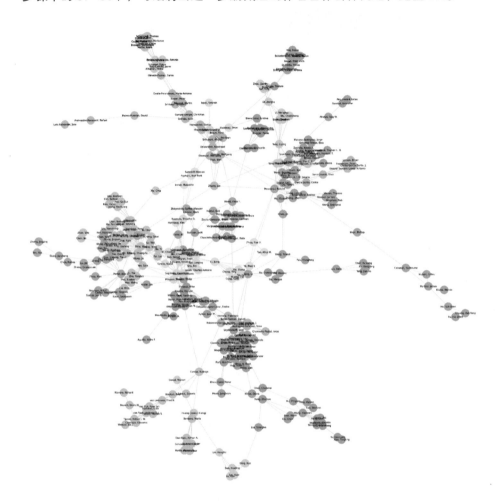

图 8.5　基于节点精简的可视化网络

（8）中文文献作者合作网络分析。只需要将中文文献的格式转化为可被 mk 识别的数据，即可使用 RC.networkCoAuthor() 方法快速生成知识网络数据集。调用本书 4.4.5 节封装的 cnki_to_df() 方法，将测试文件的所在路径传入后调用，输出结果可将本地 CNKI 导出的 txt 文件数据转化为 DataFrame 数据。

```
In [40]: def cnki_to_df(folder_path):
             import pandas as pd
             import os
             ls_data = []
             for file in os.listdir(folder_path):
                 abs_path = os.path.join(folder_path,file)
                 if '.txt' in abs_path:
                     with open(abs_path,'r',encoding = 'utf-8') as f:
                         txt = f.read()
                         ls = txt.replace('\n\n','').split('%0')[1:]
                         for j in ls:
                             ls_name = []
                             dic = {}
                             for i in j.split('\n'):
                                 if i.startswith(' '):
                                     dic['Reference Type'] = i[1:]
                                 elif '%+' in i:
                                     dic['Author Address'] = i[3:]
                                 elif '%T' in i:
                                     dic['Title'] = i[3:]
                                 elif '%A' in i:
                                     ls_name.append(i[3:])
                                     continue
                                 elif '%J' in i:
                                     dic['Journal Name'] = i[3:]
                                 elif '%D' in i:
                                     dic['Year'] = i[3:]
                                 elif '%V' in i:
                                     dic['Volume'] = i[3:]
                                 elif '%N' in i:
                                     dic['Number (Issue)'] = i[3:]
                                 elif '%K' in i:
                                     dic['Keywords'] = i[3:]
                                 elif '%X' in i:
                                     dic['Abstract'] = i[3:]
                                 elif '%P' in i:
                                     dic['Pages'] = i[3:]
                                 elif '%@' in i:
                                     dic['ISBN/ISSN'] = i[3:]
                                 elif '%L' in i:
                                     dic['Notes'] = i[3:]
                                 elif '%U' in i:
                                     dic['URL'] = i[3:]
                                 elif '%W' in i:
                                     dic['Database Provider'] = i[3:]
                                 elif '%R' in i:
                                     dic['DOI'] = i[3:]
                             dic['Author'] = ','.join(ls_name)
                             ls_data.append(dic)
             return pd.DataFrame(ls_data)

         folder_path = 'D:\python科学计量可视化\数据\Demo data\Python-CNKI'
         cnki_to_df(folder_path)
```

	Reference Type	Author	Author Address	Title	Journal Name	Keywords	Abstract	Pages	ISBN/ISSN	Notes
0	Journal Article	张正 嫣高 宏杰, 王梅 杰,赵 亚追, 谢海 献之 廖春 满李 靖	北京中 医药大 学东 厦门医 院,中国 科学 院中医药 信息研究 所,北京 中医药大 学东方医 院,广西 壮族自…	基于 VOSviewer 和CiteSpace 的自疗热点 研究热点 可视化分析	中国中 医药信 息杂志	自疗总 管;VOSviewer;CiteSpace;可视 化分析	目的分析 自疗总管 研究现状 和热点, 为自疗总 管研究与 应用提供 参考。方 法计算机 检索中国 知网数据 总库…	1-7	1005-5304	11- 3519/R https://kns.cnki.net/kcms/detail/11.3519

mk 是以 WOS 数据集中的 UT 字段进行唯一性识别，每个 Record 都有一个文献的标记，但是在中文文献中并未有此标记，故需要人工设置，考虑到唯一性，采用 random 模块生成大量随机数数据。此外，还应对照下载的 WOS 纯文本的数据文件中格式内容，添加 DA、ER、AF、PY 等字段（中文文献中与 WOS 中对应的字段）的信息或者填充空白数据信息；最后将处理好的数据写入 txt 文本中。WOS 的 txt 数据文件都有起止标记：

a）起始标记：'FN Clarivate Analytics Web of Science\nVR 1.0\n'；

b）结束标记：文件中非结尾文献的每条文献结束标识都是 'ER\n\n PT'，结尾文献是 'ER\n\n EF'。

起始标记作为写入数据时的留意事项，放置在写入文献数据代码主体的前后。

```
In [41]:    import random
            from datetime import datetime

            df_chinese = cnki_to_df(folder_path)

            #这一步需要根据读入的具体的中文字段信息，然后匹配wos中的数据列名
            df_chinese.drop(['URL'], inplace=True, axis=1)
            columns = ['PT','AF','PA','TI','SO','ID','AB','BP','SN','EI','DI','FN','PY','VL','IS']
            df_chinese.columns = columns

            df_chinese['UT'] = ''
            df_chinese['UT'] = df_chinese['UT'].apply(lambda x: f'WOS:{"".join([str(random.randint(0, 9)) for _ in range(15)])}')
            df_chinese['DA'] = str(datetime.now().date())
            df_chinese['ER'] = '\n'
            df_chinese['AF'] = df_chinese['AF'].apply(lambda x:x.replace(',','\n   '))
            df_chinese['PY'] = df_chinese['PY'].fillna(2021)
            with open('cnki_to_mk.txt','w',encoding = 'utf-8') as f:
                f.write('FN Clarivate Analytics Web of Science\nVR 1.0\n')
                for k in df_chinese.index:
                    for i,j in df_chinese.loc[k].to_dict().items():
                        if i != 'ER':
                            f.write(f'{i} {j}\n')
                        else:
                            f.write('ER\n\n')
                f.write('EF')
```

将本地文件转化为 Record Collection 对象，可以快速获取文献中高发文量作者和期刊，由于CNKI文献的下载数据格式中没有引文数据，高被引文献数据未显示。

```
In [42]:    RC = mk.RecordCollection('cnki_to_mk.txt')
            RC
```

```
Out[42]:    <metaknowledge.RecordCollection object cnki_to_mk>
```

```
In [43]:    print(RC.glimpse())
```

```
RecordCollection glimpse made at: 2022-11-02 07:27:17
2037 Records from cnki_to_mk

Top Authors
1 侯剑华
2 李杰
2 邱均平
3 赵蓉英
3 王雅春
3 金荣疆
4 李涓
5 田元祥
5 刘彬
5 宋艳辉
5 刘则渊
5 王雅品

Top Journals
1 科技管理研究
2 世界科学技术-中医药现代化
3 现代情报
4 情报杂志
5 情报科学
6 生态学报
7 中国组织工程研究
7 图书情报工作
8 图书馆
8 图书馆工作与研究
9 包装工程
9 现代预防医学

Top Cited
```

借助 RC.networkCoAuthor() 方法生成知识网络数据集，查询网络基础信息，进一步识别知识网络中所有的知识网络子群，按照需求提取子群节点数量超过某一数据的多子群数据。

```
In [44]: import networkx as nx

         coauth_net = RC.networkCoAuthor()
         print(mk.graphStats(coauth_net))

         Nodes: 5340
         Edges: 9187
         Isolates: 183
         Self loops: 0
         Density: 0.00064447
         Transitivity: 0.80533
```

```
In [45]: sub_graphs_ordered = sorted([c for c in nx.connected_components(coauth_net)], key=len, reverse=True)
         print([len(i) for i in sub_graphs_ordered])

         [77, 63, 59, 57, 52, 49, 46, 41, 32, 32, 30, 28, 28, 22, 21, 20, 20, 19, 19, 18, 17, 17, 16, 16, 16, 16, 15, 15, 15, 15, 15, 14, 14, 1
         4, 13, 13, 13, 13, 12, 12, 12, 12, 12, 11, 11, 11, 11, 11, 11, 11, 10, 10, 10, 10, 10, 10, 10, 10,
         10, 10, 10, 10, 9, 9, 9, 9, 9, 9, 9, 9, 9, 9, 9, 9, 9, 8, 8, 8, 8, 8, 8, 8, 8, 8, 8, 8, 8, 8, 8, 8,
         7, 7, 7, 7, 7, 7, 7, 7, 7, 7, 7, 7, 7, 7, 7, 7, 7, 7, 7, 7, 7, 7, 7, 7, 7, 7, 7, 7, 7, 7, 7, 7, 7, 6, 6, 6, 6, 6,
         6, 6, 6, 6, 6, 6, 6, 6, 6, 6, 6, 6, 6, 6, 6, 6, 6, 6, 6, 6, 6, 6, 6, 6, 6, 6, 6, 6, 6, 6, 6, 6, 6, 6,
         5, 5, 5, 5, 5, 5, 5, 5, 5, 5, 5, 5, 5, 5, 5, 5, 5, 5, 5, 5, 5, 5, 5, 5, 5, 5, 5, 5, 5, 5, 5, 5, 5, 5, 5, 5, 5, 5,
         5, 5, 5, 5, 5, 5, 5, 5, 5, 5, 5, 5, 5, 5, 5, 5, 4, 4, 4, 4, 4, 4, 4, 4, 4, 4, 4, 4, 4, 4, 4, 4, 4, 4, 4, 4,
         4, 4, 4, 4, 4, 4, 4, 4, 4, 4, 4, 4, 4, 4, 4, 4, 4, 4, 4, 4, 4, 4, 4, 4, 4, 4, 4, 4, 4, 4, 4, 4, 4, 4, 4, 4,
         4, 4, 4, 4, 4, 4, 4, 4, 4, 4, 4, 4, 4, 4, 4, 4, 4, 4, 4, 3, 3, 3, 3, 3, 3, 3, 3, 3, 3, 3, 3, 3, 3, 3, 3,
         3, 3, 3, 3, 3, 3, 3, 3, 3, 3, 3, 3, 3, 3, 3, 3, 3, 3, 3, 3, 3, 3, 3, 3, 3, 3, 3, 3, 3, 3, 3, 3, 3, 3, 3, 3,
         3, 3, 3, 3, 3, 3, 3, 3, 3, 3, 3, 3, 3, 3, 3, 3, 3, 3, 3, 3, 3, 3, 3, 3, 3, 3, 3, 3, 3, 3, 3, 3, 3, 3, 3, 3,
         2, 2, 2, 2, 2, 2, 2, 2, 2, 2, 2, 2, 2, 2, 2, 2, 2, 2, 2, 2, 2, 2, 2, 2, 2, 2, 2, 2, 2, 2, 2, 2, 2, 2, 2, 2, 2,
```

```
In [46]: #确定知识网络子群中节点数量大于20的数据
         [len(i) for i in sub_graphs_ordered].index(20)
Out[46]: 15
```

如有需要，可直接对获取的知识网络子群中的具体节点信息进行查看，即打印排好序的数据 print(sub_graphs_ordered[:15])，由于输出结果过多，内容被折叠。排好序的数据都是以集合的形式逐个放在列表中进行储存的，现要绘制这 15 个网络图，需要先获取这 15 个网络图中的所有节点，放在一个列表中，即 ls = [j for i in sub_graphs_ordered[:15] for j in i]；然后，借助 subgraph() 生成这些节点代表的子群对象；接着，打印知识网络图中的基础信息，借助输出的节点 Nodes 结果与从获取的子群节点排序列表中提取的前 15 个数据总和进行比对，若结果一致，说明数据完美提取。

```
In [47]: print(sub_graphs_ordered[:15])
                                          ...
```

```
In [48]: ls = [j for i in sub_graphs_ordered[:15] for j in i]
         print(ls)
                                          ...
```

```
In [49]: graph_node_up_15 = coauth_net.subgraph(ls)
         print(mk.graphStats(graph_node_up_15))
```

```
Nodes: 637
Edges: 1890
Isolates: 0
Self loops: 0
Density: 0.00933029
Transitivity: 0.671555
```

```
In  [50]: sum([len(i) for i in sub_graphs_ordered][:15])
          #完美提取
```

```
Out[50]: 637
```

紧接着，利用提取过后的数据集简单进行知识网络图可视化，先借助 nx.draw_spring() 方法绘制网络样式。

```
In  [51]: plt.figure(figsize=(20,20))
          nx.draw_spring(graph_node_up_15,with_labels = True,font_size = 6,font_family='Simhei')
          plt.savefig('figures/chinese_sub_graphs.png',dpi=300,bbox_inches='tight')
```

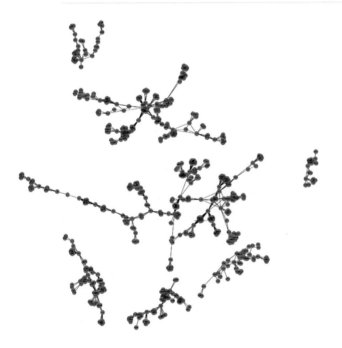

进一步美化网络图布局，设置节点大小和节点布局。按照文献中作者出现的次数进行节点大小设置。鉴于网络子群较多，使用 iterations=150 参数增加布局算法的迭代次数，最终效果使得不同网络子群之间的距离增大。此外，适当调节参数 k 值，增加节点彼此之间的距离。参数 font_family 默认字体无法显示中文，需要单独设置某一中文字体，比如这里设置黑体 Simhei。

```
In .[52]: plt.figure(figsize=(20,20))
          pos = nx.spring_layout(graph_node_up_15, seed=98, iterations=150, k=0.12)

          nx.draw_networkx_nodes(graph_node_up_15, pos, node_size=[v['count']*20 for k,v in graph_node_up_15.nodes.data()])
          nx.draw_networkx_edges(graph_node_up_15, pos, edge_color = "#D4D5CE")
          nx.draw_networkx_labels(graph_node_up_15, pos, font_size=5, font_family='Simhei')

          plt.savefig('figures/chinese_sub_graphs_with_nodesize.png', dpi=300, bbox_inches='tight')
          plt.show()
```

　　无论是英文还是中文作者合作网络图，如果每个节点都显示出标签，会出现标签"踩踏"现象，导致网络图中的标签信息过密，因此，可以把重要节点显示出来，而对于计数少的节点不显示，比如，提取节点计数值大于 20 的作者信息，并绘制作者合作网络图。

　　根据节点 count 计数属性自定义标签大小的核心代码：

- G_sub = G.subgraph([k for k,v in G.nodes.data() if v['count'] >1])

- nx.draw_networkx_labels(G_sub, pos, font_size=8, font_family='Simhei')

```
In [53]: #把重要节点的标签显示出来，而对于节点计数少的不显示
         [k for k,v in graph_node_up_15.nodes.data() if v['count'] >=20]

Out[53]: ['李雨韶', '程小恩', '侯剑华', '郭军', '温川飙', '王雅春', '王浩', '李泗', '金荣疆', '钟冬灵', '王福']
```

```
In [54]: plt.figure(figsize=(12,12))
         pos = nx.spring_layout(graph_node_up_15, seed=98, iterations=80)
```

```
nx.draw_networkx_nodes(graph_node_up_15, pos, node_size=[v['count']*5 for k, v in graph_node_up_15.nodes.data()])
nx.draw_networkx_edges(graph_node_up_15, pos, edge_color = "#D4D5CE", width=2)

sub_graph_node_up_15 = graph_node_up_15.subgraph([k for k, v in graph_node_up_15.nodes.data() if v['count'] >=20])
nx.draw_networkx_labels(sub_graph_node_up_15, pos, font_size=10, font_family='Simhei')

plt.savefig('figures/chinese_sub_graphs_with_count_filtering.png', dpi=300, bbox_inches='tight')
plt.show()
```

虽然标签踩踏问题得到了部分解决，但是各个网络子群没有完全扩展开，原因可能是当前画布绘制了过多的网络子群，可尝试减少绘制的网络子群数量，比如，接下来只提取节点数量大于 50 的子群，也即是前五个重要子群，并核实节点提取数量。第 55 步中输出的为前 5 个网络子群中所有的节点，这里只显示部分。

```
In [55]: # 绘制前五个重要的子群网络
         ls = [j for i in sub_graphs_ordered[:5] for j in i]
         print(ls)
         ['任其科', '谭心', '钱爱兵', '王梅杰', '赵蓉', '吴菲菲', '蔡万江', '马劲', '廖春满', '张杰', '曲海顺', '高甯泽', '鞠建庆', '谢伦芳', '王禹
         值', '李靖', '赵祥', '邓贵德', '安璐', '张磊', '袁亚林', '赵洌博', '陈广坤', '秦光华', '韩克氏', '孙秀良', '谢胜仕', '王潇', '刘思鸿', '李
         星', '季方舟', '郭晓峰', '食琳', '谢号珍', '邓慧丽', '王凯', '汪建新', '许良年', '刘楠', '贯雷', '贺天明', '秦嘉', '张慧明', '邬惠竹', '孔云
         丙', '张乐敏', '张佳', '高宏杰', '王春光', '蒙建国', '霍东升', '姜容', '张正朋', '黄舸成', '朱学芳', '徐浩', '王九杭', '张皓', '王春霞', '刘
```

```
In [56]: graph_node_up_5 = coauth_net.subgraph(ls)
         print(mk.graphStats(graph_node_up_5))

         Nodes: 308
         Edges: 1016
         Isolates: 0
         Self loops: 0
         Density: 0.0214899
         Transitivity: 0.663278
```

```
In [57]: sum([len(i) for i in sub_graphs_ordered][:5])

Out[57]: 308
```

按照不同的节点计数属性值进行标签字体大小的设置：值处于 [5,8) 之间，字体大小设置为 6；值在 [8,20) 之间，字体大小设置为 10；值在 20 往上，字体大

小设置为20，并设置单独画框，其前景色为白色，边缘颜色为黑色，透明度为0.6;
布局上采用 nx.kamada_kawai_layout() 方法，视觉效果上更具有美观性，但是绘
制出的网络图看似相当于单个网络，实际上是由五个网络子群构成。

```
In [58]:  plt.figure(figsize=(12,12))
          pos = nx.kamada_kawai_layout(graph_node_up_5)

          nx.draw_networkx_nodes(graph_node_up_5,pos,node_size=[v['count']*10 for k,v in graph_node_up_5.nodes.data()])
          nx.draw_networkx_edges(graph_node_up_5,pos,edge_color = "#D4D5CE",width=2)

          sub_graph_node_up_5 = graph_node_up_5.subgraph([k for k,v in graph_node_up_5.nodes.data() if 8>v['count'] >=5])
          nx.draw_networkx_labels(sub_graph_node_up_5,pos,font_size=6,font_family='Simhei')

          sub_graph_node_up_5 = graph_node_up_5.subgraph([k for k,v in graph_node_up_5.nodes.data() if 20> v['count'] >=8])
          nx.draw_networkx_labels(sub_graph_node_up_5,pos,font_size=10,font_family='Simhei')

          label_options = {"ec": "k", "fc": "white", "alpha": 0.6}
          sub_graph_node_up_5 = graph_node_up_5.subgraph([k for k,v in graph_node_up_5.nodes.data() if v['count'] >=20])
          nx.draw_networkx_labels(sub_graph_node_up_5,pos,font_size=20, font_family='Simhei',font_weight='bold',bbox=label_options)

          plt.savefig('figures/chinese_sub_graphs_with_kawai_layout.png',dpi=300,bbox_inches='tight')
```

上图中仍然出现了标签"踩踏"现象，可根据需要筛选节点计数值大于某个
指定数值的全部作者信息，由此可知，在"金荣疆"标签下遮住的是"李涓"和"李
雨黎"标签。

```
In [59]: [k for k, v in graph_node_up_5.nodes.data() if v['count'] >=20]
Out[59]: ['李雨霏', '程小恩', '温川飙', '李涓', '金荣疆', '钟冬灵']
```

　　结合前 15 个网络子群和前 5 个网络子群绘制的网络图，最大的知识网络子群中没有计数值超过 20 的节点，有些子群中的节点计数值超过 20 的却有多个，因此，在进行网络分析时，不能片面认为最大子群代表了整个网络（即只分析最大子群）。

　　由于最大子群中没有计数值未超过 20 的节点，在设置标签时应适当降低筛选的标准。布局方面仍旧采用 nx.spring_layout() 方法，搭配 iterations 和 k 参数，调整节点布局，使之达到自己满意的状态。

```
In [60]: chinese_giant_graph = coauth_net.subgraph(sub_graphs_ordered[0])

plt.figure(figsize=(12, 12))
pos = nx.spring_layout(chinese_giant_graph, seed=98, iterations=100, k=0.5)
# pos = nx.kamada_kawai_layout(chinese_giant_graph)
nx.draw_networkx_nodes(chinese_giant_graph, pos, node_size=[v['count']*10 for k, v in chinese_giant_graph.nodes.data()])
nx.draw_networkx_edges(chinese_giant_graph, pos, edge_color = "#D4D5CE", width=2)

label_options = {"ec": "k", "fc": "white", "alpha": 0.6}
sub_graph_node_giant = chinese_giant_graph.subgraph([k for k, v in chinese_giant_graph.nodes.data() if v['count'] >=10])
nx.draw_networkx_labels(sub_graph_node_giant, pos, font_size=20, font_family='Simhei', font_weight="bold", bbox=label_options)

sub_graph_node = chinese_giant_graph.subgraph([k for k, v in chinese_giant_graph.nodes.data() if v['count'] <10])
nx.draw_networkx_labels(sub_graph_node, pos, font_size=10, font_family='Simhei')

plt.savefig('figures/chinese_sub_graphs_with_giant_graph.png', dpi=300, bbox_inches='tight')
```

某一作者合作网络图可视化与前面子群可视化的过程类似。首先是筛选包含某人所在的子群，然后提取子群中所有的节点生成网络图对象。

核心代码：[list(c) for c in nx.connected_components(G) if '某作者' in c]

比如，将"李杰"作为网络中心点进行合作网络图绘制，节点大小依据节点计数值，标签字体为黑体，大小为 12。

```
In [61]: lijie = [list(c) for c in nx.connected_components(coauth_net) if '李杰' in c]
         print(lijie)

         [['李平', '汪金辉', '曾叙砜', '黎焰', '姜晨明', '冯长根', '陈伟炯', '王玉霞', '李杰', '刘家豪', '李生才', '杨芳', '钱金鑫', '甘强', '崔欣',
         '赵旭东']]

In [62]: lijie_graph = coauth_net.subgraph(lijie[0])

         fig = plt.figure(figsize=(6,6))
         nx.draw_spring(lijie_graph, with_labels = True,
                        node_size = [v['count']*30 for k,v in lijie_graph.nodes.data()],
                        font_size=10, font_family='Simhei')
         fig.tight_layout()
         plt.savefig('figures/lijie_graph.png', dpi=300)
```

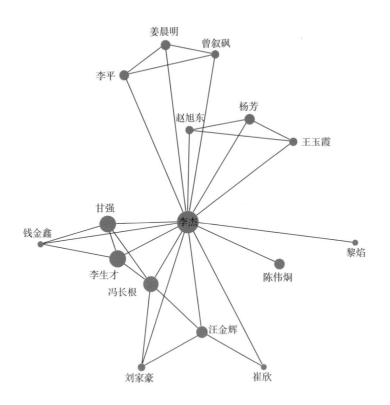

在个人合作网络中可能存在同名的现象，因此，需要慎重进行分析。虽然在英文文献中使用了作者姓名全称的 AF 字段，尽可能降低了同姓不同人的可能，但也没有办法保证同姓名作者是同一个人。在中文文献中也存在此现象。比如

4.4.6 节检索了数据中"李杰"发表的所有论文，其中有一篇文章是河北工业大学的一位同姓作者发布，故可借助 remove_nodes_from() 方法，在知识网络中删除该篇文章的作者节点后，进一步绘制作者合作网络图。

```
In [63]: lijie_graph_filter = nx.Graph(lijie_graph)
         lijie_graph_filter.remove_nodes_from(['王玉霞', '赵旭东', '杨芳'])
         fig = plt.figure(figsize=(10,10))
         nx.draw_spring(lijie_graph_filter,with_labels = True,
                     node_size = [v['count']*30 for k,v in lijie_graph_filter.nodes.data()],
                     font_size=10, font_family='Simhei')
         fig.tight_layout()
         plt.savefig('figures/lijie_graph_filter.png',dpi=300)
```

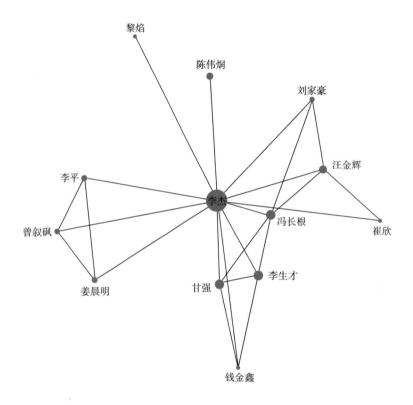

8.3.2 研究者合作网络（co-investigator）

此处的合作者（co-investigator）是指基金数据中的作者，数据集 ❶ 来自

---

❶ 数据集：https://github.com/mclevey/metaknowledge_article_supplement。补充材料中也提供该数据集。

官网提供的加拿大国家工程与研究理事会 (NSERC) 基金数据文件。新建一个 Python3 文件后，导入需要使用的模块，借助 mk.GrantCollection() 方法扫描指定文件夹中的文件数据，将基金数据读入 Python 工作流。

```
In [1]: import metaknowledge as mk
        import matplotlib.pyplot as plt
        import seaborn as sns
        import networkx as nx
        import community
        import pandas as pd

        # for interactive graphs
        import chart_studio.plotly as py
        import plotly.graph_objs as go

        import warnings
        warnings.filterwarnings("ignore")
```

```
In [2]: nserc_grants = mk.GrantCollection('raw_data/grants/nserc/')
        print('There are', len(nserc_grants), 'Grants in this Grant Collection.')

        There are 71184 Grants in this Grant Collection.
```

读入的基金数据属于 GC 对象，可以直接使用 networkCoInvestigator() 方法，构建研究者合作网络数据集并顺便查看当前的网络数据集基础信息。此处如果出现 AttributeError: 'Graph' object has no attribute 'node' 的报错信息提醒，可以把当前版本的 networkx 模块降至 2.3 版本，或者根据报错提示把对应文件中的 node 属性改成 nodes 即可。

```
In [3]: ci_nets = nserc_grants.networkCoInvestigator()
        print(mk.graphStats(ci_nets))

        Nodes: 33655
        Edges: 130586
        Isolates: 26284
        Self loops: 4
        Density: 0.00023059
        Transitivity: 0.902158
```

从输出结果看，节点和连线都很多，孤立点甚至达到了 2 万多，因此，需要进行网络数据集简化。简化网络数据集可以归纳出三种方式：

a）提取包含重要节点信息的知识网络子群；

b）以连线中的权重 weight 属性作为条件简化网络数据集；

c）以节点中的计数 count 属性或者度 degree 作为条件简化网络数据集。

首先查看当前网络数据集中子群节点信息。由输出结果可知，最大子群中的节点数量为6 259,而第二子群中的节点数量仅有20,主要信息包含在最大子群中。但是,最大子群中的节点数量较多,直接提取最大子群进行可视化效果不佳,因此,需要借助剩下的两种方式进行网络数据集简化（注：输出结果部分展示）。

```
In [4]: print(sorted([len(c) for c in nx.connected_components(ci_nets)],reverse=True))

[6259, 20, 18, 16, 16, 13, 13, 12, 12, 12, 11, 11, 11, 10, 10, 10, 9, 8, 8, 8, 8, 7, 7, 7, 7, 7, 7, 7, 6,
6, 6, 6, 6, 6, 6, 6, 6, 6, 6, 6, 6, 6, 6, 6, 5, 5, 5, 5, 5, 5, 5, 5, 5, 5, 5, 5, 5, 5, 5, 4, 4, 4, 4, 4,
4, 4, 4, 4, 4, 4, 4, 4, 4, 4, 4, 4, 4, 4, 4, 4, 4, 4, 4, 4, 4, 3, 3, 3, 3, 3, 3,
3, 3, 3, 3, 3, 3, 3, 3, 3, 3, 3, 3, 3, 3, 3, 3, 3, 3, 3, 3, 3, 3, 3, 3, 3, 3, 3, 3, 3,
3, 3, 3, 3, 3, 3, 3, 3, 3, 3, 3, 3, 3, 3, 3, 3, 3, 3, 3, 3, 3, 3, 3, 2, 2, 2, 2, 2, 2, 2,
```

比如，以连线权重 minWeigh=4 为标准进行连线筛选，其中高于该值对应的连线和节点会被保留，而低于该值对应的连线和节点会被删除。重新进行网络数据集中的子群节点统计排序输出，最大子群节点数量为 250，可对最大子群或者部分子群数据进行提取并可视化（注：输出结果部分展示）。

```
In [5]: mk.dropEdges(ci_nets, minWeight = 4)
        print(sorted([len(c) for c in nx.connected_components(ci_nets)],reverse=True))

[250, 109, 84, 29, 15, 12, 11, 10, 9, 9, 8, 8, 7, 7, 6, 6, 6, 6, 6, 6, 5, 5, 5, 5, 5, 5, 5, 4, 4, 4, 4,
4, 4, 4, 4, 4, 4, 4, 4, 4, 4, 4, 4, 3, 3, 3, 3, 3, 3, 3, 3, 3, 3, 3, 3, 3, 3, 3, 3, 3, 3,
3, 3, 3, 3, 3, 3, 3, 3, 3, 3, 3, 3, 3, 3, 3, 2, 3, 2, 2, 2, 2, 2, 2, 2, 2, 2,
2, 2, 2, 2, 2, 2, 2, 2, 2, 2, 2, 2, 2, 2, 2, 2, 2, 2, 2, 2, 2, 2, 2, 2, 2, 2, 2, 2, 2,
```

以提取最大子群数据构建网络图为例，输出结果显示，当前网络图中节点250，连线680，没有孤立点和自循环点。也可以参照 8.3.1（4）节进行网络多子群的筛选与可视化。

```
In [6]: giant_ci = max((ci_nets.subgraph(c) for c in nx.connected_components(ci_nets)), key=len)
        print(mk.graphStats(giant_ci))

Nodes: 250
Edges: 680
Isolates: 0
Self loops: 0
Density: 0.0218474
Transitivity: 0.679722
```

借助 community 模块进行网络社区划分。此外，也可根据需要，按照节点计数 count 属性值或者节点度 / 中心度相关的指标值，设置网络图节点大小及标签大小的显示。

```
In [7]: partition_ci = community.best_partition(giant_ci)
        modularity_ci = community.modularity(partition_ci, giant_ci)
        print('Modularity:', modularity_ci)

        plt.figure(figsize=(12,12))
        pos = nx.spring_layout(giant_ci, seed=20532, scale=3)
        colors_ci = [partition_ci[n] for n in giant_ci.nodes()]
```

```
nx.draw_networkx_edges(giant_ci,pos,edge_color = "#D4D5CE")
nx.draw_networkx_nodes(giant_ci,pos,node_color=colors_ci,
                       margins =0,
                       edgecolors='k',
                       cmap=plt.cm.Spectral
#                      ,node_size = [v['count'] for k,v in giant_ci.nodes.data()] #根据需要显示节点大小
                      )

# nx.draw_networkx_labels(giant_ci,pos)  也可以根据节点count的数值进行标签大小的显示
plt.savefig('figures/co-investigator-community.png',dpi=300,bbox='tight')
```

Modularity: 0.8525354599234113

在利用 community 模块进行网络社区分类时，调用 community.best_partition() 方法可查看具体每个节点的分类结果、结果返回的字典数据类型，其中键代表节点名称，值代表具体的社区分类；使用 pandas 模块可将结果转化为 DataFrame 数据类型，方便对每类数据进行分组统计，并按照需求筛选指定标准下的分类结果。为方便进行分组计数统计，在生成 DataFrame 数据时，将分类的结果列命名为 'type'（注：原始数据文件中存在部分特殊字符，在结果输出中不显示；字典数据输出只截取部分内容）。

```
In [8]:  partition_ci

Out[8]:  {'CrÃ\x88peau, Claude': 0,
          'Knights, Andrew': 1,
          'Tittel, Wolfgang': 0,
          'Pekguleryuz, Mihriban': 2,
          'Champoux, Yvan': 3,
          'Salcudean, Septimiu(Tim)': 4,
          'Kerekes, Richard': 5,
          'Amsden, Brian': 4,
          'Fernlund, Goran': 3,
          'Wells, Mary': 2,
          'Vlachopoulos, John': 6,
          'Veldhuis, Stephen': 7,
          'Lennox, Bruce': 10,
          'Hoyer, Peter': 0,
          'Mills, James': 7,
          'Brook, Michael': 5,
          'Aitchison, Stewart': 1,
```

```
In  [9]:  df = pd.DataFrame([partition_ci], index=['type']).T
          df
```

Out[9]:

	type
Crâ□peau, Claude	0
Knights, Andrew	1
Tittel, Wolfgang	0
Pekguleryuz, Mihriban	2
Champoux, Yvan	3
...	...
Berruti, Franco	8
Williams, Robin	9
Zurob, Hatem	2
Chahine, Richard	6
Chen, Zezhong	7

250 rows × 1 columns

　　df['字段名'].unique() 方法用于查看指定字段的唯一值，借助 len() 方法可知该字段中唯一值的数量，用在 'type' 字段，即输出具体网络社区的分类数量，共 13 类。而采用 groupby('字段名').count() 方法，可按照指定字段进行分组统计计数。由于要按照分类的类别对节点的名称进行计数，而节点的名称在 DataFrame 数据的 index 中而不是单独的列，故需要先将 DataFrame 数据中的 index 重置 reset_index()，构成一个新的列，列名默认为 index，然后进行 groupby()，按照 index 列采取 count() 计数的统计方法。输出结果中，左侧对应着分类结果，右侧为各类别下的节点数量，当前运行程序下，第 12 类社区中节点数量仅为 4 个，其余分类对应节点数量均大于 10。

```
In  [10]:  len(df['type'].unique())
```
Out[10]: 13

```
In  [11]:  df_type = df.reset_index().groupby('type')['index'].count()
           df_type
```
Out[11]: type
          0   23
          1   19
          2   19
          3   31
          4   22
          5   23
          6   33
          7   12
          8   13
          9   15
          10   24
          11   12
          12   4
          Name: index, dtype: int64

按照某一标准筛选数据，并在原网络数据集中剔除数据。比如，删除分类结果中节点数量较少的分类，首先按照某一标准筛选出节点较少的分类，案例中使用计数结果小于 5，核心代码：df[df['字段名']< 筛选标准]。由于不满足的分类可能有多个，筛选后的结果存放于列表。原网络数据集中剔除数据，核心代码：df[~df[['字段名'].isin('剔除分类列表')]。其中，~ 符号表示数据取反，加了 ~ 符号表示直接在原数据中剔除在分类列表中的所有的节点数据。最后可以再借助 df['字段名'].unique() 和 sorted() 方法核实结果，由于输出的唯一值并不是按照顺序进行排列，如果数据分类较多，借助 sorted() 排序后再进行核对，效率更高。

```
In  [12]: filter_index_ls = df_type[df_type<5].index.tolist()
          filter_index_ls
Out[12]: [12]

In  [13]: len(df[~df['type'].isin(filter_index_ls)])
Out[13]: 246

In  [14]: df = df[~df['type'].isin(filter_index_ls)]
          df['type'].unique()
Out[14]: array([ 0,  1,  2,  3,  4,  5,  6,  7, 10,  9, 11,  8], dtype=int64)

In  [15]: sorted(df['type'].unique())
Out[15]: [0, 1, 2, 3, 4, 5, 6, 7, 8, 9, 10, 11]
```

当前运行程序下，碰巧剔除的是第 12 个类别，该数值为排序的最后一位，所以重新排序后没有发现数值中间缺失数据。因此，为了避免这种偶然性，可以将剔除分类的编号重新排序，然后按照完整的编号替换掉原来有缺失的编号分类。比如，重新运行 Python3 中的全部代码后，此时缺少的分类为 9，按照完整编号重新分类后，填补了分类号缺失的问题（注：借助 community 模块分类的具体数量保持不变，每次运行代码分类的编号可能会不一样）。

```
In  [14]: df = df[~df['type'].isin(filter_index_ls)]
          df['type'].unique()
Out[14]: array([ 0,  2,  7,  3,  4,  5,  6,  8, 10, 12,  1, 11], dtype=int64)

In  [15]: sorted(df['type'].unique())
Out[15]: [0, 1, 2, 3, 4, 5, 6, 7, 8, 10, 11, 12]

In  [16]: df['type'] = df['type'].replace(to_replace=sorted(df['type'].unique()),value=list(range(12)))
          print(sorted(df['type'].unique()))

          [0, 1, 2, 3, 4, 5, 6, 7, 8, 9, 10, 11]
```

某一分类对应的全部节点信息获取，比如输出分类编号为 0 对应的数据。

```
In [17]:  print(df[df['type']==0].index.to_list())
```

```
['Gong, Guang', 'Bergeron, FranÃ\x81ois', 'Lacroix, Suzanne', 'Stinson, Douglas', 'Ruda, Harry', 'Mosca, Michel
e', 'Menezes, Alfred', 'Tapp, Alain', 'Dawson, Francis', 'Steinberg, Aephraim', 'Godbout, Nicolas', 'Watrous, Jo
hn', 'Laflamme, Raymond', 'Robbie, Kevin', 'Nayak, Ashwin', 'Lutkenhaus, Norbert', 'CrÃ\x88peau, Claude', 'Titte
l, Wolfgang', 'Cleve, Richard', 'Sanders, Barry', 'Lian, Keryn', 'Brassard, Gilles', 'Hoyer, Peter']
```

对某一分类对应的网络数据集进行可视化。比如，对分类编号为 0 对应的网络数据集进行可视化：

```
In [18]:  fig = plt.figure(figsize=(8,8))
          type_0 = giant_ci.subgraph(df[df['type']==0].index.to_list())
          pos = nx.spring_layout(type_0)
          nx.draw_networkx_nodes(type_0,pos,edgecolors='k',
          #                       node_size = [v['count']*5 for k,v in type_0.nodes.data()]
                                 )
          nx.draw_networkx_edges(type_0,pos,edge_color = "#D4D5CE")
          nx.draw_networkx_labels(type_0,pos)

          ax = plt.gca()
          ax.margins(0.2)
          fig.tight_layout()
          plt.savefig('figures/co-investigator-part1.png',dpi=300,bbox='tight')
```

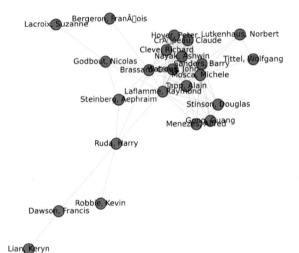

对所有分类的网络数据集进行可视化。核心代码归纳如下（涉及画布大小、网格布局以及文件保存设置等相关操作）。其中，省略号是对中间代码的重复性省略，即只要修改其中 axgrid[a:b,c:d] 和选择绘制的分类编号就可以将图像放置在指定的网格中。绘制网络图的代码使用了 nx.draw_spring() 方法快速布局和出图，也可根据需求采用 nx.draw_networkx_nodes()、nx.draw_networkx_edges() 和 nx.draw_networkx_labels() 等方法进行节点、连线和标签的单独设置。由于每个图像都是放置在单独的子网格画布上，如果出现标签信息过长溢出网格，导致部分标签显示不全现象，此时需要调整的就是各个图像与子网格画布之间的边缘距离，也是对应的 ax_i.set_xmargins() 方法，此处修改的是横向 x 轴方向的边缘距离，如果是纵向 y 轴方向的边缘距离，使用 ax_i.set_ymargins() 方法。最后，当保存的图片文件内容较多时，可增大 dpi 参数的数值以保证清晰度，案例中使用的是 600。

```
In [19]:  fig = plt.figure(figsize=(32,24)) #设置画布大小
          axgrid = fig.add_gridspec(3,4) #设置画布中网格布局

          #设置哪个图形放置在哪一个网格中
          ax_0 = fig.add_subplot(axgrid[0:1,0:1])
          type_0 = giant_ci.subgraph(df[df['type']==0].index.to_list())
          nx.draw_spring(type_0,ax=ax_0,with_labels=True,edgecolors='k')
          ax0.set_xmargin(0.2) #设置图像与其放置网格之间的边缘距离，防止部分标签显示不全

          ......

          fig.tight_layout()
          plt.savefig('figures/co-investigator-parts.png',dpi=600,bbox='tight')
```

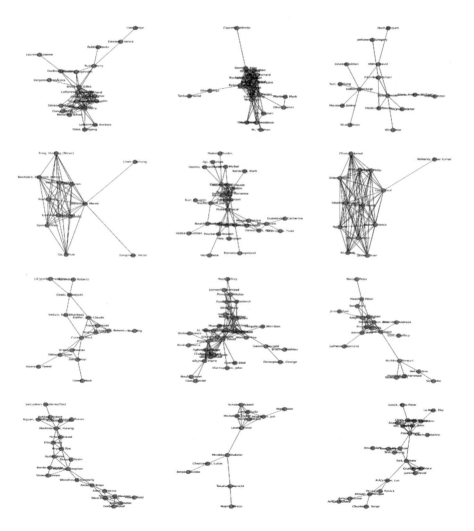

　　求解网络图中节点中心度相关的指标值并进行可视化。调用封装完毕后的 degreeStats() 方法，传入要求解的网络对象，输出结果中默认按照节点名称进行排序。

```
In [20]: def degreeStats(Graph):
             import pandas as pd

             deg = nx.degree_centrality(Graph)
             eig = nx.eigenvector_centrality(Graph, max_iter=500)
             bet = nx.betweenness_centrality(Graph)
             clo = nx.closeness_centrality(Graph)

             df = pd.DataFrame([deg, eig, bet, clo], index=['degree', 'eigenvector', 'betweenness', 'closeness']).T

             return df

         degreeStats(giant_c1)
```

Out[20]:

	degree	eigenvector	betweenness	closeness
Gong, Guang	0.024096	1.521623e-06	0.000000	0.125631
Bergeron, FranÃ□ois	0.004016	3.797272e-07	0.000000	0.125063
Mitlin, David	0.020080	1.018589e-04	0.008032	0.174248
Guay, Daniel	0.008032	3.422060e-06	0.000000	0.133584
Songmene, Victor	0.004016	1.697333e-07	0.000000	0.118968
...	...	...	...	...
Bao, Xiaoyi	0.016064	1.220961e-07	0.008032	0.113647
Hawrylak, Pawel	0.004016	9.892768e-08	0.000000	0.112976
Vaziri, Reza	0.004016	2.122236e-06	0.000000	0.111409
Preston, John	0.032129	1.061033e-03	0.216511	0.198723
Mangin, Patrice	0.052209	2.593072e-01	0.000000	0.166333

250 rows × 4 columns

　　以 betweenness 中心度指标为例。输出前 50 条数据并进行可视化，其他的单一指标也可以依次绘制，多指标之间的关联也可按照 6.3.1 节的方式进行绘制（注：输出结果部分展示）。

```
In [21]: bet_df = degreeStats(giant_c1).sort_values('betweenness', ascending=False)[:50]
         bet_df
```

Out[21]:

	degree	eigenvector	betweenness	closeness
Mi, Zetian	0.036145	1.084959e-02	0.555067	0.210304
Farnood, Ramin	0.076305	2.779762e-01	0.423123	0.193473
Botton, Gianluigi	0.044177	9.644716e-04	0.403399	0.200322
Kortschot, Mark	0.008032	2.109322e-02	0.345576	0.174737
Sain, Mohini	0.036145	1.770804e-03	0.341042	0.159105
Kherani, Nazir	0.040161	2.380754e-04	0.293202	0.179137
Wilkinson, David	0.096386	1.419835e-04	0.283616	0.180043
Ruda, Harry	0.028112	2.074191e-05	0.256005	0.160026
VandeVen, Theodorus	0.020080	6.860835e-02	0.238875	0.201946
Hill, Reghan	0.020080	6.860835e-02	0.238875	0.201946
Preston, John	0.032129	1.061033e-03	0.216511	0.198723

```
In [22]: trace = go.Bar(
             x = bet_df.index,
             y = bet_df['betweenness']
         )

         data = [trace]

         layout = go.Layout(
             yaxis=dict(
                 title='Betweenness Centrality',
             )
         )

         fig = go.Figure(data=data, layout=layout)
         py.iplot(fig, filename='betweenness_nserc')
```

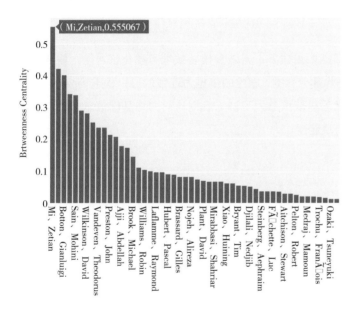

8.3.3　研究机构合作网络（co-investigator institution）

使用 GC.networkCoInvestigatorInstitution() 方法快速生成研究结构合作网络数据集，其中，GC 代表着读入 Python 环境中的基金数据对象，在案例中对应 nserc_grants 变量。当前的网络数据集中共有 5 489 个节点，32 552 条连线，823 个孤立点以及 165 个自循环点。

```
In [23]: inst = nserc_grants.networkCoInvestigatorInstitution()
         print(mk.graphStats(inst))

         Nodes: 5489
         Edges: 32552
         Isolates: 823
         Self loops: 165
         Density: 0.00216123
         Transitivity: 0.17326
```

根据当前网络数据集子群节点数量，采取精简数据集方式。输出结果显示网络数据集中最大子群中的节点数量几乎包含了所有的网络信息。

```
In [24]: print(sorted([len(c) for c in nx.connected_components(inst)], reverse=True))

[4616, 16, 7, 4, 3, 3, 3, 2, 2, 2, 2, 2, 1, 1, 1, 1, 1, 1, 1, 1, 1, 1, 1, 1, 1, 1, 1, 1, 1, 1,
 1, 1, 1, 1, 1, 1, 1, 1, 1, 1, 1, 1, 1, 1, 1, 1, 1, 1, 1, 1, 1, 1, 1, 1, 1, 1, 1, 1, 1, 1, 1, 1,
 1, 1, 1, 1, 1, 1, 1, 1, 1, 1, 1, 1, 1, 1, 1, 1, 1, 1, 1, 1, 1, 1, 1, 1, 1, 1, 1, 1, 1, 1, 1, 1,
 1, 1, 1, 1, 1, 1, 1, 1, 1, 1, 1, 1, 1, 1, 1, 1, 1, 1, 1, 1, 1, 1, 1, 1, 1, 1, 1, 1, 1, 1, 1, 1,
```

由于最大子群中的节点数量过多，无法直接有效地可视化该网络，需要简化数据集。先以连线方式删除部分数据，删除的依据为连线的最小权重 weight 为 8，并删除自循环的连线，然后再获取最大子群。查询当前网络基础信息中节点数量为 925，减少了近 5 倍的数量。

```
In [25]: mk.dropEdges(inst, minWeight = 8, dropSelfLoops=True)
         giant_ci = max((inst.subgraph(c) for c in nx.connected_components(inst)), key=len)
         print(mk.graphStats(giant_ci))

         Nodes: 925
         Edges: 3749
         Isolates: 0
         Self loops: 0
         Density: 0.00877267
         Transitivity: 0.194296
```

可尝试进行数据集可视化，查看网络图基本形态。当节点数量较多时，可不设置节点大小和标签信息，仅通过网络图中节点和连线的分布即可清晰辨认图像形态。

```
In [26]: plt.figure(figsize=(20, 20))

         pos = nx.spring_layout(giant_ci)

         nx.draw_networkx_nodes(giant_ci, pos,
         #                        node_size=[v['count'] for k, v in giant_ci.nodes.data()]
                                )
         # nx.draw_networkx_labels(giant_ci, pos)
         nx.draw_networkx_edges(giant_ci, pos)
         plt.show()
```

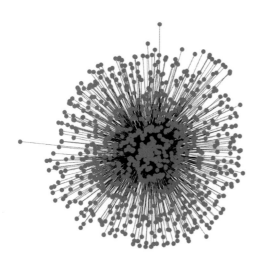

以往简化网络数据集的方式都是从整个网络数据集的角度去处理数据，然而，当前网络图是以某些点为中心向外辐射的网络，外围的节点基本都和中心节点直接关联，若再按照之前连线或者节点相关简化数据集的方式，无法挑选出与中心点最密切的网络信息。此处提及的中心点是指网络图中节点度最大数值对应的节点。可考虑在中心点一定范围区域内进行节点获取，从而实现数据集简化。因此，需要了解如何进行中心点附近范围的界定。这里将关于网络图中距离和路径相关的描述与实现的具体方法整理为表 8.3。

表 8.3 网络图中距离与路径相关的描述与实现的具体方法

方法	描述
nx.shortest_path(G,a,b)	图 G 中 a,b 两个节点的最短路径包含的节点
list(nx.shortest_simple_paths(G,a,b))	图 G 中 a,b 两个节点之间所有路径的集合
len(nx.shortest_path(G,a,b))−1	图 G 中 a,b 节点之间的距离，即两个节点的最短路径包含的连线数量
nx.eccentricity(G)	图 G 中节点的偏心距，节点 v 的偏心距是 v 到 G 中所有其他节点的最大距离
nx.radius(G)	图 G 的半径，半径是最小偏心距
nx.diameter(G)	图 G 的直径，直径是最大偏心距
nx.center(G)	图 G 的中心，中心是偏心距等于半径的节点集合
nx.periphery(G)	图 G 的外围，外围是一组偏心等于直径的节点

networkx 模块可以快速生成某些固定形状的图形，比如利用 nx.lollipop_graph(m,n) 方法可以生成棒棒图，其中 0~m 个节点（不包括 m）构成棒棒图顶端的部分，剩下的尾巴部分由 m~m+n 之间的节点（不包括 m+n）构成。借助绘制成的棒棒图进行网络图相关属性的理解，以节点 1 和节点 9 进行测试，两点之间的最短路径是 1→3→4→5→6→7→8→9，两点之间的可达路径有 5 条。两点之间的距离是指两个节点的最短路径包含的连线数量，即最短路径中包含的节点的数量减 1，即 7。可直接借助 nx.eccentricity(G) 方法求出图形中所有节点的偏心距，也是图中的任一节点到图中其他节点的最大距离。图的半径、直径、中心和外围都是用于衡量区域范围的属性，这些属性都是基于路径、最短路径和距离的概念之上。

```
In [27]: G = nx.lollipop_graph(4, 6)

         print(f"shortest_path: {nx.shortest_path(G,1,9)}")
         print(f"shortest_simple_paths: {list(nx.shortest_simple_paths(G,1,9))}")
         print(f"eccentricity: {nx.eccentricity(G)}")
         print(f"radius: {nx.radius(G)}")
         print(f"diameter: {nx.diameter(G)}")
         print(f"center: {nx.center(G)}")
         print(f"periphery: {nx.periphery(G)}")


         pos = nx.spring_layout(G, seed=3068)
         nx.draw(G, pos=pos, with_labels=True)
         plt.show()
```

```
shortest_path: [1, 3, 4, 5, 6, 7, 8, 9]
shortest_simple_paths: [[1, 3, 4, 5, 6, 7, 8, 9], [1, 0, 3, 4, 5, 6, 7, 8, 9], [1, 2, 3, 4, 5, 6, 7, 8, 9], [1, 0, 2, 3, 4, 5, 6, 7, 8, 9], [1, 2, 0, 3, 4, 5, 6, 7, 8, 9]]
eccentricity: {0: 7, 1: 7, 2: 7, 3: 6, 4: 5, 5: 4, 6: 4, 7: 5, 8: 6, 9: 7}
radius: 4
diameter: 7
center: [5, 6]
periphery: [0, 1, 2, 9]
```

半径表示最小偏心距，用在网络图某一节点作为筛选依据，可理解为筛选与当前节点最为密切的节点，而在 networkx 中提供了这种求解某一节点附近指定半径的网络信息方法 nx.ego_graph()。使用此方法需要传入三个关键参数，分别

是网络图对象 G、中心点 n 和半径 radius，最后返回的是以节点 n 为中心、包含周围相邻节点的网络图 G 的子图。

求解出各节点的节点度数值，并按照该数值的大小进行排序，输出对应的节点标签和节点度数值（注：列表输出内容只截取部分）。

```
In [28]: top_degree_nodes_ls = sorted(giant_ci.degree(),key=lambda x :x[1],reverse=True)
         top_degree_nodes_ls

Out[28]: [('University of British Columbia', 318),
          ('University of Toronto', 242),
          ('McGill University', 219),
          ('University of Waterloo', 197),
          ('University of Alberta', 195),
          ('University of Calgary', 190),
```

以节点度数值最大的节点作为中心点，即 top_degree_nodes_ls 列表中第一个元素中的第一个位置的内容，对应代码：top_degree_nodes_ls[0][0]。获取以最大节点度数值对应的节点为中心、半径为 1 的网络子图信息。构建的网络子图数据集中显示共有 319 个节点，其中输出中心点的节点度为 318，说明该网络中所有的节点都与中心点相连接。

```
In [29]: hub_ego = nx.ego_graph(giant_ci, top_degree_nodes_ls[0][0], radius=1)
         print(mk.graphStats(hub_ego))

         Nodes: 319
         Edges: 2572
         Isolates: 0
         Self loops: 0
         Density: 0.0507088
         Transitivity: 0.310344

In [30]: hub_ego.degree(top_degree_nodes_ls[0][0])

Out[30]: 318
```

依据节点度对网络数据集进一步精简，保留重要的关联信息。

```
In [31]: mk.dropNodesByDegree(hub_ego, minDegree=100)
         print(mk.graphStats(hub_ego))

         Nodes: 126
         Edges: 1941
         Isolates: 0
         Self loops: 0
         Density: 0.246476
         Transitivity: 0.523619
```

以下是精简过后的网络数据集中的节点标签与节点度数值的排序结果。

```
In [32]: top_degree_nodes_ls = sorted(hub_ego.degree(), key=lambda x :x[1], reverse=True)
         top_degree_nodes_ls
```

```
Out[32]: [('University of British Columbia', 125),
          ('McGill University', 110),
          ('University of Toronto', 102),
          ('Universit\x88 Laval', 92),
          ('University of Alberta', 88),
          ('University of Calgary', 83),
          ('University of Waterloo', 83),
          ('University of Ottawa', 82),
          ('University of New Brunswick', 80),
          ('University of Western Ontario', 79),
```

由于网络形态呈现中心向外辐射形状，网络中间聚集了大量密集的节点，越到外围连线越稀疏。可根据需求指定范围，对节点进行突出显示。中心节点即为最大节点度数值对应的节点，中间想要突出显示的节点设置的筛选条件是节点度数值在 80~125 之间的节点，剩下的节点不做处理。

```
In [33]: top_1_node_ls = [i[0] for i in top_degree_nodes_ls if i[-1]==125]
         degree_nodes_up_80_ls = [i[0] for i in top_degree_nodes_ls if 125>i[-1]>=80]
         other_nodes_ls = [i[0] for i in top_degree_nodes_ls if i[-1]<80]
         print(top_1_node_ls)
         print(degree_nodes_up_80_ls)

         ['University of British Columbia']
         ['McGill University', 'University of Toronto', 'Universit\x88 Laval', 'University of Alberta', 'University of Calgary', 'University of Waterloo', 'University of Ottawa', 'University of New Brunswick']
```

比如，案例中对中心节点单独设置节点大小及标签信息，中心周围节点度数值在 80~125 范围内的节点均标记为绿色，其余节点默认显示。

```
In [34]: plt.figure(figsize=(24,24))
         pos = nx.spring_layout(hub_ego, seed=98, iterations=200, k=0.8)

         nx.draw_networkx_edges(hub_ego, pos)

         nx.draw_networkx_nodes(hub_ego, pos, nodelist=other_nodes_ls, edgecolors='k')
         nx.draw_networkx_nodes(hub_ego, pos, nodelist=degree_nodes_up_80_ls, edgecolors='k', node_size=600, node_color='green')
         nx.draw_networkx_nodes(hub_ego, pos, nodelist=top_1_node_ls, edgecolors='k', node_size=1000, node_color='red')

         top_labels_node = hub_ego.subgraph(top_1_node_ls)
         label_options = {"ec": "k", "fc": "white", "alpha": 0.8}
         nx.draw_networkx_labels(top_labels_node, pos, font_size=20, font_family='Simhei', font_weight="bold", bbox=label_options)

         plt.savefig('figures/co-investigator-institution.png', dpi=300, bbox='tight')
```

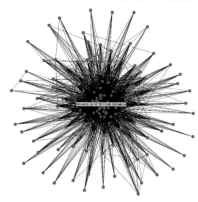

该网络对应的节点中心度相关指标信息求解如下：

```
In [35]: degreeStats(hub_ego).sort_values('degree',ascending=False)
Out[35]:
```

	degree	eigenvector	betweenness	closeness
University of British Columbia	1.000	0.189700	0.155739	1.000000
McGill University	0.880	0.181412	0.081567	0.892857
University of Toronto	0.816	0.177083	0.061563	0.844595
UniversitÄ Laval	0.736	0.170420	0.043705	0.791139
University of Alberta	0.704	0.168748	0.032848	0.771605
...	...	...	...	...
Transport Canada	0.056	0.023417	0.000000	0.514403
Forintek Canada Corp.	0.048	0.018493	0.000000	0.512295
British Columbia Institute of Technology	0.048	0.021521	0.000000	0.512295
Novelis Inc.	0.048	0.021140	0.000000	0.512295
Suncor Energy Inc.	0.040	0.013841	0.000000	0.510204

126 rows × 4 columns

8.3.4　引文网络（citation）

借助 mk 模块可以快速生成网络数据集，前面的方法均是默认参数调用，其中部分参数在数据生成过程中起到筛选的作用。这里以 RC.networkCitation() 方法为例详细讲解各参数的功能。该方法的标准格式如下：

RC.networkCitation(dropAnon=False,nodeType='full',nodeInfo=True,fullInfo=False,weighted=True,dropNonJournals=False,count=True,directed=True,keyWords=None,detailedCore=True,detailedCoreAttributes=False,coreOnly=False,expandedCore=False,recordToCite=True,addCR=False,_quiet=False)

其中：

dropAnon：[bool] 数据类型。默认为 False，如果为 True，作者标记为匿名（anonymous）的引文将从网络中删除。

nodeType：[str] 数据类型。可指定为 'full'，'original'，'author'，'journal'或者 'year' 中的任意一种，表示为节点中显示的值。默认为 'full'，会使用内置的比较运算符对引用进行整体比较；'original' 使用引文的原始字符串；'author'、'journal' 或者 'year' 是使用作者、期刊和年份。

nodeInfo：[bool] 数据类型。默认为 True，表示是否有额外的信息存储在每个节点上；

fullInfo：[bool] 数据类型。默认为 False，表示无论原始引文字符串是否作为额外值添加到节点，该属性都被标记为 fullCite。

weighted：[bool] 数据类型。默认为 True，表示是否对连线进行加权。如果为 'True'，则根据引文次数对连线进行加权。

dropNonJournals：[bool] 数据类型。默认为 False，表示是否删除非期刊的引文。

count：[bool] 数据类型。默认为 True，用来计算节点的出现次数。

directed：[bool] 数据类型。决定输出图形是否有向，默认为 True。

keyWords：[str] 或者 [list(str)] 数据类型。用来检查引文的字符串或字符串列表，如果引文中包含其中的任一字符串，该引文将从网络中删除。

coreOnly：[bool] 数据类型。默认为 False，如果为 True，则只有来自 RecordCollection 的引用将包含在网络中。

addCR: [bool] 数据类型。默认为 False, 如果为 True，则把引文信息也添加到网络的节点属性中。

detailedCore：[bool] 或者可迭代的 [WOS 标签] 数据类型。默认为 True，此时所有的引文都是来自创建的 RecordCollection 并且 nodeType 是 'full' 时，来自 RecordCollection 的所有节点都将得到来自 Record 对象本身的信息组成的信息字符串。这相当于传递列表：['AF'，'PY'，'TI'，'SO'，'VL'，'BP']。注：该参数与 RC.networkCoAuthor() 方法中的 detailedInfo 参数使用后返回的结果有所不同，但是实现的功能是类似。

detailedCoreAttributes：[bool] 数据类型。默认为 False，如果设置为 True，则节点信息中以更多详细的属性展示。

expandedCore：[bool] 数据类型。默认为 False，如果设置为 True，则输出图网络数据集中会出现节点的重复使用。

_quiet：[bool] 数据类型。默认为 False，与 mk.VERBOSE_MODE 配合判断条件，改变的是 progKwargs 字典中 dummy 属性，不会改变网络数据集的大小以及节点和连线的属性。

新建一个 Python3 文件后，导入需要使用的包，本案例使用 WOS 数据集，借助 RC.yearSplit() 方法获取指定年份区间的数据，案例演示提取 2020—2021 年两年共 783 条文献（注：输出的结果中只截取前两条记录）。

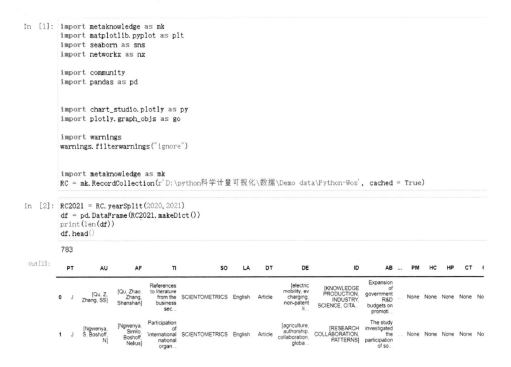

```
In [1]:  import metaknowledge as mk
         import matplotlib.pyplot as plt
         import seaborn as sns
         import networkx as nx

         import community
         import pandas as pd

         import chart_studio.plotly as py
         import plotly.graph_objs as go

         import warnings
         warnings.filterwarnings("ignore")

         import metaknowledge as mk
         RC = mk.RecordCollection(r'D:\python科学计量可视化\数据\Demo data\Python-Wos', cached = True)
```

```
In [2]:  RC2021 = RC.yearSplit(2020, 2021)
         df = pd.DataFrame(RC2021.makeDict())
         print(len(df))
         df.head()
```

```
783
```

RC.networkCitation() 中针对数据集进行筛选。案例中删除作者标记为匿名（anonymous）的引文、未被识别的引文以及要求只保留来自创建 RecordCollection 数据集的引文，最后要求生成的图形为无向网络图。

```
In [3]:  cita_net = RC2021.networkCitation(dropAnon=True, dropNonJournals=True, coreOnly=True, directed=False)
         print(mk.graphStats(cita_net))

         Nodes: 714
         Edges: 170
         Isolates: 517
         Self loops: 22
         Density: 0.000667869
         Transitivity: 0.12766
```

当前网络数据集的基础信息显示，存在着孤立点和自循环的点 / 连线。借助 mk.dropEdges() 方法，使用 minWeight=1 配合 dropSelfLoops=True 参数设置，即可完成在原数据集中删除自循环的点 / 连线。

```
In [4]: mk.dropEdges(cita_net,minWeight=1,dropSelfLoops=True)
        print(mk.graphStats(cita_net))

        Nodes: 714
        Edges: 148
        Isolates: 523
        Self loops: 0
        Density: 0.000581439
        Transitivity: 0.12766
```

```
In [5]: 170-22
```

```
Out[5]: 148
```

剔除孤立点需要借助子群识别，即子群中节点数量值为 1，代表当前节点为孤立点。核实当前网络数据集中的孤立点数量、过滤掉节点数量为 1 的子群后获取所有节点信息（注：输出节点信息只截取部分）。

```
In [6]: [len(c) for c in nx.connected_components(cita_net)].count(1)
```

```
Out[6]: 523
```

```
In [7]: print(sorted([len(c) for c in nx.connected_components(cita_net) if len(c) != 1], reverse=True))
        #获取到所有子群节点的数量排序

        [21, 15, 13, 11, 10, 7, 6, 5, 4, 4, 4, 3, 3, 3, 3, 3, 3, 3, 3, 2, 2, 2, 2, 2, 2, 2, 2, 2, 2, 2, 2, 2, 2, 2, 2,
        2, 2, 2, 2, 2, 2, 2, 2, 2, 2, 2, 2, 2]
```

```
In [8]: [j for c in nx.connected_components(cita_net) if len(c) != 1 for j in c]
```

```
Out[8]: ['Zhang L. 2020. SCIENTOMETRICS',
        'Belli S. 2020. SCIENTOMETRICS',
        'Liu Ws. 2020. SCIENTOMETRICS',
        'Liu Ws. 2021. SCIENTOMETRICS',
        'Meng L. 2020. SCIENTOMETRICS',
        'Blumel C. 2020. SCIENTOMETRICS',
        'Szomszor M. 2020. SCIENTOMETRICS',
        'Harsh M. 2021. SCIENTOMETRICS',
        'Moradi S. 2021. SCIENTOMETRICS',
```

借助 subgraph() 方法，可获取过滤后的数据集中所有节点构成的网络。输出结果显示，连线的数量仍是 148 条，节点数量核实无误。

```
In [9]: cita_net_filter = cita_net.subgraph([j for c in nx.connected_components(cita_net) if len(c) != 1 for j in c])
        print(cita_net_filter)

        Graph with 191 nodes and 148 edges
```

```
In [10]: 714-523
```

```
Out[10]: 191
```

为了方便后续进行孤立点的剔除，可将上述步骤封装为 filter_isolate_nodes() 方法。其中两个参数：第一个参数为必须要传入的网络数据集对象；第二个参数默认为 1，表示剔除网络节点数量为 1 的子群，该值可以根据需要自行进行调整。

```
In [11]: def filter_isolate_nodes(G, min_count=1):
             print('未剔除孤立点之前的网络数据集基础信息: \n')
             print(mk.graphStats(G)+'\n')
             G_filter = G.subgraph([j for c in nx.connected_components(G) if len(c) > min_count for j in c])
             return G_filter
```

```
In [12]: print(filter_isolate_nodes(cita_net))
```

未剔除孤立点之前的网络数据集基础信息:

```
Nodes: 714
Edges: 148
Isolates: 523
Self loops: 0
Density: 0.000581439
Transitivity: 0.12766
```

```
Graph with 191 nodes and 148 edges
```

　　网络数据集清洗完毕后，进行可视化网络图以及求解节点中心度相关指标数值。首先是借助快速绘制图形方法，获取网络图基本形态。

```
In [13]: plt.figure(figsize=(12,12))
         nx.draw_spring(cita_net_filter,edgecolors='k')
```

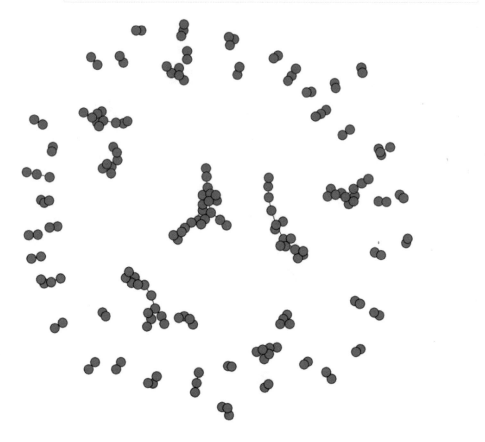

进一步，设置连线、节点和标签信息。连线的粗细可按照连线的 weight 属性数值进行设置，节点大小可按照节点的 count 计数属性以及节点度属性进行设置，案例中标签按照节点的 count 计数属性数值大于 1 进行显示。

```
In [14]: node_size = [v['count']*100 for k,v in cita_net_filter.nodes.data()]
         edge_width = [v[-1]['weight']*5 for v in cita_net_filter.edges.data()]

         plt.figure(figsize=(20,20))
         pos = nx.spring_layout(cita_net_filter,seed=42)

         #按照连线的权重设置连线的粗细
         edges = nx.draw_networkx_edges(cita_net_filter,pos,edge_color='#D4D5CE',alpha=0.95,width=edge_width,arrows=True)

         #按照节点count计数属性或者节点度相关指标进行节点大小设置
         nodes = nx.draw_networkx_nodes(cita_net_filter,pos,edgecolors='k',node_size=node_size,node_color='#0AA9F5')

         # #按照节点count计数属性或者节点度相关指标进行标签大小设置
         G_sub = cita_net_filter.subgraph([k for k,v in cita_net_filter.nodes.data() if v['count']>1])
         nx.draw_networkx_labels(G_sub,pos,font_size=8)

         plt.savefig('figures/citation.png',dpi=300,bbox='tight')
```

上图中节点数量为 2 和 3 的子群较多，可借助 filter_isolate_nodes() 方法进一步提取重要的子群数据集。min_count=3 表示从数据集中剔除节点数量小于 3 的子群。

In [15]:
```python
cita_net_2 = filter_isolate_nodes(cita_net,min_count=3)
print(cita_net_2)
```

未剔除孤立点之前的网络数据集基础信息：

```
Nodes: 714
Edges: 148
Isolates: 523
Self loops: 0
Density: 0.000581439
Transitivity: 0.12766
```

Graph with 100 nodes and 97 edges

借助 community 模块进行社区划分，并调出分类的色谱图颜色条。颜色条的设置需要将边线 nx.draw_networkx_edges() 方法中的 arrows 参数设置为 True，后续的代码 plt.colorbar() 中只需要修改 cmap 色谱主题、location 颜色条放置位置、aspect 颜色条大小即可。

In [16]:
```python
#根据网络社团进行着色
partion_ci = community.best_partition(cita_net_2)
modularity = community.modularity(partion_ci,cita_net_2)
print('Modularity:',modularity)

color_ci = [partion_ci[n] for n in cita_net_2.nodes()]
node_size = [v['count']*100 for k,v in cita_net_2.nodes.data()]
edge_width = [v[-1]['weight']*5 for v in cita_net_2.edges.data()]

fig = plt.figure(figsize=(20,20))
pos = nx.spring_layout(cita_net_2,seed=3,k=0.2,iterations=90)

#按照连线的权重设置连线的粗细
edges = nx.draw_networkx_edges(cita_net_2,pos,edge_color='#D4D5CE',alpha=0.95,width=edge_width,arrows=True)

#按照节点count计数属性或者节点度相关指标进行节点大小设置
nodes = nx.draw_networkx_nodes(cita_net_2,pos,edgecolors='k',node_size=node_size,node_color=color_ci,cmap=plt.cm.Spectral)

# #按照节点count计数属性或者节点度相关指标进行标签大小设置
G_sub = cita_net_2.subgraph([k for k,v in cita_net_2.nodes.data() if v['count'] >1])
nx.draw_networkx_labels(G_sub,pos,font_size=8)

#显示色谱，只需要修改cmap色谱主题、location颜色条放置位置、aspect颜色条大小
import matplotlib as mpl
pc = mpl.collections.PatchCollection(edges,cmap=plt.cm.Spectral)
pc.set_array(color_ci)
ax = plt.gca()
ax.set_axis_off()
cb = plt.colorbar(pc,ax=ax,location='bottom',aspect =40)

plt.savefig('figures/citation_nodes_up_2.png',dpi=300,bbox='tight')
```

Modularity: 0.8768742791234141

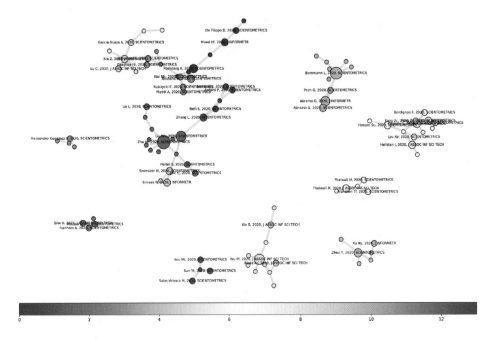

节点中心度相关指标的计算直接调用 degreeStats() 方法。

```
In [17]: def degreeStats(Graph):
             import pandas as pd

             deg = nx.degree_centrality(Graph)
             eig = nx.eigenvector_centrality(Graph, max_iter=500)
             bet = nx.betweenness_centrality(Graph)
             clo = nx.closeness_centrality(Graph)

             df = pd.DataFrame([deg, eig, bet, clo], index=['degree', 'eigenvector', 'betweenness', 'closeness']).T

             return df

         degreeStats(cita_net_2)
```

Out[17]:

	degree	eigenvector	betweenness	closeness
Moed Hf, 2020, J INFORMETR	0.020202	1.264133e-06	0.004947	0.043039
Kou Mt, 2020, SCIENTOMETRICS	0.010101	4.033948e-14	0.000000	0.018182
Fang Zc, 2020, SCIENTOMETRICS	0.030303	1.225894e-07	0.007524	0.051948
Krauskopf E, 2020, SCIENTOMETRICS	0.020202	5.028081e-06	0.000000	0.041246
Chen L, 2020, SCIENTOMETRICS	0.010101	5.059574e-08	0.000000	0.025253
...	...	...	...	...
Paswan J, 2020, SCIENTOMETRICS	0.010101	3.860422e-13	0.000000	0.017957
Peroni S, 2020, SCIENTOMETRICS	0.020202	1.218272e-01	0.003917	0.065168
Salas-Velasco M, 2020, SCIENTOMETRICS	0.010101	4.033948e-14	0.000000	0.018182
Simoes N, 2020, J INFORMETR	0.020202	6.190580e-02	0.000000	0.051800
Zhou Y, 2020, SCIENTOMETRICS	0.040404	1.237464e-07	0.001443	0.042088

100 rows × 4 columns

如需要添加节点的 count 计数属性作为对比，也可以将其添加到 DataFrame 中。

```
In [18]: df = degreeStats(cita_net_2)
         df['count'] = [v['count'] for k,v in cita_net_2.nodes.data()]
         df
```

Out[18]:

	degree	eigenvector	betweenness	closeness	count
Moed Hf, 2020, J INFORMETR	0.020202	1.264133e-06	0.004947	0.043039	3
Kou Mt, 2020, SCIENTOMETRICS	0.010101	4.033948e-14	0.000000	0.018182	2
Fang Zc, 2020, SCIENTOMETRICS	0.030303	1.225894e-07	0.007524	0.051948	3
Krauskopf E, 2020, SCIENTOMETRICS	0.020202	5.028081e-06	0.000000	0.041246	2
Chen L, 2020, SCIENTOMETRICS	0.010101	5.059574e-08	0.000000	0.025253	1
...	...	...	...	...	...
Paswan J, 2020, SCIENTOMETRICS	0.010101	3.860422e-13	0.000000	0.017957	1
Peroni S, 2020, SCIENTOMETRICS	0.020202	1.218272e-01	0.003917	0.065168	2
Salas-Velasco M, 2020, SCIENTOMETRICS	0.010101	4.033948e-14	0.000000	0.018182	2
Simoes N, 2020, J INFORMETR	0.020202	6.190580e-02	0.000000	0.051800	3
Zhou Y, 2020, SCIENTOMETRICS	0.040404	1.237464e-07	0.001443	0.042088	4

100 rows × 5 columns

按照节点的 count 计数属性数值进行排序，并获取前 20 条数据。

```
In [19]: df.sort_values('count', ascending=False)[:20]
```

Out[19]:

	degree	eigenvector	betweenness	closeness	count
Zhu Jw, 2020, SCIENTOMETRICS	0.080808	5.833643e-01	0.023088	0.096200	10
Bornmann L, 2020, SCIENTOMETRICS	0.060606	7.824447e-07	0.006597	0.062937	8
Wu Pf, 2020, J ASSOC INF SCI TECH	0.060606	1.320655e-04	0.007421	0.067340	6
Liu Ws, 2020, SCIENTOMETRICS	0.040404	4.227078e-01	0.016079	0.091827	6
Abramo G, 2020, J INFORMETR	0.020202	1.773658e-07	0.001649	0.035573	5
Zhou Y, 2020, SCIENTOMETRICS	0.040404	1.237464e-07	0.001443	0.042088	4
Holmberg K, 2020, SCIENTOMETRICS	0.040404	6.362214e-06	0.011750	0.065993	4
Simoes N, 2020, J INFORMETR	0.020202	6.190580e-02	0.000000	0.051800	3
Szomszor M, 2020, SCIENTOMETRICS	0.030303	1.477628e-01	0.007421	0.067340	3
Boufarss M, 2020, SCIENTOMETRICS	0.010101	3.533484e-06	0.000000	0.047138	3
Thelwall M, 2020, J ASSOC INF SCI TECH	0.020202	7.133129e-13	0.000618	0.026936	3
Abramo G, 2020, SCIENTOMETRICS	0.010101	7.004723e-08	0.000000	0.026393	3
Hellsten I, 2020, J ASSOC INF SCI TECH	0.020202	3.875342e-08	0.002268	0.039312	3
Zhang L, 2020, SCIENTOMETRICS	0.030303	1.746098e-01	0.013193	0.073462	3
Copiello S, 2020, SCIENTOMETRICS	0.040404	1.302849e-07	0.005154	0.044077	3
Moed Hf, 2020, J INFORMETR	0.020202	1.264133e-06	0.004947	0.043039	3
Fang Zc, 2020, SCIENTOMETRICS	0.030303	1.225894e-07	0.007524	0.051948	3
Hassan Su, 2020, SCIENTOMETRICS	0.020202	3.875342e-08	0.002268	0.039312	3
Xie Z, 2020, J INFORMETR	0.040404	2.086966e-10	0.002474	0.040404	3
Wei Mk, 2020, SCIENTOMETRICS	0.050505	9.477595e-06	0.013193	0.068269	2

8.3.5 共引网络（co-citation）

RC.networkCoCitation() 方法中的参数与 RC.networkCitation() 方法中的参数功能一致。该案例中使用的数据集同样为 2020—2021 年的 WOS 文献数据。

首先，导入功能包和数据集，和之前内容一致，然后，生成共引网络数据集。数据生成过程中也是删除作者标记为匿名(anonymous)的引文、未被识别的引文，并要求只保留来自创建的 RecordCollection 数据集的引文，由于该方法默认是生成无向图，没有 directed 参数。

```
In [2]: cocite_net = RC2021.networkCoCitation(dropAnon=True, dropNonJournals=True, coreOnly=True)
        print(mk.graphStats(cocite_net))

        Nodes: 114
        Edges: 80
        Isolates: 49
        Self loops: 1
        Density: 0.0124204
        Transitivity: 0.768293
```

当前网络数据集中也存在着孤立点和自循环点 / 边。先删除自循环点 / 边。

```
In [3]: mk.dropEdges(cocite_net, minWeight=1, dropSelfLoops=True)
        print(mk.graphStats(cocite_net))

        Nodes: 114
        Edges: 79
        Isolates: 49
        Self loops: 0
        Density: 0.0122652
        Transitivity: 0.768293
```

再剔除孤立点数据，并绘制网络图，查看网络形态。

```
In [4]: def filter_isolate_nodes(G, min_count=1):
            print('未剔除孤立点之前的网络数据集基础信息：\n')
            print(mk.graphStats(G)+'\n')
            G_filter = G.subgraph([j for c in nx.connected_components(G) if len(c) > min_count for j in c])
            return G_filter
```

```
In [5]: cocite_net_filter = filter_isolate_nodes(cocite_net)
        print(cocite_net_filter)
        nx.draw_spring(cocite_net_filter)

        未剔除孤立点之前的网络数据集基础信息：

        Nodes: 114
        Edges: 79
        Isolates: 49
        Self loops: 0
        Density: 0.0122652
        Transitivity: 0.768293

        Graph with 65 nodes and 79 edges
```

对网络图中的连线、节点和标签进行设置，美化网络图。

```
In [6]:  node_size = [v['count']*100 for k,v in cocite_net_filter.nodes.data()]
         edge_width = [v[-1]['weight']*5 for v in cocite_net_filter.edges.data()]

         plt.figure(figsize=(20,20))
         pos = nx.spring_layout(cocite_net_filter, seed=42)

         #按照连线的权重设置连线的粗细
         edges = nx.draw_networkx_edges(cocite_net_filter, pos, edge_color='#D4D5CE', alpha=0.95, width=edge_width, arrows=True)

         #按照节点count计数属性或者节点度相关指标进行节点大小设置
         nodes = nx.draw_networkx_nodes(cocite_net_filter, pos, edgecolors='k', node_size=node_size, node_color='#0AA9F5')

         # #按照节点count计数属性或者节点度相关指标进行标签大小设置
         G_sub = cocite_net_filter.subgraph([k for k,v in cocite_net_filter.nodes.data() if v['count'] >1])
         nx.draw_networkx_labels(G_sub, pos, font_size=8)

         plt.savefig('figures/co-citation.png', dpi=300, bbox='tight')
```

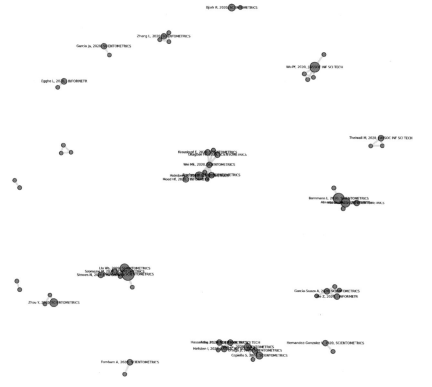

过滤掉网络数据集中节点数量小于 3 的子群，剩下的网络中共有 42 个节点和其组成的 63 条连线。

```
In [7]: cocite_net_filter = filter_isolate_nodes(cocite_net, min_count=3)
        print(cocite_net_filter)
        nx.draw_spring(cocite_net_filter)
```

未剔除孤立点之前的网络数据集基础信息：

```
Nodes: 114
Edges: 79
Isolates: 49
Self loops: 0
Density: 0.0122652
Transitivity: 0.768293

Graph with 42 nodes and 63 edges
```

借助 community 模块进行网络图社区划分，设置网络连线、节点、标签并调出色谱图的颜色条。

```
In [8]: #根据网络社团进行着色
        partion_ci = community.best_partition(cocite_net_filter)
        modularity = community.modularity(partion_ci, cocite_net_filter)
        print('Modularity:', modularity)

        color_ci = [partion_ci[n] for n in cocite_net_filter.nodes()]
        node_size = [v['count']*100 for k, v in cocite_net_filter.nodes.data()]
        edge_width = [v[-1]['weight']*5 for v in cocite_net_filter.edges.data()]

        fig = plt.figure(figsize=(20, 20))
        pos = nx.spring_layout(cocite_net_filter, seed=3)

        #按照连线的权重设置连线的粗细
        edges = nx.draw_networkx_edges(cocite_net_filter, pos, edge_color='#D4D5CE', alpha=0.95, width=edge_width, arrows=True)

        #按照节点count计数属性或者节点度相关指标进行节点大小设置
        nodes = nx.draw_networkx_nodes(cocite_net_filter, pos, edgecolors='k', node_size=node_size, node_color=color_ci, cmap=plt.cm.Spectral)

        # #按照节点count计数属性或者节点度相关指标进行标签大小设置
        G_sub = cocite_net_filter.subgraph([k for k, v in cocite_net_filter.nodes.data() if v['count'] >1])
        nx.draw_networkx_labels(G_sub, pos, font_size=8)

        #显示色谱条，只需要修改cmap色谱主题，location颜色条放置位置，aspect颜色条大小
        import matplotlib as mpl
        pc = mpl.collections.PatchCollection(edges, cmap=plt.cm.Spectral)
        pc.set_array(color_ci)
        ax = plt.gca()
        ax.set_axis_off()
        cb = plt.colorbar(pc, ax=ax, location='bottom', aspect =40)

        plt.savefig('figures/co-citation_nodes_up_2.png', dpi=300, bbox='tight')
```

Modularity: 0.8415248897290486

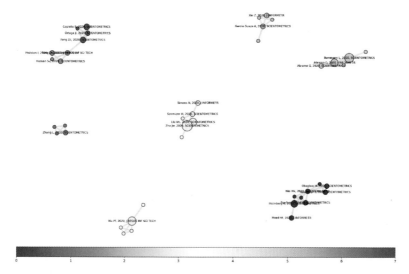

求解网络图中节点中心度相关指标，并结合 count 属性数值大小输出前 20
条数据。

```
In [9]: def degreeStats(Graph):
            import pandas as pd

            deg = nx.degree_centrality(Graph)
            eig = nx.eigenvector_centrality(Graph,max_iter=500)
            bet = nx.betweenness_centrality(Graph)
            clo = nx.closeness_centrality(Graph)
            df = pd.DataFrame([deg, eig, bet, clo],index=['degree', 'eigenvector', 'betweenness', 'closeness']).T
            return df

        df = degreeStats(cocite_net_filter)
        df['count'] = [v['count'] for k,v in cocite_net_filter.nodes.data()]
        df.sort_values('count', ascending=False)[:20]
```

Out[9]:

	degree	eigenvector	betweenness	closeness	count
Zhu Jw, 2020, SCIENTOMETRICS	0.097561	3.840115e-06	0.004878	0.101626	9
Bornmann L, 2020, SCIENTOMETRICS	0.073171	9.364672e-11	0.003659	0.078049	7
Wu Pf, 2020, J ASSOC INF SCI TECH	0.097561	1.569964e-06	0.003659	0.097561	6
Abramo G, 2020, J INFORMETR	0.073171	9.364672e-11	0.003659	0.078049	5
Liu Ws, 2020, SCIENTOMETRICS	0.073171	3.548683e-06	0.000000	0.087108	5
Holmberg K, 2020, SCIENTOMETRICS	0.121951	4.006708e-01	0.008537	0.141907	4
Fang Zc, 2020, SCIENTOMETRICS	0.097561	1.800924e-05	0.014634	0.119512	3
Copiello S, 2020, SCIENTOMETRICS	0.073171	1.382375e-05	0.000000	0.085366	3
Moed Hf, 2020, J INFORMETR	0.024390	9.197016e-02	0.000000	0.086721	2
Okagbue Hi, 2020, SCIENTOMETRICS	0.073171	2.134753e-01	0.000000	0.111498	2
Simoes N, 2020, J INFORMETR	0.024390	1.213595e-06	0.000000	0.060976	2
Abramo G, 2020, SCIENTOMETRICS	0.024390	4.066689e-11	0.000000	0.048780	2
Zhang L, 2020, SCIENTOMETRICS	0.073171	5.260631e-07	0.000000	0.073171	2
Ortega Jl, 2020, SCIENTOMETRICS	0.073171	1.382375e-05	0.000000	0.085366	2
Wei Mk, 2020, SCIENTOMETRICS	0.170732	5.030609e-01	0.018293	0.173442	2
Hassan Su, 2020, SCIENTOMETRICS	0.073171	1.382375e-05	0.000000	0.085366	2
Garcia-Suaza A, 2020, SCIENTOMETRICS	0.097561	1.569964e-06	0.003659	0.097561	2
Boufarss M, 2020, SCIENTOMETRICS	0.097561	3.835010e-01	0.000000	0.130081	2
Hellsten I, 2020, J ASSOC INF SCI TECH	0.073171	1.382375e-05	0.000000	0.085366	2
Fang Zc, 2020, J ASSOC INF SCI TECH	0.097561	1.800924e-05	0.014634	0.119512	2

8.3.6　耦合网络（bibliographic coupling）

RC.networkBibCoupling() 中的参数解释：

a）weighted: [bool] 数据类型。是否对连线进行加权。默认为 True，如果为 True，则连线的权重会被添加到网络中。

b）fullInfo: [bool] 数据类型。默认为 False，如果为 True，完整的引文字符串将被添加到网络的每个节点。

c）addCR: [bool] 数据类型。默认为 False，如果为 True，则把引文信息也添加到网络的节点属性中。

新建一个 Python3 文件。第一步，导入功能包和数据集，案例中仍使用 2020—2021 年 WOS 数据。第二步，使用 RC.networkBibCoupling() 方法默认参数生成网络数据集。

```
In [2]: bibcoup_net = RC2021.networkBibCoupling()
        print(mk.graphStats(bibcoup_net))

        Nodes: 714
        Edges: 17427
        Isolates: 22
        Self loops: 0
        Density: 0.0684644
        Transitivity: 0.375307
```

当前网络数据集中连线条数过多，借助 mk.dropEdges() 方法，指定 minWeight=5 精简数据集，参数赋值依据输出的结果进行更改。

```
In [3]: mk.dropEdges(bibcoup_net, minWeight=5)
        print(mk.graphStats(bibcoup_net))

        Nodes: 714
        Edges: 632
        Isolates: 402
        Self loops: 0
        Density: 0.0024829
        Transitivity: 0.318251
```

剔除孤立点并绘制网络图，最终的网络数据集中包含 264 个节点与其组成的 608 条连线。

```
In [4]: def filter_isolate_nodes(G, min_count=1):
            print('未剔除孤立点之前的网络数据集基础信息，\n')
            print(mk.graphStats(G)+'\n')
            G_filter = G.subgraph([j for c in nx.connected_components(G) if len(c) > min_count for j in c])
            return G_filter
```

```
In [5]: bibcoup_net_filter = filter_isolate_nodes(bibcoup_net,min_count=2)
        print(bibcoup_net_filter)
        nx.draw_spring(bibcoup_net_filter)
```

未剔除孤立点之前的网络数据集基础信息：

Nodes: 714
Edges: 632
Isolates: 402
Self loops: 0
Density: 0.0024829
Transitivity: 0.318251

Graph with 264 nodes and 608 edges

　　观察网络图，发现主要的信息都在最大子群中。可使用 min_count 参数进行逐个筛选过滤，也可直接获取最大子群数据集。最大子群中的节点数量为 232 个，由其构成的连线有 568 条，相对之前数据集减少节点 80 个，连线 64 条。

```
In [6]: giant_net = max([bibcoup_net_filter.subgraph(c) for c in nx.connected_components(bibcoup_net_filter)],key=len)
        print(mk.graphStats(giant_net))
```

Nodes: 232
Edges: 568
Isolates: 0
Self loops: 0
Density: 0.0211972
Transitivity: 0.309722

```
In [7]: 714-402-232
```

Out[7]: 80

```
In [8]: 632-568
```

Out[8]: 64

调整画布大小，查看网络图形态。

```
In [9]: plt.figure(figsize=(20, 20))

        pos = nx.spring_layout(giant_net, seed=42, k=0.2)
        nx.draw_networkx_edges(giant_net, pos)
        nx.draw_networkx_nodes(giant_net, pos)
        # nx.draw_networkx_labels(giant_net, pos)

        plt.show()
```

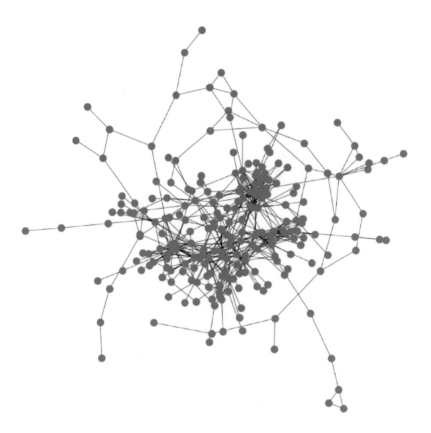

网络图呈现为节点中间密集、周围发散。可借助最大节点度（即获取最多连线的节点）或者直接使用 dropNodesByDegree() 方法进行网络数据集精简，案例中使用前者。

首先获取所有节点的节点度数值并按数值从大到小排序（注：输出结果进行部分截取），最大节点度对应节点信息为 Copiello S, 2020, SCIENTOMETRICS。

```
In  [10]:  sorted([(k,v) for k,v in giant_net.degree()],key=lambda x:x[1],reverse=True)
```

```
Out[10]:  [('Copiello S, 2020, SCIENTOMETRICS', 29),
           ('Fang Zc, 2020, SCIENTOMETRICS', 24),
           ('Hassan Su, 2020, SCIENTOMETRICS', 20),
           ('Hou Jh, 2020, J INFORMETR', 20),
           ('Lin Dm, 2020, SCIENTOMETRICS', 20),
           ('Wei Mk, 2020, SCIENTOMETRICS', 20),
           ('Thelwall M, 2020, J ASSOC INF SCI TECH', 19),
           ('Hancean Mg, 2021, SCIENTOMETRICS', 18),
           ('Lyu Dq, 2021, SCIENTOMETRICS', 18),
           ('Colladon Af, 2020, SCIENTOMETRICS', 18),
           ('Szomszor M, 2020, SCIENTOMETRICS', 18),
           ('Wang Zq, 2020, SCIENTOMETRICS', 18),
           ('Xie Z, 2020, J INFORMETR', 17),
           ('Wang Zq, 2020, J INFORMETR', 17),
           ('Hou Jh, 2020, SCIENTOMETRICS', 17),
           ('Bornmann L, 2020, J INFORMETR', 15),
           ('Bornmann L, 2020, SCIENTOMETRICS', 15),
           ('Simoes N, 2020, J INFORMETR', 14),
           ('Pech G, 2020, SCIENTOMETRICS', 14),
```

然后使用 nx.ego_graph() 方法，指定 radius=2 获取当前节点半径为 2 的网络数据集并绘制网络图。

```
In  [11]:  ego_hub = nx.ego_graph(giant_net,'Copiello S, 2020, SCIENTOMETRICS',radius=2)
           nx.draw_spring(ego_hub)
```

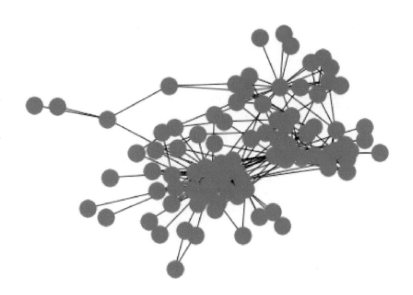

借助 nx.center(giant_net) 方法提取网络图中心的节点信息，并对照按照最大节点度指定半径筛选的网络数据集的结果，核实确认原网络图中线节点信息均保留了下来。

```
In [12]: sorted([(k,v) for k,v in ego_hub.degree()],key=lambda x:x[1],reverse=True)[:35]

Out[12]: [('Copiello S, 2020, SCIENTOMETRICS', 29),
          ('Fang Zc, 2020, SCIENTOMETRICS', 24),
          ('Hassan Su, 2020, SCIENTOMETRICS', 20),
          ('Hou Jh, 2020, J INFORMETR', 20),
          ('Wei Mk, 2020, SCIENTOMETRICS', 20),
          ('Thelwall M, 2020, J ASSOC INF SCI TECH', 19),
          ('Wang Zq, 2020, SCIENTOMETRICS', 18),
          ('Wang Zq, 2020, J INFORMETR', 17),
          ('Hou Jh, 2020, SCIENTOMETRICS', 17),
          ('Pech G, 2020, SCIENTOMETRICS', 14),
          ('Fang Zc, 2020, J ASSOC INF SCI TECH', 14),
          ('Lin Dm, 2020, SCIENTOMETRICS', 14),
          ('Karmakar M, 2020, SCIENTOMETRICS', 12),
          ('Lyu Xz, 2020, SCIENTOMETRICS', 11),
          ('Colladon Af, 2020, SCIENTOMETRICS', 11),
          ('Bornmann L, 2020, J INFORMETR', 10),
          ('Fassin Y, 2020, SCIENTOMETRICS', 10),
          ('Bornmann L, 2020, SCIENTOMETRICS', 10),
          ('Simoes N, 2020, J INFORMETR', 9),
          ('Xie Z, 2020, J INFORMETR', 9),
          ('Wang X, 2020, J INFORMETR', 9),
          ('Simoes N, 2020, SCIENTOMETRICS', 9),
          ('Chan Hf, 2020, SCIENTOMETRICS', 8),
          ('Ding Jd, 2020, SCIENTOMETRICS', 8),
          ('Lathabai Hh, 2020, J INFORMETR', 8),
          ('Taylor M, 2020, SCIENTOMETRICS', 8),
          ('Kong L, 2020, J INFORMETR', 8),
          ('Zuo Zy, 2021, J ASSOC INF SCI TECH', 8),
          ('Hancean Mg, 2021, SCIENTOMETRICS', 7),
          ('Drongstrup D, 2020, SCIENTOMETRICS', 7),
          ('Aguillo If, 2020, SCIENTOMETRICS', 7),
          ('Lyu Dq, 2021, SCIENTOMETRICS', 7),
          ('Clermont M, 2021, SCIENTOMETRICS', 7),
          ('Yao Xl, 2020, J ASSOC INF SCI TECH', 7),
          ('Costas R, 2021, J ASSOC INF SCI TECH', 7)]

In [13]: nx.center(giant_net)
         #网络的中心对应的节点均在筛选的网络图中

Out[13]: ['Copiello S, 2020, SCIENTOMETRICS',
          'Hassan Su, 2020, SCIENTOMETRICS',
          'Hou Jh, 2020, J INFORMETR',
          'Fang Zc, 2020, SCIENTOMETRICS',
          'Clermont M, 2021, SCIENTOMETRICS',
          'Wei Mk, 2020, SCIENTOMETRICS',
          'Wang Zq, 2020, SCIENTOMETRICS']
```

进一步美化网络图，设置连线、节点和标签。

```
In [14]: node_size = [v*50 for k,v in ego_hub.degree()]
         edge_width = [v[-1]['weight']*0.5 for v in ego_hub.edges.data()]

         plt.figure(figsize=(20,20))
         pos = nx.spring_layout(giant_net, seed=1)
         #按照连线的权重设置连线的粗细
         edges = nx.draw_networkx_edges(ego_hub, pos, edge_color='#D4D5CE', alpha=0.95, width=edge_width, arrow

         #按照节点count计数属性或者节点度相关指标进行节点大小设置
         nodes = nx.draw_networkx_nodes(ego_hub, pos, edgecolors='k', node_size=node_size, node_color='#0AA9F5

         # #按照节点count计数属性或者节点度相关指标进行标签大小设置
```

求解网络图中节点中心度相关指标数值。由于耦合网络中没有节点的 `count` 计数属性，可按照节点度数值进行排序并输出前 20 条记录。

```
In [15]: def degreeStats(Graph):
             import pandas as pd

             deg = nx.degree_centrality(Graph)
             eig = nx.eigenvector_centrality(Graph, max_iter=500)
             bet = nx.betweenness_centrality(Graph)
             clo = nx.closeness_centrality(Graph)

             df = pd.DataFrame([deg, eig, bet, clo], index=['degree', 'eigenvector', 'betweenness', 'closeness']).T

             return df

         df = degreeStats(ego_hub)
         df['node_degree'] = [v for k, v in ego_hub.degree()]
         df.sort_values('node_degree', ascending=False)[:20]
```

Out[15]:

	degree	eigenvector	betweenness	closeness	node_degree
Copiello S, 2020, SCIENTOMETRICS	0.322222	0.345159	0.351420	0.596026	29
Fang Zc, 2020, SCIENTOMETRICS	0.266667	0.316871	0.104849	0.502793	24
Wei Mk, 2020, SCIENTOMETRICS	0.222222	0.208201	0.155940	0.478723	20
Hassan Su, 2020, SCIENTOMETRICS	0.222222	0.296776	0.062041	0.497238	20
Hou Jh, 2020, J INFORMETR	0.222222	0.266329	0.100522	0.483871	20
Thelwall M, 2020, J ASSOC INF SCI TECH	0.211111	0.047013	0.222431	0.476190	19
Wang Zq, 2020, SCIENTOMETRICS	0.200000	0.259003	0.062287	0.471204	18
Hou Jh, 2020, SCIENTOMETRICS	0.188889	0.261187	0.049952	0.481283	17
Wang Zq, 2020, J INFORMETR	0.188889	0.254835	0.054604	0.473684	17
Pech G, 2020, SCIENTOMETRICS	0.155556	0.094003	0.070509	0.463918	14
Fang Zc, 2020, J ASSOC INF SCI TECH	0.155556	0.228702	0.009176	0.443350	14
Lin Dm, 2020, SCIENTOMETRICS	0.155556	0.085887	0.031388	0.428571	14
Karmakar M, 2020, SCIENTOMETRICS	0.133333	0.216827	0.016132	0.454545	12
Lyu Xz, 2020, SCIENTOMETRICS	0.122222	0.161825	0.060106	0.426540	11
Colladon Af, 2020, SCIENTOMETRICS	0.122222	0.029434	0.032816	0.384615	11
Fassin Y, 2020, SCIENTOMETRICS	0.111111	0.044681	0.004898	0.368852	10
Bornmann L, 2020, SCIENTOMETRICS	0.111111	0.060257	0.023779	0.418605	10
Bornmann L, 2020, J INFORMETR	0.111111	0.053817	0.025090	0.407240	10
Xie Z, 2020, J INFORMETR	0.100000	0.020828	0.012304	0.365854	9
Wang X, 2020, J INFORMETR	0.100000	0.053017	0.011407	0.400000	9

8.3.7 一模网络（one node）

创建由一个标签对象组成的网络。这与 networkMultiLevel() 中指定一个标签功能相同（注：不要将其用于构建共引网络。请使用 RC.networkCoCitation()，它更准确，且有更多参数）。

RC.networkOneMode() 中的参数解释：

a）mode: [str] 数据类型。两个字符的 WOS 标签或标签的全名。

b）nodeCount: [bool] 数据类型。默认为 True，如果为 True，每个节点将有一个名为 'count' 的属性，其中包含一个整数，给出该对象发生的次数。

c）edgeWeight: [bool] 数据类型。默认为 True，如果为 True，每条边都会有一个名为 'weight' 的属性，其中包含了两个对象共同出现的次数，是一个整数。

d）stemmer: [fnunction] 数据类型。默认为 None，如果 stemmer 是一个可调用的对象，基本上是一个函数，也可能是一个类，它将被调用，用于图中每个节点的 ID，所有 ID 都是字符串。比如：函数 f = lambda x: x[0]，如果作为

stemmer 给出，将导致所有 ID 为其 stemmer 对应 ID 的第一个字符。例如，标题'Goos–Hanchen and Imbert–Fedorov shifts for leaky guided mode'将创建节点名为'G'。简单理解：该参数是对节点的显示信息进行自定义操作，比如截取指定位数字符显示，或者是按照某一规则处理。

e）edgeAttribute: 默认为 None。

f）nodeAttribute: 默认为 None, 可以任意指定一个字符串，会在生成网络数据集中添加该字符串属性。

新建一个 Python3 文件，第一步导入功能包和数据集，案例中仍使用 2020—2021 年 WOS 数据。

首先以关键词 keywords 为例创建一模网络数据集。

```
In [2]: keywords = RC2021.networkOneMode('keywords')
        print(mk.graphStats(keywords))

        Nodes: 1347
        Edges: 9882
        Isolates: 25
        Self loops: 0
        Density: 0.0109009
        Transitivity: 0.179112
```

借助 mk.dropEdges() 和 mk.dropNodesByDegree() 方法对网络数据集进行精简，并获取最大子群数据集。最终获取的网络数据集中存在 31 个节点，51 条连线。

```
In [3]: mk.dropEdges(keywords, minWeight = 6, dropSelfLoops = True)
        mk.dropNodesByDegree(keywords, minDegree = 1, useWeight = False)

        keywordsGiant = max((keywords.subgraph(c) for c in nx.connected_components(keywords)), key=len)
        print(mk.graphStats(keywordsGiant))

        Nodes: 31
        Edges: 51
        Isolates: 0
        Self loops: 0
        Density: 0.109677
        Transitivity: 0.155556
```

按照节点特征向量中心度数值进行节点大小设置，借助 nx.draw_spring() 方法快速绘制网络图。

```
In [4]: eig = nx.eigenvector_centrality(keywordsGiant)
        size = [2000 * eig[node] for node in keywordsGiant]

        plt.figure(figsize=(12,12))
        nx.draw_spring(keywordsGiant, with_labels = True, node_size = size, font_size = 10,
                node_color = "#77787B", edge_color = "#D4D5CE", alpha = .95)
        plt.savefig('figures/one_mode_keywords_simple.png',dpi=300,bbox='tight')
```

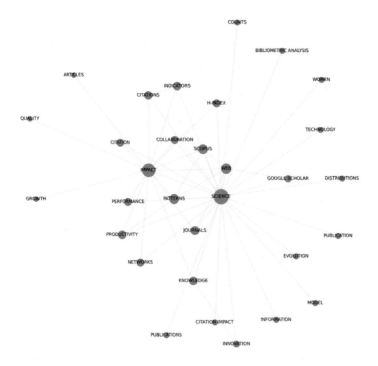

输出的网络图中标签信息均为大写的数值，借助 capitalize() 方法可将字符串转化为首字母大写的数据。nx.relabel_nodes(G, mapping) 方法可对网络图中的节点标签信息进行重新指定，G 代表欲修改的图形对象，mapping 为要修改的内容，以一个字典的形式进行赋值。结合这两个方法，可以将原网络图中全是大写的文字标签转化为只有首字母大写的文字标签。

```
In [5]: s = 'SOCIAL-SCINECES'
        s.capitalize()

Out[5]: 'Social-scineces'

In [6]: print({k:k.capitalize() for k, v in keywordsGiant.nodes.data()})

        {'SCIENCE': 'Science', 'INDICATORS': 'Indicators', 'IMPACT': 'Impact', 'TECHNOLOGY': 'Technology', 'INNOVATION': 'Innovation', 'COLLA
        BORATION': 'Collaboration', 'COUNTS': 'Counts', 'GROWTH': 'Growth', 'SCOPUS': 'Scopus', 'WEB': 'Web', 'KNOWLEDGE': 'Knowledge', 'NETW
        ORKS': 'Networks', 'MODEL': 'Model', 'CITATIONS': 'Citations', 'INFORMATION': 'Information', 'CITATION': 'Citation', 'PERFORMANCE':
        'Performance', 'EVOLUTION': 'Evolution', 'PATTERNS': 'Patterns', 'GOOGLE SCHOLAR': 'Google scholar', 'WOMEN': 'Women', 'ARTICLES': 'A
        rticles', 'PRODUCTIVITY': 'Productivity', 'BIBLIOMETRIC ANALYSIS': 'Bibliometric analysis', 'CITATION IMPACT': 'Citation impact', 'H-
        INDEX': 'H-index', 'JOURNALS': 'Journals', 'PUBLICATION': 'Publication', 'DISTRIBUTIONS': 'Distributions', 'QUALITY': 'Quality', 'PUB
        LICATIONS': 'Publications'}

In [7]: keywordsGiant = nx.relabel_nodes(keywordsGiant, mapping={k:k.capitalize() for k, v in keywordsGiant.nodes.data()})

In [8]: keywordsGiant.nodes.data()

Out[8]: NodeDataView({'Science': {'count': 149}, 'Indicators': {'count': 26}, 'Impact': {'count': 121}, 'Technology': {'count': 22}, 'Innovat
        ion': {'count': 28}, 'Collaboration': {'count': 34}, 'Counts': {'count': 13}, 'Growth': {'count': 14}, 'Scopus': {'count': 25}, 'We
        b': {'count': 42}, 'Knowledge': {'count': 26}, 'Networks': {'count': 32}, 'Model': {'count': 28}, 'Citations': {'count': 32}, 'Inform
        ation': {'count': 31}, 'Citation': {'count': 25}, 'Performance': {'count': 25}, 'Patterns': {'count': 25}, 'Evolution': {'count': 2
        4}, 'Google scholar': {'count': 15}, 'Women': {'count': 12}, 'Articles': {'count': 30}, 'Productivity': {'count': 30}, 'Bibliometric
        analysis': {'count': 24}, 'Citation impact': {'count': 20}, 'H-index': {'count': 26}, 'Journals': {'count': 33}, 'Publication': {'cou
        nt': 14}, 'Distributions': {'count': 14}, 'Quality': {'count': 16}, 'Publications': {'count': 20}})
```

设置连线、节点和标签，进一步美化网络图。

```
In [9]: edge_width = [v[-1]['weight'] for v in keywordsGiant.edges.data()]
        node_size = [v['count']*20 for k,v in keywordsGiant.nodes.data()]

        plt.figure(figsize=(12,12))
        pos = nx.spring_layout(keywordsGiant,seed=24)

        nx.draw_networkx_edges(keywordsGiant,pos,width=edge_width,edge_color='gray',alpha=0.6)
        nx.draw_networkx_nodes(keywordsGiant,pos,node_size=node_size,node_color='#0AA9F5',edgecolors='k')

        G_sub = keywordsGiant.subgraph([k for k,v in keywordsGiant.nodes.data() if v['count']>=50])
        label_options = {"ec": "k", "fc": "white", "alpha": 0.7}
        nx.draw_networkx_labels(G_sub,pos,font_size=20,bbox=label_options,)

        G_sub_1 = keywordsGiant.subgraph([k for k,v in keywordsGiant.nodes.data() if v['count']<50])
        nx.draw_networkx_labels(G_sub_1,pos,font_size=8)

        plt.savefig('figures/one_mode_keywords.png',dpi=300,bbox='tight')
```

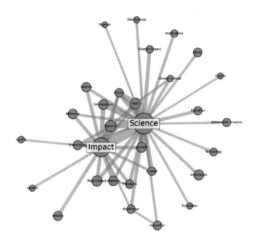

　　RC.networkOneMode() 方法中，第一个参数为 mode，需要传入两个字符构建的标签或者标签的全称。使用 RC.tags() 可获得 RecordCollection 中的所有标签，而 Record 对象中 getAltName() 方法可以获取指定 tag 标签的全称，两种方式结合即可获取两个字符的标签以及标签的全称信息。

```
In [10]: print(RC.tags())

['AR', 'HO', 'NR', 'JI', 'EA', 'PT', 'PI', 'OA', 'EM', 'Z9', 'CR', 'OI', 'EP', 'SP', 'SN', 'WC', 'ID', 'RI', 'PA', 'CT', 'TI', 'AF',
'HP', 'HC', 'TC', 'SO', 'VL', 'DE', 'CY', 'SI', 'AU', 'AB', 'PG', 'GA', 'U2', 'EI', 'CL', 'PM', 'FX', 'IS', 'BP', 'J9', 'RP', 'PU',
'DT', 'LA', 'PY', 'DI', 'UT', 'DA', 'FU', 'U1', 'C1', 'PD', 'SC']
```

```
In [11]: R = RC.peek()

         for i in RC.tags():
             print(i, R.getAltName(i))
```

AR articleNumber	RI ResearcherIDnumber	PM pubMedID	U2 None
HO confHost	PA publisherAddress	FX fundingText	EI eISSN
NR citedRefsCount	CT confTitle	IS issue	CL confLocation
JI isoAbbreviation	TI title	BP beginningPage	SC subjectCategory
EA None	AF authorsFull	J9 J9	WC subjects
PT pubType	HP None	RP reprintAddress	ID keywords
PI publisherCity	HC None	PU publisher	PG pageCount
OA None	TC wosTimesCited	DT docType	GA documentDeliveryNumber
EM email	SO journal	LA language	C1 authAddress
Z9 totalTimesCited	VL volume	PY year	PD month
CR citations	DE authKeywords	DI DOI	SN ISSN
OI orcID	CY confDate	UT wosString	AB abstract
EP endingPage	SI specialIssue	DA None	U1 None
SP confSponsors	AU authorsShort	FU funding	

除此之外，还可输出各标签下对应的具体数据。比如，结合标签输出 DataFrame 中的第一条数据（注：标签及其对应输出内容只截取部分）。

```
In [12]: for i, j in zip(df.columns, df.iloc[0]):
             print(i, R.getAltName(i), j)
PT pubType J
AU authorsShort ['Yang, TH', 'Hsieh, YL', 'Liu, SH', 'Chang, YC', 'Hsu, WL']
AF authorsFull ['Yang, Ting-Hao', 'Hsieh, Yu-Lun', 'Liu, Shih-Hung', 'Chang, Yung-Chun', 'Hsu, Wen-Lian']
TI title A flexible template generation and matching method with applications for publication reference metadata extraction
SO journal JOURNAL OF THE ASSOCIATION FOR INFORMATION SCIENCE AND TECHNOLOGY
LA language English
DT docType Article
ID keywords ['AGREEMENT']
AB abstract Conventional rule-based approaches use exact template matching to capture linguistic information and necessarily need to
enumerate all variations. We propose a novel flexible template generation and matching scheme called the principle-based approach (PB
A) based on sequence alignment, and employ it for reference metadata extraction (RME) to demonstrate its effectiveness. The main cont
ributions of this research are threefold. First, we propose an automatic template generation that can capture prominent patterns usin
g the dominating set algorithm. Second, we devise an alignment-based template-matching technique that uses a logistic regression mode
l, which makes it more general and flexible than pure rule-based approaches. Last, we apply PBA to RME on extensive cross-domain corp
ora and demonstrate its robustness and generality. Experiments reveal that the same set of templates produced by the PBA framework no
t only deliver consistent performance on various unseen domains, but also surpass hand-crafted knowledge (templates). We use four ind
ependent journal style test sets and one conference style test set in the experiments. When compared to renowned machine learning met
hods, such as conditional random fields (CRF), as well as recent deep learning methods (i.e., bi-directional long short-term memory w
ith a CRF layer, Bi-LSTM-CRF), PBA has the best performance for all datasets.
C1 authAddress ['Natl Tsing Hua Univ, Dept Comp Sci, Hsinchu, Taiwan.', 'Acad Sinica, Inst Informat Sci, Taipei, Taiwan.', 'Delta Ele
ct Inc, Delta Management Syst, Taipei, Taiwan.', 'Taipei Med Univ, Grad Inst Data Sci, 250 Wuxing St, Taipei 11031, Taiwan.', 'Taipei
Med Univ Hosp, Clin Big Data Res Ctr, Taipei, Taiwan.', 'Minist Sci & Technol, Pervas AI Res Labs, Hsinchu, Taiwan.']
RP reprintAddress Chang, YC (corresponding author), Taipei Med Univ, Grad Inst Data Sci, 250 Wuxing St, Taipei 11031, Taiwan.
EM email ['changyc@tmu.edu.tw']
RI ResearcherIDnumber ['Hsu, Wen-Lian/ABB-2851-2020']
OI orcID ['Hsu, Wen-Lian/0000-0001-7061-3513']
FU funding ['Ministry of Science and Technology of TaiwanMinistry of Science and Technology, Taiwan [MOST 106-2218-E-038-004-MY2, MOS
T 107-2410-H-038-017-MY3, MOST 107-2634-F-001-005]']
```

除了关键词一模网络分析外，案例中对作者发文地址的一模网络也进行了研究。标签 C1 代表着文献中所有作者的地址，标签 RP 代表着通讯作者的地址，依旧使用 2020—2021 年的 WOS 文献数据。

```
In [13]: c1_network = RC2021.networkOneMode('C1')
         print(mk.graphStats(c1_network))

Nodes: 1602
Edges: 2069
Isolates: 215
Self loops: 0
Density: 0.00161338
Transitivity: 0.837446
```

根据输出网络数据集的基本信息，可见连线与节点的数量相近，说明存在着大量的小型网络子群。可查看网络数据集中节点数量并进行排序输出。

```
In [14]: print(sorted([len(k) for k in nx.connected_components(c1_network)], reverse=True))

[78, 56, 19, 16, 14, 14, 11, 11, 10, 9, 9, 9, 8, 8, 8, 8, 8, 8, 7, 7, 7, 7, 7, 7, 6, 6, 6, 6, 6, 6, 6, 6, 6, 6, 6,
5, 5, 5, 5, 5, 5, 5, 5, 5, 5, 5, 5, 5, 5, 5, 5, 5, 5, 5, 5, 4, 4, 4, 4, 4, 4, 4, 4, 4, 4, 4, 4, 4, 4, 4, 4,
4, 4, 4, 4, 4, 4, 4, 4, 4, 4, 4, 4, 4, 4, 4, 4, 4, 4, 4, 4, 4, 3, 3, 3, 3, 3, 3, 3, 3, 3, 3, 3, 3, 3, 3, 3,
3, 3, 3, 3, 3, 3, 3, 3, 3, 3, 3, 3, 3, 3, 3, 3, 3, 3, 3, 3, 3, 3, 3, 3, 3, 3, 3, 3, 3, 3, 3, 3, 3, 3, 3, 3,
3, 3, 3, 3, 3, 3, 3, 2, 2, 2, 2, 2, 2, 2, 2, 2, 2, 2, 2, 2, 2, 2, 2, 2, 2, 2, 2, 2, 2, 2, 2, 2, 2, 2, 2, 2,
2, 2, 2, 2, 2, 2, 2, 2, 2, 2, 2, 2, 2, 2, 2, 2, 2, 2, 2, 2, 2, 2, 2, 2, 2, 2, 2, 2, 2, 2, 2, 2, 2, 2, 2, 2,
2, 2, 2, 2, 2, 2, 2, 2, 2, 2, 2, 2, 2, 2, 2, 2, 1, 1, 1, 1, 1, 1, 1, 1, 1, 1, 1, 1, 1, 1,
1, 1, 1, 1, 1, 1, 1, 1, 1, 1, 1, 1, 1, 1, 1, 1, 1, 1, 1, 1, 1, 1, 1, 1, 1, 1, 1, 1, 1, 1, 1, 1, 1, 1, 1, 1,
1, 1, 1, 1, 1, 1, 1, 1, 1, 1, 1, 1, 1, 1, 1, 1, 1, 1, 1, 1, 1, 1, 1, 1, 1, 1, 1, 1, 1, 1, 1, 1, 1, 1, 1, 1,
1, 1, 1, 1, 1, 1, 1, 1, 1, 1, 1, 1, 1, 1, 1, 1, 1, 1, 1, 1]
```

```
In [15]: plt.figure(figsize=(18,18))
         nx.draw_spring(cl_network)
```

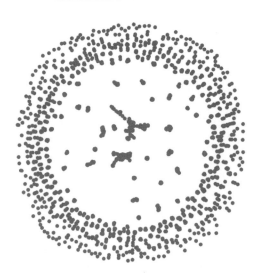

从各子群中的节点数量，发现网络图中的主要信息并不是在最大的几个子群上，而是分散在了各个子群中，造成这一现象的原因在于只选用了两年的数据集，发文量随时间推移而增加的累积效应没有显现出来。因此，可以尝试扩大数据集到所有的统计年限，案例中把时间区间扩展为 2010—2021 年。

```
In [16]: RC1021 = RC.yearSplit(2010,2021)
         cl_network = RC1021.networkOneMode('C1')
         print(mk.graphStats(cl_network))

         Nodes: 9144
         Edges: 11465
         Isolates: 1352
         Self loops: 8
         Density: 0.000274271
         Transitivity: 0.467414
```

再次查看网络数据集中各子群节点数量，最大子群中包含的节点个数远超过子群。进一步地，可提取最大子群作为分析对象，构建网络数据集（注：输出结果中只展示前 100 个子群节点的数据）。

```
In [17]: print(sorted([len(k) for k in nx.connected_components(cl_network)],reverse=True)[:100])

         [1881, 40, 32, 26, 21, 21, 21, 20, 20, 18, 16, 15, 14, 14, 13, 13, 13, 13, 12, 12, 12, 12, 11, 11, 11, 11, 11, 11, 11, 11, 11,
         11, 11, 11, 11, 10, 10, 10, 10, 10, 10, 10, 10, 10, 10, 10, 10, 10, 9, 9, 9, 9, 9, 9, 9, 9, 8, 8, 8, 8, 8, 8, 8, 8,
         8, 8, 8, 8, 8, 7, 7, 7, 7, 7, 7, 7, 7, 7, 7, 7, 7, 7, 7, 7, 7, 7, 7, 7, 7, 7]
```

```
In [18]: giant_cl = max((cl_network.subgraph(c) for c in nx.connected_components(cl_network)), key=len)
         print(mk.graphStats(giant_cl))

         Nodes: 1881
         Edges: 4452
         Isolates: 0
         Self loops: 4
         Density: 0.0025179
         Transitivity: 0.316567
```

　　获取最大子群数据集后，查看网络是否围绕着某一中心点分布。如果该网络数据集中最大的节点度和全部节点数值的直接比值较大，可以考虑使用 ego_graph() 方法提取指定发文地址的关联网络。按照节点度大小排序，最大的节点度为 65，全部的节点数量为 1 881，两者的比值仅为 0.03。

```
In  [19]: sorted([(k,v) for k,v in giant_cl.degree()],key=lambda x:x[1],reverse=True)[:15]
```

```
Out[19]: [('Wuhan Univ, Sch Informat Management, Wuhan, Hubei, Peoples R China.', 65),
          ('Univ Amsterdam, Amsterdam Sch Commun Res ASCoR, NL-1012 CX Amsterdam, Netherlands.',
           56),
          ('Univ Antwerp, IBW, B-2000 Antwerp, Belgium.', 55),
          ('Georgia Inst Technol, Sch Publ Policy, Atlanta, GA 30332 USA.', 49),
          ('Univ Amsterdam, Amsterdam Sch Commun Res ASCoR, POB 15793, NL-1001 NG Amsterdam, Netherlands.',
           47),
          ('Wuhan Univ, Sch Informat Management, Wuhan 430072, Hubei, Peoples R China.',
           43),
          ('Indiana Univ, Sch Informat & Comp, Bloomington, IN 47405 USA.', 38),
          ('Tsinghua Univ, Dept Comp Sci & Technol, Beijing 100084, Peoples R China.',
           37),
          ('KHBO Assoc KU Leuven, Fac Engn Technol, B-8400 Oostende, Belgium.', 35),
          ('Katholieke Univ Leuven, Dept MSI, Louvain, Belgium.', 35),
          ('Univ Montreal, Ecole Bibliothecon & Sci Informat, Montreal, PQ, Canada.',
           35),
          ('Wuhan Univ, Sch Informat Management, Wuhan 430072, Peoples R China.', 33),
          ('Univ Michigan, Sch Informat, Ann Arbor, MI 48109 USA.', 33),
          ('Wuhan Univ, Sch Informat Management, Wuhan, Peoples R China.', 32),
          ('Lib Hungarian Acad Sci, Dept Sci Policy & Scientometr, Budapest, Hungary.',
           31)]
```

　　除查看节点度外，也可对节点的 count 计数属性进行排序输出。

```
In  [20]: sorted([(k,v) for k,v in giant_cl.nodes.data()],key=lambda x:x[1]['count'],reverse=True)[:15]
```

```
Out[20]: [('Univ Amsterdam, Amsterdam Sch Commun Res ASCoR, NL-1012 CX Amsterdam, Netherlands.',
           {'count': 52}),
          ('Univ Amsterdam, Amsterdam Sch Commun Res ASCoR, POB 15793, NL-1001 NG Amsterdam, Netherlands.',
           {'count': 42}),
          ('Indiana Univ, Sch Lib & Informat Sci, Bloomington, IN 47405 USA.',
           {'count': 41}),
          ('Drexel Univ, Coll Comp & Informat, Philadelphia, PA 19104 USA.',
           {'count': 39}),
          ('Univ Antwerp, IBW, B-2000 Antwerp, Belgium.', {'count': 36}),
          ('Natl Taiwan Univ, Dept Lib & Informat Sci, Taipei 10617, Taiwan.',
           {'count': 34}),
          ('Max Planck Gesell, Adm Headquarters, Div Sci & Innovat Studies, Hofgartenstr 8, D-80539 Munich, Germany.',
           {'count': 34}),
          ('Max Planck Inst Solid State Res, Heisenbergstr 1, D-70569 Stuttgart, Germany.',
           {'count': 32}),
          ('Georgia Inst Technol, Sch Publ Policy, Atlanta, GA 30332 USA.',
           {'count': 30}),
          ('Lib Hungarian Acad Sci, Dept Sci Policy & Scientometr, Budapest, Hungary.',
           {'count': 27}),
          ('Adm Headquarters Max Planck Soc, Div Sci & Innovat Studies, D-80539 Munich, Germany.',
           {'count': 26}),
          ('Wuhan Univ, Sch Informat Management, Wuhan 430072, Peoples R China.',
           {'count': 26}),
          ('Wuhan Univ, Sch Informat Management, Wuhan, Hubei, Peoples R China.',
           {'count': 24}),
          ('Max Planck Gesell, Div Sci & Innovat Studies, Adm Headquarters, Hofgartenstr 8, D-80539 Munich, Germany.',
           {'count': 24}),
          ('Max Planck Inst Solid State Res, D-70569 Stuttgart, Germany.',
           {'count': 22})]
```

　　无论是针对节点度还是节点的 count 计数属性输出的结果，都存在发文地址格式不一致的现象，比如武汉大学信息管理学院：

第一个形式为：Wuhan Univ, Sch Informat Management, Wuhan, Hubei, Peoples R China.（少了邮编）

第二个形式为：Wuhan Univ, Sch Informat Management, Wuhan 430072, Hubei, Peoples R China.

第三个形式为：Wuhan Univ, Sch Informat Management, Wuhan 430072, Peoples R China.（少了具体城市）

第四种形式为：Wuhan Univ, Sch Informat Management, Wuhan, Peoples R China.（少了具体城市和邮编）

解决此问题的方式有两种：①修改原文件数据。需要手动对每份 txt 文件进行替换内容的查找和更替，此方法在文件数量不多时可采用，当文件数量较多时不推荐。②生成网络数据集后，再对数据集中进行数据清洗。在清洗数据之前需要明确网络数据集中的数据类型特征以及清洗流程。

明确网络数据集中的数据类型特征。输出的结果中是类似于 Python 中有键值对组成的字典数据，若有相同的键，后者值覆盖前者值。

```
In [21]: G = nx.Graph([('Science','Nature',{'weight':20}),('science','Nature',{'weight':10})])
         G.edges.data()
Out[21]: EdgeDataView([('Science', 'Nature', {'weight': 20}), ('Nature', 'science', {'weight': 10})])

In [22]: G = nx.Graph([('Science','Nature',{'weight':20}),('Science','Nature',{'weight':10})])
         G.edges.data()
Out[22]: EdgeDataView([('Science', 'Nature', {'weight': 10})])
```

明确清洗流程。网络图是由节点和连线构成的，是先处理节点再处理连线，还是先处理连线再处理节点呢？比如，先处理连线中的 weight 属性，再处理节点中的 count 属性。

```
In [23]: G = nx.Graph([('Science','Nature',{'weight':20}),('science','Nature',{'weight':10})])
         G.edges.data()
Out[23]: EdgeDataView([('Science', 'Nature', {'weight': 20}), ('Nature', 'science', {'weight': 10})])

In [24]: G.nodes['Science']['count'] = 3
         G.nodes['science']['count'] = 5
         G.nodes['Nature']['count'] = 8

In [25]: G.nodes.data()
Out[25]: NodeDataView({'Science': {'count': 3}, 'Nature': {'count': 8}, 'science': {'count': 5}})
```

```
In [26]: G = nx.relabel_nodes(G, {'science':'Science'})
         G.edges[('Science', 'Nature')]['weight'] = 10+20
         G.edges.data()
```

```
Out[26]: EdgeDataView([('Science', 'Nature', {'weight': 30})])
```

```
In [27]: G = nx.relabel_nodes(G, {'science':'Science'})
         G.nodes['Science']['count'] = 3+5
         G.nodes.data()
```

```
Out[27]: NodeDataView({'Science': {'count': 8}, 'Nature': {'count': 8}})
```

切换处理顺序，先处理节点中的 count 属性，再处理连线中的 weight 属性。由于当前网络数据集构成的是无向网络图，所以两个节点属性的前后关系不会影响结果。

```
In [28]: G = nx.Graph([('Science','Nature',{'weight':20}),('science','Nature',{'weight':10})])
         G.nodes['Science']['count'] = 3
         G.nodes['science']['count'] = 5
         G.nodes['Nature']['count'] = 8

         G = nx.relabel_nodes(G, {'science':'Science'})
         G.nodes['Science']['count'] = 3+5
         G.nodes.data()
```

```
Out[28]: NodeDataView({'Science': {'count': 8}, 'Nature': {'count': 8}})
```

```
In [29]: G.edges[('Science', 'Nature')]['weight'] = 10+20
```

```
In [30]: G.edges.data()
```

```
Out[30]: EdgeDataView([('Science', 'Nature', {'weight': 30})])
```

```
In [31]: G.edges[('Nature','Science')]['weight'] = 0
```

```
In [32]: G.edges.data()
```

```
Out[32]: EdgeDataView([('Science', 'Nature', {'weight': 0})])
```

以上的结果显示，修改节点和连线的顺序不会对最终结果造成影响。但是，在真实数据集中，两者的操作会带来不同的计算量：

如果先处理节点再处理连线，需要先把所有要替换的连线都找出来，进行各种形式的小类 weight 属性的数值保存(需要考虑到覆盖情况)，要修改的形式越多，需要保存的数值越多，处理步骤和计算量越大；

如果先处理连线，再处理节点，只需要把节点对应的 count 属性数值找出来后进行累加即可。

下面仍以武汉大学信息管理学院的更替为例，详解数据清洗的流程，并将流程进一步封装，方便后续调用。

（1）创建映射。

即把要替换的内容和正确的内容构建成为一一对应的关系。比如，案例中选择武汉大学信息管理学院第二种形式作为目标字符串 obtain_str，剩下三种放置在 replace_ls 中，所有涉及的字符串都放置在 all_ls 中。借助 dict(zip(replace_ls,[obtain_str]*len(replace_ls))) 方法生成字典数据类型，待替换字符串为键，目标字符串为值，实现待替换字符串和目标字符串的一一对应。

```
In [33]: obtain_str = 'Wuhan Univ, Sch Informat Management, Wuhan 430072, Hubei, Peoples R China.'

         replace_ls = [
             'Wuhan Univ, Sch Informat Management, Wuhan, Hubei, Peoples R China.',
             'Wuhan Univ, Sch Informat Management, Wuhan 430072, Peoples R China.',
             'Wuhan Univ, Sch Informat Management, Wuhan, Peoples R China.'
         ]

         all_ls = [
             'Wuhan Univ, Sch Informat Management, Wuhan 430072, Hubei, Peoples R China.',
             'Wuhan Univ, Sch Informat Management, Wuhan, Hubei, Peoples R China.',
             'Wuhan Univ, Sch Informat Management, Wuhan 430072, Peoples R China.',
             'Wuhan Univ, Sch Informat Management, Wuhan, Peoples R China.'
         ]

         dict(zip(replace_ls,[obtain_str]*len(replace_ls)))
Out[33]: {'Wuhan Univ, Sch Informat Management, Wuhan, Hubei, Peoples R China.': 'Wuhan Univ, Sch Informat Management, Wuhan 430072, Hubei, Peoples
         R China.',
          'Wuhan Univ, Sch Informat Management, Wuhan 430072, Peoples R China.': 'Wuhan Univ, Sch Informat Management, Wuhan 430072, Hubei, Peoples
         R China.',
          'Wuhan Univ, Sch Informat Management, Wuhan, Peoples R China.': 'Wuhan Univ, Sch Informat Management, Wuhan 430072, Hubei, Peoples R Chi
         na.'}
```

（2）求解节点中 count 属性数值。

由于案例中采用先处理连线再处理节点的流程，故需要先获取所有涉及的字符串对应的节点 count 属性值，并求解总值，否则连线处理完毕后对应的节点信息缺失，无法统计对应节点的相关属性。比如，输出结果中各形式对应的 count 值分别为 26、24、21、8，处理完连线后，由于数据集中只会保留目标字符串的形式，即保留了 count 对应的数值 21，其他形式对应的值会被覆盖。

```
In [34]: for i in sorted([(k,v) for k,v in giant_cl.nodes.data()],key=lambda x:x[1]['count'],reverse=True):
             if i[0] in all_ls:
                 print(i)

         ('Wuhan Univ, Sch Informat Management, Wuhan 430072, Peoples R China.', {'count': 26})
         ('Wuhan Univ, Sch Informat Management, Wuhan, Hubei, Peoples R China.', {'count': 24})
         ('Wuhan Univ, Sch Informat Management, Wuhan 430072, Hubei, Peoples R China.', {'count': 21})
         ('Wuhan Univ, Sch Informat Management, Wuhan, Peoples R China.', {'count': 8})

In [35]: obtain_nodes_count = sum([i[1]['count'] for i in sorted([(k,v) for k,v in giant_cl.nodes.data()],
                                                                 key=lambda x:x[1]['count'],reverse=True)
                                   if i[0] in all_ls])
         obtain_nodes_count
Out[35]: 79
```

（3）处理网络数据中的连线信息。

初步查看所有相关字符串的连线信息。由于无向网络图中连线没有前后两节点的顺序之分，所以判断两个节点中任意一个节点属于所有形式字符串的列表，即 v[0] in all_ls or v[1] in all_ls，最终获取所有相关的连线。每条连线信息的数据格式为：(节点 1，节点 2，{ 'weight' : 数值 })，输出结果中显示前 15 条数据。

```
In [36]: test_ls = [(v[0],v[1],v[2]) for v in giant_cl.edges.data() if v[0] in all_ls or v[1] in all_ls]
         test_ls[:15]
```

```
Out[36]: [('Shanghai Univ, Dept Lib Informat & Arch, Shanghai 200444, Peoples R China.',
  'Wuhan Univ, Sch Informat Management, Wuhan 430072, Hubei, Peoples R China.',
  {'weight': 1}),
 ('Indiana Univ, Ctr Complex Networks & Syst Res, Sch Informat Comp & Engn, Bloomington, IN USA.',
  'Wuhan Univ, Sch Informat Management, Wuhan, Hubei, Peoples R China.',
  {'weight': 2}),
 ('Nanjing Univ, Sch Informat Management, Nanjing, Jiangsu, Peoples R China.',
  'Wuhan Univ, Sch Informat Management, Wuhan, Hubei, Peoples R China.',
  {'weight': 1}),
 ('Univ Texas Austin, Sch Nursing, Austin, TX 78712 USA.',
  'Wuhan Univ, Sch Informat Management, Wuhan, Peoples R China.',
  {'weight': 1}),
 ('Changjiang Spatial Informat Technol Engn CO LTD, Wuhan 430000, Hubei, Peoples R China.',
  'Wuhan Univ, Sch Informat Management, Wuhan 430072, Hubei, Peoples R China.',
  {'weight': 1}),
 ('Nanjing Univ, Sch Informat Management, Nanjing, Peoples R China.',
  'Wuhan Univ, Sch Informat Management, Wuhan, Peoples R China.',
  {'weight': 1}),
 ('Univ Texas Austin, Dell Med Sch, Austin, TX 78712 USA.',
  'Wuhan Univ, Sch Informat Management, Wuhan 430072, Hubei, Peoples R China.',
  {'weight': 1}),
 ('Yunan Univ Finance & Econ, Int Business Sch, Kunming 650221, Peoples R China.',
  'Wuhan Univ, Sch Informat Management, Wuhan 430072, Peoples R China.',
  {'weight': 1}),
 ('Tsinghua Univ, Sch Econ & Management, Beijing 100084, Peoples R China.',
  'Wuhan Univ, Sch Informat Management, Wuhan 430072, Hubei, Peoples R China.',
  {'weight': 1}),
 ('Hubei Univ, Fac Resources & Environm Sci, Wuhan, Hubei, Peoples R China.',
  'Wuhan Univ, Sch Informat Management, Wuhan 430072, Hubei, Peoples R China.',
  {'weight': 1}),
 ('Fudan Univ, Sch Journalism, 400 Guo Ding Rd, Shanghai 200433, Peoples R China.',
  'Wuhan Univ, Sch Informat Management, Wuhan 430072, Hubei, Peoples R China.',
  {'weight': 1}),
 ('Indiana Univ, Dept Informat & Lib Sci, Bloomington, IN USA.',
  'Wuhan Univ, Sch Informat Management, Wuhan, Hubei, Peoples R China.',
  {'weight': 1}),
 ('Chinese Acad Sci, Inst Automat, Beijing, Peoples R China.',
  'Wuhan Univ, Sch Informat Management, Wuhan 430072, Hubei, Peoples R China.',
  {'weight': 1}),
 ('Univ Wisconsin, Sch Informat Studies, Milwaukee, WI 53102 USA.',
  'Wuhan Univ, Sch Informat Management, Wuhan 430072, Hubei, Peoples R China.',
  {'weight': 1}),
 ('Wuhan Univ, Ctr Studies Informat Resourses, Wuhan, Hubei, Peoples R China.',
  'Wuhan Univ, Sch Informat Management, Wuhan, Hubei, Peoples R China.',
  {'weight': 1})]
```

节点的度即为与该节点的连线数量，两者之间可以相互验证。获取到所有形式的连线共 173 条，各种形式对应的连线也和其节点度相一致。

```
In [37]: len(test_ls)
```

```
Out[37]: 173
```

```
In [38]: first_ls = [(v[0],v[1],v[2]) for v in giant_cl.edges.data() if v[0] ==replace_ls[0] or v[1] ==replace_ls[0]]
         len(first_ls)
```

```
Out[38]: 65
```

```
In [39]: second_ls = [(v[0],v[1],v[2]) for v in giant_cl.edges.data() if v[0]==replace_ls[1] or v[1]==replace_ls[1]]
         len(second_ls)
```

Out[39]: 33

```
In [40]: third_ls = [(v[0],v[1],v[2]) for v in giant_cl.edges.data() if v[0]==replace_ls[2] or v[1]==replace_ls[2]]
         len(third_ls)
```

Out[40]: 32

```
In [41]: stanard_ls = [(v[0],v[1],v[2]) for v in giant_cl.edges.data() if v[0]==obtain_str or v[1]==obtain_str]
         len(stanard_ls)
```

Out[41]: 43

```
In [42]: for i in sorted([(k,v) for k,v in giant_cl.degree()],key=lambda x:x[1],reverse=True):
             if i[0] in all_ls:
                 print(i)
         #核实无误
```

```
('Wuhan Univ, Sch Informat Management, Wuhan, Hubei, Peoples R China.', 65)
('Wuhan Univ, Sch Informat Management, Wuhan 430072, Hubei, Peoples R China.', 43)
('Wuhan Univ, Sch Informat Management, Wuhan 430072, Peoples R China.', 33)
('Wuhan Univ, Sch Informat Management, Wuhan, Peoples R China.', 32)
```

pandas 中提供了快速分组求和的功能，需要先把数据转化为 DataFrame 类型。

```
In [43]: df_test = pd.DataFrame({'link_1':[i[0] for i in test_ls],
                                 'link_2':[i[1] for i in test_ls],
                                 'weight':[i[2]['weight'] for i in test_ls]})
         df_test
```

Out[43]:

	link_1	link_2	weight
0	Shanghai Univ, Dept Lib Informat & Arch, Shang...	Wuhan Univ, Sch Informat Management, Wuhan 430...	1
1	Indiana Univ, Ctr Complex Networks & Syst Res,...	Wuhan Univ, Sch Informat Management, Wuhan, Hu...	2
2	Nanjing Univ, Sch Informat Management, Nanjing...	Wuhan Univ, Sch Informat Management, Wuhan, Hu...	1
3	Univ Texas Austin, Sch Nursing, Austin, TX 787...	Wuhan Univ, Sch Informat Management, Wuhan, Pe...	1
4	Changjiang Spatial Informat Technol Engn CO LT...	Wuhan Univ, Sch Informat Management, Wuhan 430...	1
...	...	...	...
168	Wuhan Univ, Sch Informat Management, Wuhan, Pe...	Dept Comp Sci & Software Engn, Islamabad 44000...	1
169	Wuhan Univ, Sch Informat Management, Wuhan, Pe...	Kent State Univ, Sch Lib & Informat Sci, Kent,...	1
170	Wuhan Univ, Sch Informat Management, Wuhan, Pe...	Univ Texas Austin, Moody Coll Commun, Stan Ric...	1
171	Wuhan Univ, Sch Informat Management, Wuhan, Pe...	Univ Chinese Acad Sci, Dept Lib Informat & Arc...	1
172	Wuhan Univ, Sch Informat Management, Wuhan, Pe...	Wuhan Univ, Sch Med, Wuhan, Peoples R China.	1

173 rows × 3 columns

验证连线数据的唯一性，即按照 link_1 和 link_2 进行分组统计求和，如果数据量没有减少，说明每条连线都是唯一的。

```
In [44]: df_test.groupby(['link_1','link_2']).sum().reset_index()
```

Out[44]:

	link_1	link_2	weight
0	Anhui Agr Univ, Sch Econ & Management, Hefei 2...	Wuhan Univ, Sch Informat Management, Wuhan 430...	1
1	Ball State Univ, Fisher Inst Hlth & Well Being...	Wuhan Univ, Sch Informat Management, Wuhan, Pe...	1
2	Beijing Univ Technol, Sch Econ & Management, B...	Wuhan Univ, Sch Informat Management, Wuhan 430...	2
3	Beijing Wanfang Data Ltd, Beijing, Peoples R C...	Wuhan Univ, Sch Informat Management, Wuhan, Pe...	1

	link_1	link_2	weight
4	CNRS EHESS, CAMS, Ctr Anal & Math Soci, CNRS, ...	Wuhan Univ, Sch Informat Management, Wuhan 430...	1
...	...	...	...
168	Yonsei Univ, Dept Lib & Informat Sci, Seoul 12...	Wuhan Univ, Sch Informat Management, Wuhan, Pe...	1
169	Yonsei Univ, Dept Lib & Informat Sci, Seoul, S...	Wuhan Univ, Sch Informat Management, Wuhan 430...	1
170	Yunan Univ Finance & Econ, Int Business Sch, K...	Wuhan Univ, Sch Informat Management, Wuhan 430...	1
171	Zhejiang Univ, Dept Informat Resource Manageme...	Wuhan Univ, Sch Informat Management, Wuhan 430...	1
172	Zhongnan Univ Econ & Law, Sch Informat & Safet...	Wuhan Univ, Sch Informat Management, Wuhan 430...	1

173 rows × 3 columns

解决待替换形式的字符串与目标字符串之间的转换。

```
In [45]: df_test['link_1'].replace(dict(zip(replace_ls,[obtain_str]*len(replace_ls))),inplace=True)
         df_test['link_2'].replace(dict(zip(replace_ls,[obtain_str]*len(replace_ls))),inplace=True)
         df_test
```

Out[45]:

	link_1	link_2	weight
0	Shanghai Univ, Dept Lib Informat & Arch, Shang...	Wuhan Univ, Sch Informat Management, Wuhan 430...	1
1	Indiana Univ, Ctr Complex Networks & Syst Res,...	Wuhan Univ, Sch Informat Management, Wuhan 430...	2
2	Nanjing Univ, Sch Informat Management, Nanjing...	Wuhan Univ, Sch Informat Management, Wuhan 430...	1
3	Univ Texas Austin, Sch Nursing, Austin, TX 787...	Wuhan Univ, Sch Informat Management, Wuhan 430...	1
4	Changjiang Spatial Informat Technol Engn CO LT...	Wuhan Univ, Sch Informat Management, Wuhan 430...	1
...	...	...	...
168	Wuhan Univ, Sch Informat Management, Wuhan 430...	Dept Comp Sci & Software Engn, Islamabad 44000...	1
169	Wuhan Univ, Sch Informat Management, Wuhan 430...	Kent State Univ, Sch Lib & Informat Sci, Kent,...	1
170	Wuhan Univ, Sch Informat Management, Wuhan 430...	Univ Texas Austin, Moody Coll Commun, Stan Ric...	1
171	Wuhan Univ, Sch Informat Management, Wuhan 430...	Univ Chinese Acad Sci, Dept Lib Informat & Arc...	1
172	Wuhan Univ, Sch Informat Management, Wuhan 430...	Wuhan Univ, Sch Med, Wuhan, Peoples R China.	1

173 rows × 3 columns

合并相同连线数据并求解合并后的 weight 值。即再次按照 link_1 和 link_2 进行分组统计求和，输出结果中显示最终数据量为 169 条，说明数据集中存在相同连线被合并。

```
In [46]: df_test = df_test.groupby(['link_1','link_2']).sum().reset_index()
         df_test
```

Out[46]:

	link_1	link_2	weight
0	Anhui Agr Univ, Sch Econ & Management, Hefei 2...	Wuhan Univ, Sch Informat Management, Wuhan 430...	1
1	Ball State Univ, Fisher Inst Hlth & Well Being...	Wuhan Univ, Sch Informat Management, Wuhan 430...	1
2	Beijing Univ Technol, Sch Econ & Management, B...	Wuhan Univ, Sch Informat Management, Wuhan 430...	2
3	Beijing Wanfang Data Ltd, Beijing, Peoples R C...	Wuhan Univ, Sch Informat Management, Wuhan 430...	1
4	CNRS EHESS, CAMS, Ctr Anal & Math Soci, CNRS, ...	Wuhan Univ, Sch Informat Management, Wuhan 430...	1
...	...	...	...
164	Yonsei Univ, Dept Lib & Informat Sci, Seoul 12...	Wuhan Univ, Sch Informat Management, Wuhan 430...	1
165	Yonsei Univ, Dept Lib & Informat Sci, Seoul, S...	Wuhan Univ, Sch Informat Management, Wuhan 430...	1
166	Yunan Univ Finance & Econ, Int Business Sch, K...	Wuhan Univ, Sch Informat Management, Wuhan 430...	1
167	Zhejiang Univ, Dept Informat Resource Manageme...	Wuhan Univ, Sch Informat Management, Wuhan 430...	1
168	Zhongnan Univ Econ & Law, Sch Informat & Safet...	Wuhan Univ, Sch Informat Management, Wuhan 430...	1

169 rows × 3 columns

在 DataFrame 中，借助 groupby() 方法进行分组统计时会有一个默认的顺序，即哪个字段在前优先按照哪个字段进行排序，而网络图中连线的节点无序。Python 中集合数据类型无序，只要集合中的元素一致，那么这两个集合就是同一个数据，因此可用来解决连线的节点无序问题。

```
In [47]: {'a','b'}=={'b','a'}
Out[47]: True
```

```
In [48]: set_1 = {'a','b'}
         set_2 = {'b','a'}
         print(set_1, set_2)

         {'a', 'b'} {'a', 'b'}
```

在 DataFrame 中新建一个字段 link_between，以集合的形式存放 link_1 和 link_2 数据。由于集合数据类型无法进行分组统计，故将数据通过 str() 方法转化为字符串数据类型。

```
In [49]: df_test['link_between'] = df_test.apply(lambda x: str({x.link_1, x.link_2}), axis=1)
         df_test
```

Out[49]:

	link_1	link_2	weight	link_between
0	Anhui Agr Univ, Sch Econ & Management, Hefei 2...	Wuhan Univ, Sch Informat Management, Wuhan 430...	1	{'Anhui Agr Univ, Sch Econ & Management, Hefei ...
1	Ball State Univ, Fisher Inst Hlth & Well Being...	Wuhan Univ, Sch Informat Management, Wuhan 430...	1	{'Ball State Univ, Fisher Inst Hlth & Well Bei...
2	Beijing Univ Technol, Sch Econ & Management, B...	Wuhan Univ, Sch Informat Management, Wuhan 430...	2	{'Beijing Univ Technol, Sch Econ & Management,...
3	Beijing Wanfang Data Ltd, Beijing, Peoples R C...	Wuhan Univ, Sch Informat Management, Wuhan 430...	1	{'Wuhan Univ, Sch Informat Management, Wuhan 4...
4	CNRS EHESS, CAMS, Ctr Anal & Math Soci, CNRS,...	Wuhan Univ, Sch Informat Management, Wuhan 430...	1	{'CNRS EHESS, CAMS, Ctr Anal & Math Soci, CNRS...
...				
164	Yonsei Univ, Dept Lib & Informat Sci, Seoul 12...	Wuhan Univ, Sch Informat Management, Wuhan 430...	1	{'Yonsei Univ, Dept Lib & Informat Sci, Seoul ...
165	Yonsei Univ, Dept Lib & Informat Sci, Seoul, S...	Wuhan Univ, Sch Informat Management, Wuhan 430...	1	{'Yonsei Univ, Dept Lib & Informat Sci, Seoul,...
166	Yunan Univ Finance & Econ, Int Business Sch, K...	Wuhan Univ, Sch Informat Management, Wuhan 430...	1	{'Yunan Univ Finance & Econ, Int Business Sch...
167	Zhejiang Univ, Dept Informat Resource Manageme...	Wuhan Univ, Sch Informat Management, Wuhan 430...	1	{'Zhejiang Univ, Dept Informat Resource Manage...
168	Zhongnan Univ Econ & Law, Sch Informat & Safet...	Wuhan Univ, Sch Informat Management, Wuhan 430...	1	{'Zhongnan Univ Econ & Law, Sch Informat & Saf...

169 rows × 4 columns

此时按照 link_between 求和获取的结果是最终的连线信息。数据量由原来的 169 条减少到 164 条，说明解决了 5 条连线顺序的问题。

```
In [50]: df_finish = df_test.groupby('link_between').sum().reset_index()
         df_finish
```

Out[50]:

	link_between	weight
0	{'Aarhus Univ, Danish Ctr Studies Res & Res Po...	1
1	{'Anhui Agr Univ, Sch Econ & Management, Hefei...	1

2	{'Ball State Univ, Fisher Inst Hlth & Well Bei...	1
3	{'Beijing Comp Ctr, Beijing, Peoples R China.'...	1
4	{'Beijing Univ Technol, Sch Econ & Management,...	2
...	...	...
159	{'Yonsei Univ, Dept Lib & Informat Sci, Seoul,...	2
160	{'Yunan Univ Finance & Econ, Int Business Sch,...	1
161	{'Zhejiang Normal Univ, Coll Econ & Management...	1
162	{'Zhejiang Univ, Dept Informat Resource Manage...	1
163	{'Zhongnan Univ Econ & Law, Sch Informat & Saf...	1

164 rows × 2 columns

➡ 构建连线替换的格式。为了方便进行统计，上一步将 link_between 字段数据变成了字符串数据类型，而在连线替换时，需要的格式为两个节点字符串构成的元组形式，因此，借助 tuple(eval()) 组合完成对目标形式的构造，其中 eval() 是去除字符串两侧的引号，tuple() 是将集合数据强制转化为元组数据类型。

```
In [51]: df_finish['link_between'] = df_finish['link_between'].apply(lambda x:tuple(eval(x)))
         df_finish['link_between']
Out[51]: 0      (Aarhus Univ, Danish Ctr Studies Res & Res Pol...
         1      (Anhui Agr Univ, Sch Econ & Management, Hefei ...
         2      (Ball State Univ, Fisher Inst Hlth & Well Bein...
         3      (Wuhan Univ, Sch Informat Management, Wuhan 43...
         4      (Beijing Univ Technol, Sch Econ & Management, ...
                               ...
         159    (Yonsei Univ, Dept Lib & Informat Sci, Seoul, ...
         160    (Yunan Univ Finance & Econ, Int Business Sch, ...
         161    (Zhejiang Normal Univ, Coll Econ & Management,...
         162    (Zhejiang Univ, Dept Informat Resource Managem...
         163    (Zhongnan Univ Econ & Law, Sch Informat & Safe...
         Name: link_between, Length: 164, dtype: object
```

➡ 核实数据类型。以 DataFrame 中的任意一条记录为例，输出该条记录的数据类型。比如，案例中选取倒数第二条数据。

```
In [52]: print(df_finish['link_between'][162])
         type(df_finish['link_between'][162])

         ('Zhejiang Univ, Dept Informat Resource Management, Hangzhou 310027, Zhejiang, Peoples R China.', 'Wuhan Univ, Sch Informat Management,
         Wuhan 430072, Hubei, Peoples R China.')
Out[52]: tuple
```

➡ 完成连线数据替换。核心代码：giant_cl.edges[i]['weight'] = j。其中，i 是 link_between 字段下的每一条连线数据，而 j 是该连线对应的 weight 值。

```
In [53]: giant_cl = nx.relabel_nodes(giant_cl, dict(zip(replace_ls, [obtain_str]*len(replace_ls))))
         for i,j in zip(df_finish['link_between'], df_finish['weight']):
             giant_cl.edges[i]['weight'] = j
```

➡ 核实替换结果。再次对网络数据集的所有涉及的字符串节点度进行查询，结果显示只有目标字符串对应的数据，说明连线数据替换完成。

```
In [54]: for i in sorted([(k,v) for k,v in giant_cl.degree()],key=lambda x:x[1],reverse=True):
             if i[0] in all_ls:
                 print(i)
```
('Wuhan Univ, Sch Informat Management, Wuhan 430072, Hubei, Peoples R China.', 163)

（4）处理网络数据中的节点信息。

只需要将求解到的原所有相关字符串节点对应的 count 总和赋值给目标字符串对应的节点即可。进一步，按照节点的 count 属性值大小输出前 15 条数据信息，验证节点准确性。

```
In [55]: giant_cl.nodes[obtain_str]['count'] = obtain_nodes_count
```

```
In [56]: sorted([(k,v) for k,v in giant_cl.nodes.data()],key=lambda x:x[1]['count'],reverse=True)[:15]
```
```
Out[56]: [('Wuhan Univ, Sch Informat Management, Wuhan 430072, Hubei, Peoples R China.',
           {'count': 79}),
          ('Univ Amsterdam, Amsterdam Sch Commun Res ASCoR, NL-1012 CX Amsterdam, Netherlands.',
           {'count': 52}),
          ('Univ Amsterdam, Amsterdam Sch Commun Res ASCoR, POB 15793, NL-1001 NG Amsterdam, Netherlands.',
           {'count': 42}),
          ('Indiana Univ, Sch Lib & Informat Sci, Bloomington, IN 47405 USA.',
           {'count': 41}),
          ('Drexel Univ, Coll Comp & Informat, Philadelphia, PA 19104 USA.',
           {'count': 39}),
          ('Univ Antwerp, IBW, B-2000 Antwerp, Belgium.', {'count': 36}),
          ('Natl Taiwan Univ, Dept Lib & Informat Sci, Taipei 10617, Taiwan.',
           {'count': 34}),
          ('Max Planck Gesell, Adm Headquarters, Div Sci & Innovat Studies, Hofgartenstr 8, D-80539 Munich, Germany.',
           {'count': 34}),
          ('Max Planck Inst Solid State Res, Heisenbergstr 1, D-70569 Stuttgart, Germany.',
           {'count': 32}),
          ('Georgia Inst Technol, Sch Publ Policy, Atlanta, GA 30332 USA.',
           {'count': 30}),
          ('Lib Hungarian Acad Sci, Dept Sci Policy & Scientometr, Budapest, Hungary.',
           {'count': 27}),
          ('Adm Headquarters Max Planck Soc, Div Sci & Innovat Studies, D-80539 Munich, Germany.',
           {'count': 26}),
          ('Max Planck Gesell, Div Sci & Innovat Studies, Adm Headquarters, Hofgartenstr 8, D-80539 Munich, Germany.',
           {'count': 24}),
          ('Max Planck Inst Solid State Res, D-70569 Stuttgart, Germany.',
           {'count': 22}),
          ('Max Planck Gesell, D-80539 Munich, Germany.', {'count': 22})]
```

以上四个步骤完成了对网络中数据的清洗。进一步将流程封装为 network_dataset_cleaning() 方法。该方法中有三个参数：第一个是预处理的网络图对象，第二个是目标字符串，第三个是需要被替换的字符串组成的列表。

```
In [57]: def network_dataset_cleaning(G,obtain_str,replace_ls):

             #创建列表包含目标和待替换数据
             all_ls = []
             all_ls.append(obtain_str)
             all_ls.extend(replace_ls)
```

```
#计算出节点的总count属性计数值
obtain_nodes_count = sum([i[1]['count'] for i in sorted([(k,v) for k,v in G.nodes.data()],
                                                         key=lambda x:x[1]['count'],reverse=True)
                          if i[0] in all_ls])


#处理连线信息
test_ls = [(v[0],v[1],v[2]) for v in giant_cl.edges.data() if v[0] in all_ls or v[1] in all_ls]
df_test = pd.DataFrame({'link_1':[i[0] for i in test_ls],
                        'link_2':[i[1] for i in test_ls],
                        'weight':[i[2]['weight'] for i in test_ls]})
df_test['link_1'].replace(dict(zip(replace_ls,[obtain_str]*len(replace_ls))),inplace=True)
df_test['link_2'].replace(dict(zip(replace_ls,[obtain_str]*len(replace_ls))),inplace=True)
df_test = df_test.groupby(['link_1','link_2']).sum().reset_index()
df_test['link_between'] = df_test.apply(lambda x: str([x.link_1, x.link_2]),axis=1)
df_finish = df_test.groupby('link_between').sum().reset_index()
df_finish['link_between'] = df_finish['link_between'].apply(lambda x:tuple(eval(x)))

#连线节点与weight属性值替换
G = nx.relabel_nodes(G,dict(zip(replace_ls,[obtain_str]*len(replace_ls))))
for i,j in zip(df_finish['link_between'],df_finish['weight']):
    G.edges[i]['weight'] = j

#节点count属性绘制替换
G.nodes[obtain_str]['count'] = obtain_nodes_count

return G
```

下面借助阿姆斯特丹大学的数据进行方法验证。遍历网络数据集中所有的节点信息，判断存在 Univ Amsterdam, Amsterdam Sch Commun Res ASCoR 信息的节点，输出所有满足的结果共 5 种。

```
In [58]: [(k,v) for k,v in giant_cl.nodes.data() if 'Univ Amsterdam, Amsterdam Sch Commun Res ASCoR' in k]

Out[58]: [('Univ Amsterdam, Amsterdam Sch Commun Res ASCoR, POB 15793, NL-1001 NG Amsterdam, Netherlands.',
           {'count': 42}),
          ('Univ Amsterdam, Amsterdam Sch Commun Res ASCoR, NL-1012 WX Amsterdam, Netherlands.',
           {'count': 1}),
          ('Univ Amsterdam, Amsterdam Sch Commun Res ASCoR, PB 15793, NL-1001 NG Amsterdam, Netherlands.',
           {'count': 1}),
          ('Univ Amsterdam, Amsterdam Sch Commun Res ASCoR, NL-1001 NG Amsterdam, Netherlands.',
           {'count': 8}),
          ('Univ Amsterdam, Amsterdam Sch Commun Res ASCoR, NL-1012 CX Amsterdam, Netherlands.',
           {'count': 52})]
```

构建 obtain_str 和 replace_ls 变量，传入 network_dataset_cleaning() 方法后进行结果验证。案例中假定目标字符串是 'Univ Amsterdam, Amsterdam Sch Commun Res ASCoR, POB 15793, NL-1001 NG Amsterdam, Netherlands'，其余形式为待替换的形式。节点和节点度的输出结果中，所有涉及的字符串节点的信息中只有目标字符串对应的节点，核实结果无误。

```
In [59]: obtain_str = 'Univ Amsterdam, Amsterdam Sch Commun Res ASCoR, POB 15793, NL-1001 NG Amsterdam, Netherlands.'

replace_ls = [
    'Univ Amsterdam, Amsterdam Sch Commun Res ASCoR, NL-1001 NG Amsterdam, Netherlands.',
    'Univ Amsterdam, Amsterdam Sch Commun Res ASCoR, NL-1012 CX Amsterdam, Netherlands.',
    'Univ Amsterdam, Amsterdam Sch Commun Res ASCoR, NL-1012 WX Amsterdam, Netherlands.',
    'Univ Amsterdam, Amsterdam Sch Commun Res ASCoR, PB 15793, NL-1001 NG Amsterdam, Netherlands.'
]

giant_cl = network_dataset_cleaning(giant_cl,obtain_str,replace_ls)
```

```
In [60]: [(k,v) for k,v in giant_cl.nodes.data() if 'Univ Amsterdam, Amsterdam Sch Commun Res ASCoR' in k]
```
```
Out[60]: [('Univ Amsterdam, Amsterdam Sch Commun Res ASCoR, POB 15793, NL-1001 NG Amsterdam, Netherlands.',
          {'count': 104})]
```
```
In [61]: [(k,v) for k,v in giant_cl.degree() if 'Univ Amsterdam, Amsterdam Sch Commun Res ASCoR' in k]
```
```
Out[61]: [('Univ Amsterdam, Amsterdam Sch Commun Res ASCoR, POB 15793, NL-1001 NG Amsterdam, Netherlands.',
          108)]
```

除了对这两个发文地址进行数据清洗外，剩余的数据清洗也是同理。接下来继续进行可视化网络图的绘制。查看处理后的网络数据集的基础信息，并按照 minWeight=2 标准删减部分连线。

```
In [62]: print(mk.graphStats(giant_cl))

         Nodes: 1874
         Edges: 4437
         Isolates: 0
         Self loops: 4
         Density: 0.0025282
         Transitivity: 0.246494
```
```
In [63]: mk.dropEdges(giant_cl,minWeight=2)
         print(mk.graphStats(giant_cl))

         Nodes: 1874
         Edges: 429
         Isolates: 1500
         Self loops: 0
         Density: 0.000244444
         Transitivity: 0.229068
```

剔除孤立点并绘制网络图。孤立点的剔除按照 min_count=4 标准进行，即删除节点数量为 4 以下的子群。

```
In [64]: def filter_isolate_nodes(G, min_count=1):
             G_filter = G.subgraph([j for c in nx.connected_components(G) if len(c) > min_count for j in c])
             return G_filter
```
```
In [65]: giant_cl = filter_isolate_nodes(giant_cl,min_count=4)
         print(giant_cl)
         nx.draw_spring(giant_cl)

         Graph with 248 nodes and 345 edges
```

设置连线、节点、标签，进行网络图美化。

```
In [66]: node_size = [v['count']*10 for k,v in giant_cl.nodes.data()]

        plt.figure(figsize=(24,24))

        pos = nx.spring_layout(giant_cl, seed= 42)

        nx.draw_networkx_edges(giant_cl, pos)
        nx.draw_networkx_nodes(giant_cl, pos, node_size=node_size, edgecolors='k')

        G_sub =giant_cl.subgraph([k for k,v in giant_cl.nodes.data() if v['count']>=100])
        label_options = {"ec": "k", "fc": "white", "alpha": 0.7}
        nx.draw_networkx_labels(G_sub, pos, font_size=20, bbox=label_options,)

        G_sub_1 = giant_cl.subgraph([k for k,v in giant_cl.nodes.data() if 50<v['count']<100])
        nx.draw_networkx_labels(G_sub_1, pos, font_size=10)

        G_sub_2 = giant_cl.subgraph([k for k,v in giant_cl.nodes.data() if 30<v['count']<=50])
        nx.draw_networkx_labels(G_sub_2, pos, font_size=10)


        plt.savefig('figures/one_mode_uni_detailed.png', dpi=300, bbox='tight')
```

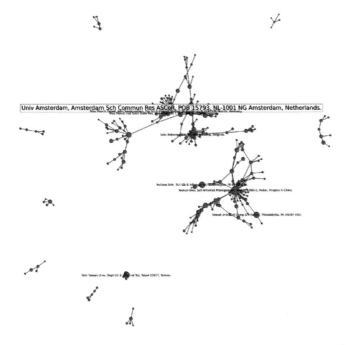

除了对文献中具体的发文地址的一模网络分析外，RC.networkOneMode() 中，stemmer 参数可对节点信息进行处理，比如，提取按照逗号分隔的第一个元素，节点信息变成了大学。还是以标签 'C1' 为例，指定 stemmer 处理节点信息的方式为 lambda x:x.split(',')[0]，数据集年限为 2010—2021 年。

```
In [67]: RC1021 = RC.yearSplit(2010, 2021)
         cl_network_uni = RC1021.networkOneMode('C1', stemmer=lambda x:x.split(',')[0])
         print(mk.graphStats(cl_network_uni))
```

```
Nodes: 2996
Edges: 6970
Isolates: 279
Self loops: 484
Density: 0.00155355
Transitivity: 0.155309
```

获取最大子群数据集的基础信息。

```
In [68]: giant_cl_uni = max([cl_network_uni.subgraph(c) for c in nx.connected_components(cl_network_uni)], key=len)
         print(mk.graphStats(giant_cl_uni))
```

```
Nodes: 2354
Edges: 6647
Isolates: 0
Self loops: 410
Density: 0.00240009
Transitivity: 0.153855
```

对最大子群中的连线进行删减并删除自循环点 / 连线。

```
In [69]: giant_cl_uni = nx.Graph(giant_cl_uni)
         mk.dropEdges(giant_cl_uni, minWeight=4, dropSelfLoops=True)
         print(mk.graphStats(giant_cl_uni))
```

```
Nodes: 2354
Edges: 406
Isolates: 1994
Self loops: 0
Density: 0.000146598
Transitivity: 0.114917
```

以节点数量小于 8 为标准剔除不符合的子群，绘制网络图。

```
In [70]: giant_cl_uni = filter_isolate_nodes(giant_cl_uni, min_count=8)
         print(giant_cl_uni)
         nx.draw_spring(giant_cl_uni)
```

```
Graph with 226 nodes and 314 edges
```

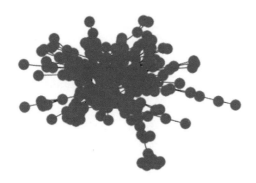

设置连线、节点、标签信息，美化网络图。

```
In [71]: node_size = [v['count']*10 for k,v in giant_cl_uni.nodes.data()]
         # edge_width = [v[-1]['weight'] for v in giant_cl.edges.data()]


         plt.figure(figsize=(24,24))

         pos = nx.spring_layout(giant_cl_uni,seed= 98,k=0.2)

         nx.draw_networkx_edges(giant_cl_uni,pos,
         #                        width=edge_width,
                                edge_color="#D4D5CE",
                                alpha=1)
         nx.draw_networkx_nodes(giant_cl_uni,pos,node_size=node_size,edgecolors='k')

         G_sub =giant_cl_uni.subgraph([k for k,v in giant_cl_uni.nodes.data() if v['count']>=120])
         label_options = {"ec": "k", "fc": "white", "alpha": 0.7}
         nx.draw_networkx_labels(G_sub,pos,font_size=20,bbox=label_options,)

         G_sub_1 = giant_cl_uni.subgraph([k for k,v in giant_cl_uni.nodes.data() if 50<v['count']<120])
         nx.draw_networkx_labels(G_sub_1,pos,font_size=12)

         G_sub_2 = giant_cl_uni.subgraph([k for k,v in giant_cl_uni.nodes.data() if 20<v['count']<=50])
         nx.draw_networkx_labels(G_sub_2,pos,font_size=6)

         G_sub_3 = giant_cl_uni.subgraph([k for k,v in giant_cl_uni.nodes.data() if v['count']<=20])
         nx.draw_networkx_labels(G_sub_3,pos,font_size=3)


         plt.savefig('figures/one_mode_uni.png',dpi=300,bbox='tight')
```

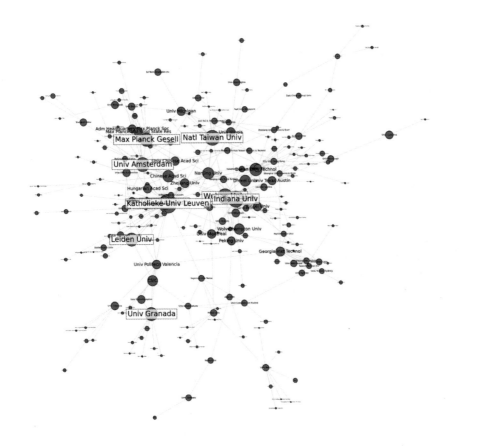

8.3.8　二模网络（two node）

RC.networkTwoMode() 中的参数解释：

* tag1：[str] 数据类型。两个字符的 WOS 标签或标签的全名。

* tag2：[str] 数据类型。两个字符的 WOS 标签或标签的全名。

* directed：[bool] 数据类型。默认是 False，如果指定为 True，则创建有向图。

* recordType：[bool] 数据类型。默认是 True，会使节点增加 'type' 属性，值为第一个参数 tag1。

* nodeCount：[bool] 数据类型。默认是 True，对节点进行计数，节点数据中增加 count 属性。

* edgeWeight：[bool] 数据类型。默认是 True，对连线进行加权，连线数据汇总增加 weight 属性。

* stemmerTag1：和 RC.networkOneMode() 中的 stemmer 参数功能一致，作用于 tag1。

* stemmerTag2：和 RC.networkOneMode() 中的 stemmer 参数功能一致，作用于 tag2。

* edgeAttribute：默认为 None。

新建一个 Python3 文件，第一步导入功能包和数据集，案例中使用 2018—2021 年 WOS 数据。借助 RC.networkTwoMode() 方法构建作者和关键词的二模网络数据集。

```
In [2]: two_mode = RC1821.networkTwoMode('DE', 'AF')
        print(mk.graphStats(two_mode))

        Nodes: 8197
        Edges: 20189
        Isolates: 998
        Self loops: 0
        Density: 0.000601019
        Transitivity: 0
```

按照子群节点数量排序输出网络数据集中子群信息，主要信息集中于最大子群（注：输出结果只截取部分）。

```
In [3]: print(sorted([len(k) for k in nx.connected_components(two_mode)],reverse=True))

[6860, 13, 11, 11, 11, 11, 10, 10, 9, 9, 9, 9, 9, 9, 8, 8, 8, 8, 8, 8, 8, 7, 7, 7, 7, 7, 7, 7, 7, 6, 6, 6, 6, 6, 6, 5, 5,
5, 5, 5, 5, 1, 1, 1, 1, 1, 1, 1, 1, 1, 1, 1, 1, 1, 1, 1, 1, 1, 1, 1, 1, 1, 1, 1, 1, 1, 1, 1, 1, 1, 1, 1, 1, 1, 1, 1, 1, 1,
1, 1, 1, 1, 1, 1, 1, 1, 1, 1, 1, 1, 1, 1, 1, 1, 1, 1, 1, 1, 1, 1, 1, 1, 1, 1, 1, 1, 1, 1, 1, 1, 1, 1, 1, 1, 1, 1, 1, 1, 1,
1, 1, 1, 1, 1, 1, 1, 1, 1, 1, 1, 1, 1, 1, 1, 1, 1, 1, 1, 1, 1, 1, 1, 1, 1, 1, 1, 1, 1, 1, 1, 1, 1, 1, 1, 1, 1, 1, 1, 1, 1,
```

按照 minWeight=3 标准，删减网络数据集中的连线 weight 属性值小于 3 的数据。

```
In [4]: nk.dropEdges(two_mode, minWeight=3)
        print(nk.graphStats(two_mode))

        Nodes: 8197
        Edges: 172
        Isolates: 8053
        Self loops: 0
        Density: 5.12037E-06
        Transitivity: 0
```

按照 min_count=4 标准，剔除网络数据集中节点数量小于 4 的子群，并绘制网络图。

```
In [5]: def filter_isolate_nodes(G, min_count=1):
            G_filter = G.subgraph([j for c in nx.connected_components(G) if len(c) > min_count for j in c])
            return G_filter
```

```
In [6]: two_mode_filter = filter_isolate_nodes(two_mode, min_count=4)
        print(two_mode_filter)
        nx.draw_spring(two_mode_filter)

        Graph with 108 nodes and 148 edges
```

查看二模网络中节点和连线数据类型（注：输出结果中只截取部分）。

```
In [7]: dict(two_mode_filter.nodes.data())
```

```
Out[7]: {'scopus': {'count': 35, 'type': 'DE'},
         'italy': {'count': 12, 'type': 'DE'},
         'Teixeira da Silva, Jaime A.': {'count': 5, 'type': 'AF'},
         'Kousha, Kayvan': {'count': 5, 'type': 'AF'},
         'Xiao, Tingting': {'count': 3, 'type': 'AF'},
         'D'Angelo, Ciriaco Andrea': {'count': 21, 'type': 'AF'},
         'Afzal, Muhammad Tanvir': {'count': 9, 'type': 'AF'},
         'mendeley': {'count': 12, 'type': 'DE'},
```

```
In [8]: two_mode_filter.edges.data()
```

```
Out[8]: EdgeDataView([('scopus', 'Orduna-Malea, Enrique', {'weight': 5}), ('scopus', 'Liu, Weishu', {'weight': 4}), ('scopus', 'Krauskopf, E
        rwin', {'weight': 3}), ('scopus', 'Martin-Martin, Alberto', {'weight': 3}), ('scopus', 'Thelwall, Mike', {'weight': 3}), ('scopus',
        'Delgado Lopez-Cozar, Emilio', {'weight': 3}), ('scopus', 'da Silva, Jaime A. Teixeira', {'weight': 4}), ('scopus', 'Dobranszki, Jud
        it', {'weight': 3}), ('italy', 'Abramo, Giovanni', {'weight': 9}), ('italy', 'Ciriaco Andrea', {'weight': 9}), ('italy',
        'Di Costa, Flavia', {'weight': 7}), ('Teixeira da Silva, Jaime A.', 'citations', {'weight': 3}), ('Teixeira da Silva, Jaime A.', 'jo
        urnal impact factor (jif)', {'weight': 3}), ('Kousha, Kayvan', 'citation analysis', {'weight': 3}), ('Xiao, Tingting', 'altmetrics',
        {'weight': 3}), ('D'Angelo, Ciriaco Andrea', 'bibliometrics', {'weight': 14}), ('D'Angelo, Ciriaco Andrea', 'scientometrics', {'weig
```

依据二模网络中节点和连线数据类型指定节点大小和连线粗细，并自定义节点标签信息美化网络图。

```
In [9]: node_size = [v['count']*20 for k,v in two_mode_filter.nodes.data()]
        edge_width = [v[-1]['weight']*5 for v in two_mode_filter.edges.data()]

        plt.figure(figsize=(24,24))

        pos = nx.spring_layout(two_mode_filter,seed=98,k=0.4)

        nx.draw_networkx_edges(two_mode_filter,pos,width=edge_width,edge_color="#D4D5CE")
        nx.draw_networkx_nodes(two_mode_filter,pos,node_size=node_size,edgecolors='k')

        G_sub =two_mode_filter.subgraph([k for k,v in two_mode_filter.nodes.data() if v['count']>=50])
        label_options = {"ec": "k", "fc": "white", "alpha": 0.7}
        nx.draw_networkx_labels(G_sub,pos,font_size=20,bbox=label_options,)

        G_sub_2 = two_mode_filter.subgraph([k for k,v in two_mode_filter.nodes.data() if v['count']<50])
        nx.draw_networkx_labels(G_sub_2,pos,font_size=10)

        plt.savefig('figures/two_mode_DE_and_AF.png',dpi=300,bbox='tight')
```

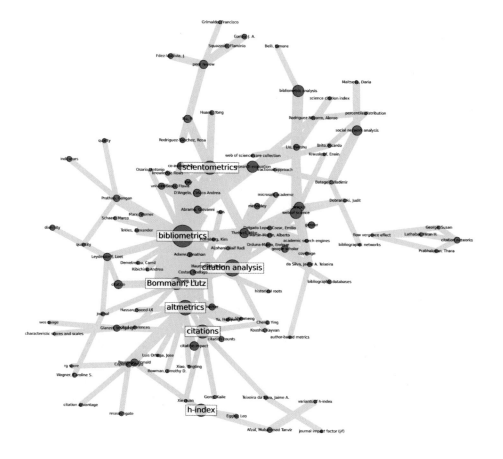

8.3.9 多模网络（multi node）

RC.networkMultiMode() 中的参数解释：

➡ *tags: str, str, str, ... or list[str] 数据格式，以逗号分隔的标签字符串或者是标签列表。

➡ recordType: [bool] 数据类型。默认是 True，会在节点属性增加 'type'，值为第一个参数的 tag。

➡ nodeCount: [bool] 数据类型。默认是 True，对节点进行计数，节点数据中增加 count 属性。

➡ edgeWeight: [bool] 数据类型。默认是 True，对连线进行加权，连线数据汇总增加 weight 属性。

➡ stemmer: 和 RC.networkOneMode() 中的 stemmer 参数功能一致，作用于第一个 tag。

➡ edgeAttribute: 默认 None 即可。

新建一个 Python3 文件，第一步导入功能包和数据集，案例中使用 2018—2021 年的 WOS 数据。借助 RC.networkMultiMode() 方法可创建多模网络。一模网络和二模网络可看作是多模网络在标签数量为 1 和 2 时候的特例，比如使用作者和关键词创建二模网络和多模网络，输出的网络数据集信息一致。

```
In [2]: multi_mode = RC.networkMultiMode('AF','ID')
        print(mk.graphStats(multi_mode))

        Nodes: 14371
        Edges: 70797
        Isolates: 1122
        Self loops: 0
        Density: 0.000685648
        Transitivity: 0
```

```
In [3]: two_mode = RC.networkTwoMode('AF','ID')
        print(mk.graphStats(two_mode))

        Nodes: 14371
        Edges: 70797
        Isolates: 1122
        Self loops: 0
        Density: 0.000685648
        Transitivity: 0
```

这里需要注意，当标签只有作者信息时，建议使用 networkcoauthor() 或者 RC.networkOneMode() 方法，RC.networkMultiMode() 此时会无法显示出连线信息。

```
In [4]: multi_mode = RC.networkMultiMode('AF')
        print(mk.graphStats(multi_mode))

        Nodes: 9464
        Edges: 0
        Isolates: 9464
        Self loops: 0
        Density: 0
        Transitivity: 0
```

```
In [5]: one_mode = RC.networkOneMode('AF')
        print(mk.graphStats(one_mode))

        Nodes: 9464
        Edges: 17982
        Isolates: 431
        Self loops: 0
        Density: 0.000401573
        Transitivity: 0.472737
```

```
In [6]:  co_author = RC.networkCoAuthor(['AF'])
         print(mk.graphStats(co_author))

         Nodes: 9464
         Edges: 17982
         Isolates: 431
         Self loops: 0
         Density: 0.000401573
         Transitivity: 0.472737
```

比如，采用作者、关键词和发文地址为标签，stemmer 指定获取大学信息，创建三模网络。

```
In [7]:  multi_mode = RC.networkMultiMode('C1','AF','DE',stemmer=lambda x:x.split(',')[0])
         print(mk.graphStats(multi_mode))

         Nodes: 19002
         Edges: 116713
         Isolates: 13
         Self loops: 0
         Density: 0.000646507
         Transitivity: 0.0410585
```

三模网络中的节点和连线数据类型，节点信息为指定标签下的数据，节点属性包含了 count 和 type；连线数据中包含了三个标签之间的对应关联信息。

```
In [8]:  multi_mode.nodes.data()

Out[8]:  NodeDataView({'Univ Amsterdam': {'count': 150, 'type': 'C1'}, 'Leydesdorff': {'count': 129, 'type': 'AF'}, 'Kogler': {'count': 2, 't
         ype': 'AF'}, 'Yan': {'count': 78, 'type': 'AF'}, 'patent': {'count': 43, 'type': 'DE'}, 'map': {'count': 6, 'type': 'DE'}, 'portfoli
         o': {'count': 1, 'type': 'DE'}, 'cpc': {'count': 2, 'type': 'DE'}, 'diversity': {'count': 23, 'type': 'DE'}, 'city': {'count': 1, 't
         ype': 'DE'}, 'comparisons': {'count': 1, 'type': 'DE'}, 'swot': {'count': 1, 'type': 'DE'}, 'Univ Coll Dublin': {'count': 10, 'typ
         e': 'C1'}, 'Singapore Univ Technol & Design': {'count': 6, 'type': 'C1'}, 'Capital Univ Sci &Technol': {'count': 1, 'type': 'C1'},
         'Ayaz': {'count': 3, 'type': 'AF'}, 'Masood': {'count': 1, 'type': 'AF'}, 'Islam': {'count': 1, 'type': 'AF'}, 'h-index prediction':
         {'count': 1, 'type': 'DE'}, 'regression': {'count': 8, 'type': 'DE'}, 'career age': {'count': 1, 'type': 'DE'}, 'r-2': {'count': 2,
         'type': 'DE'}, 'York Univ': {'count': 13, 'type': 'C1'}, 'Lortie': {'count': 2, 'type': 'AF'}, 'Aarssen': {'count': 1, 'type': 'A
```

多模网络分析可以参照一模和二模网络，后续网络数据集的处理以及绘图逻辑一致。

8.3.10　多级别网络（multi level）

创建一个由任意数量的标签组成的网络，网络中的边基于所有共现的值形成。（注意：不要将其用于构建共引网络。请使用 RC.networkCoCitation()，它更准确且有更多参数）

RC.networkMultiLevel() 中的参数解释：

➡ *modes: [str] 数据类型。两个字符的 WOS 标签或标签的全名。

➡ nodeCount: [bool] 数据类型。默认是 'True'，对节点进行计数，节点数据中增加 count 属性。

➡ edgeWeight: [bool] 数据类型。默认是 'True'，对连线进行加权，连线数据汇总增加 weight 属性。

➡ stemmer: 和 RC.networkOneMode() 中的 stemmer 参数功能一致，作用于 tag。

➡ edgeAttribute: 默认 None 即可。

➡ nodeAttribute: 默认为 None，可以任意指定一个字符串，会在生成网络数据集中添加该字符串属性，但是该属性没有进行计算。

➡ _networkTypeString: [str] 数据类型，默认为 'n-level network'，该参数不影响网络图数据中的节点和连线信息。

新建一个 Python3 文件，第一步导入功能包和数据集，案例中使用 2018—2021 年 WOS 数据。借助 RC.networkMultiLevel() 方法创建多级别网络。该方法与 RC.networkMultiMode() 方法的区别在于生成的连线中是否包含标签自身的关系，归纳总结如下：

➡ networkMultiMode() 是指标签与另外标签之间的关系，比如 author–keyword；

➡ networkMultiLevel() 是指标签与其他标签及自身的关系，比如 author–author, keyword–keyword, author–keyword。

以发文地址和期刊名称作为标签，借助 stemmer 参数创建多级别网络和多模网络，其中发文地址取大学的信息。

```
In [2]:  multi_level = RC1821.networkMultiLevel('C1','SO',stemmer=lambda x:x.split(',')[0])
         print(mk.graphStats(multi_level))

         Nodes: 1517
         Edges: 4878
         Isolates: 0
         Self loops: 235
         Density: 0.00424216
         Transitivity: 0.0207864
```

对生成的多级别网络数据集中的连线信息进行遍历循环输出，判断大学信息是否同时出现在连线的两个节点中，即 'Univ' in item[0] and 'Univ' in item[1]，输出结果中显示大学之间的关联信息（注：输出结果中只截取部分）。

```
In [3]: for item in multi_level.edges.data():
            if 'Univ' in item[0] and 'Univ' in item[1]:
                print(item)
```

```
('Univ Michigan', 'Univ Michigan', {'weight': 9})
('Univ Michigan', 'Case Western Reserve Univ', {'weight': 14})
('Univ Michigan', 'Rutgers State Univ', {'weight': 1})
('Univ Michigan', 'Ohio State Univ', {'weight': 3})
('Univ Michigan', 'Kent State Univ', {'weight': 3})
('Univ Michigan', 'Syracuse Univ', {'weight': 2})
('Univ Michigan', 'Univ N Carolina', {'weight': 1})
('Univ Michigan', 'Univ Maryland', {'weight': 1})
('Univ Michigan', 'Univ Texas Austin', {'weight': 1})
('Univ Michigan', 'Univ Oulu', {'weight': 1})
('Univ Michigan', 'Univ Washington', {'weight': 2})
('Univ Michigan', 'Univ Coll Dublin', {'weight': 1})
('Univ Michigan', 'Natl Taiwan Univ', {'weight': 1})
('Univ Michigan', 'Indiana Univ Purdue Univ', {'weight': 1})
('Univ Illinois', 'Ludwig Maximilians Univ Munchen', {'weight': 1})
```

而对生成的多模网络数据集中的连线信息进行遍历循环，结果输出"没有大学之间的关联关系"，说明生成的数据集中不包含标签与自身之间的关联。

```
In [4]: multi_mode = RC1821.networkMultiMode('C1','SO',stemmer=lambda x:x.split(',')[0])
        print(mk.graphStats(multi_mode))
```

```
Nodes: 1517
Edges: 1953
Isolates: 0
Self loops: 0
Density: 0.00169843
Transitivity: 0
```

```
In [5]: for item in multi_mode.edges.data():
            if 'Univ' in item[0] and 'Univ' in item[1]:
                print(item)
        print('没有大学之间的关联关系')
```

没有大学之间的关联关系

如果指定的标签只有作者信息，则 RC. networkMultiLevel（'AF'）与 RC.networkOneMode（'AF'）以及 RC.networkCoAuthor() 方法生成的网络数据集一致。

```
In [6]: multi_level = RC1821.networkMultiLevel('AF')
        print(mk.graphStats(multi_level))
```

```
Nodes: 3881
Edges: 6628
Isolates: 179
Self loops: 0
Density: 0.000880313
Transitivity: 0.656077
```

```
In [7]: one_mode = RC1821.networkOneMode('AF')
        print(mk.graphStats(one_mode))
```

```
Nodes: 3881
Edges: 6628
Isolates: 179
Self loops: 0
Density: 0.000880313
Transitivity: 0.656077
```

```
In [8]: coauth= RC1821.networkCoAuthor()
        print(mk.graphStats(coauth))
```

```
Nodes: 3881
Edges: 6628
Isolates: 179
Self loops: 0
Density: 0.000880313
Transitivity: 0.656077
```

关于多级别网络数据集节点和连线信息查看、数据集处理、网络图可视化及节点中心度相关指标数值的求解，可参考前面的方法讲解。

附　录

Python 中的科学计量程序包

工具包名称	功能描述	获取链接
CWTSLeiden/CSSS	通用科学计量数据分析	https://github.com/CWTSLeiden/CSSS
ScientoPy	通用科学计量数据分析与可视化	https://github.com/jpruiz84/ScientoPy/
Tethne	科技文献计量工具包	http://diging.github.io/tethne/
pybliometrics	Scopus 数据处理	https://github.com/pybliometrics-dev/pybliometrics
Scholar Metrics Scraper (SMS)[2]	谷歌学术分析	https://github.com/ubcbraincircuits/scholar_metrics_scraper
pyBibX	依靠 Scopus 或 WOS 生成 bib file 文件	https://github.com/Valdecy/pyBibX
Novelpy	novelty indicators 分析	https://github.com/Kwirtz/novelpy
Capstone-II	专利引文分析	https://github.com/JimmyBok/Capstone-II
Sentiment Analysis of Citations	引文情感分析[34]	https://github.com/arnab39/Sentiment-Analysis-of-Citations

---

1　Peirson, B. R. Erick., et al. (2016). Tethne v0.7. http://diging.github.io/tethne/

2　CHEUNG N A, GIUSTINI D, LEDUE J, et al. Scholar Metrics Scraper (SMS): automated retrieval of citation and author data [J]. bioRxiv, 2021: 2021.12.23.473883. https://www.biorxiv.org/content/10.1101/2021.12.23.473883v1

3　Awais Athar. 2011. Sentiment Analysis of Citations using Sentence Structure-Based Features. In Proceedings of the ACL 2011 Student Session, pages 81 – 87, Portland, OR, USA. Association for Computational Linguistics.

4　引文情感分析语料库 Awais Athar – Citation Sentiment Corpus: https://cl.awaisathar.com/citation-sentiment-corpus/

续表

工具包名称	功能描述	获取链接
Sex Machine	作者性别识别	https://github.com/ferhatelmas/sexmachine/
DoiCleaner	Web of Science (WOS) 清理[5]	https://github.com/pzczxs/DoiCleaner
InCites Retrieve	InCites 检索	https://github.com/clarivate/incites-retrieve
Web of Science Links AMR	文献匹配检索服务	https://github.com/clarivate/wos-amr
Citations (alpha)	引文网络可视化	https://github.com/mmaorc/citations
Gender Representation in Citations – Circle Visualization	引文中的性别分析	https://github.com/iamdamion/grepCIRCLE
etudier	谷歌学术的引文分析	https://github.com/Neo-101-zz/etudier-improved
VisRef	生物文献引用网络可视化系统	https://github.com/yellowshower/VisRef
Co-citation-Analysis	WOS 文献共被引分析	https://github.com/Mr-So213/Co-citation-Analysis
NLTK 性别识别	性别识别	https://www.geeksforgeeks.org/python-gender-identification-by-name-using-nltk/
gender-guesser 0.4.0	性别识别	https://pypi.org/project/gender-guesser/
pyAltmetric	补充计量学分析	https://github.com/wearp/pyAltmetric
Altmetrics for DOIs	补充计量学分析	https://github.com/ymilhahn/AltmetricsForDOIs

---

5　Shuo Xu, Liyuan Hao, Xin An, Dongsheng Zhai, and Hongshen Pang, 2019. Types of DOI Errors of Cited References in Web of Science with a Cleaning Method. Scientometrics, Vol. 120, No. 3, pp. 1427–1437.

工具包名称	功能描述	获取链接
Python-Chinamap	中国地图	https://github.com/huangynj/Python-Chinamap
pyBiblio	文献计量分析	https://romerogroup.github.io/pyBiblio/
PubMed	文献计量分析	https://github.com/dhimmel/pubmedpy
Wosis	文献计量分析	https://github.com/ConnectedSystems/wosis
ads2gephi	天体物理数据系统数据分析	https://github.com/03b8/ads2gephi
Scintometry	文献计量学	https://github.com/garima2751/Scintometry-in-python
Literature_Data_Visualization_Analysis	文献可视化	https://github.com/JackLRR/Literature_Data_Visualization_Analysis
geemap	地理可视化	https://github.com/giswqs/geemap
BERTopic	主题挖掘与可视化	https://github.com/MaartenGr/BERTopic